· 国家自然科学基金“快速城市化背景下的中国城市封闭住区研究”（项目批准号：51078073）
· 江苏省建设系统科技项目“基于宜居城市理念的城镇住区营造策略研究”（项目批准号：JS2011JH11）
· 东南大学科技出版基金资助项目

城镇宜居住区整体营造理论与方法

Research on the Holistic Construction of Liveable Community

刘大威　主编
王彦辉　等著

东南大学出版社
南京

内容提要

全书在对中国快速城市化及深刻的社会经济体制变革背景下城镇住房建设中存在的一系列矛盾与问题进行深入探究、对国外城市及住区理论与实践发展进行系统分析总结的基础上，建立起对居住空间科学、全面的系统认识观，并提出“宜居住区整体营造”理念；进而，本书从宜居住区的物质空间环境系统和社会系统两个层面对宜居住区整体营造的理论与方法进行了多学科交叉的综合融贯研究；最后总结概括出宜居住区规划设计指导策略，以期对我国今后的城镇住区规划建设实践提供具有现实针对性与可操作性的设计指导。

本书适合建筑设计、城市设计、城市规划及相关领域的专业人员阅读，也可作为高等院校相关专业学生的教学参考书。

图书在版编目（CIP）数据

城镇宜居住区整体营造理论与方法 / 刘大威主编；王彦辉著．—南京：东南大学出版社，2013.7
ISBN 978-7-5641-4256-8

Ⅰ．①城… Ⅱ．①刘… ②王… Ⅲ．①城镇—居住区—城市规划 Ⅳ．①TU984.12

中国版本图书馆 CIP 数据核字（2013）第 104952 号

出版发行：东南大学出版社
社　　址：南京市四牌楼2号　邮编210096
出 版 人：江建中
责任编辑：戴　丽　杨　凡
网　　址：http://www.seupress.com
经　　销：全国各地新华书店
印　　刷：江苏兴化印刷有限责任公司
开　　本：787 mm × 1092 mm　1/12
印　　张：17
字　　数：339千字
版　　次：2013年7月第1版
印　　次：2013年7月第1次印刷
书　　号：ISBN 978-7-5641-4256-8
定　　价：58.00元

序

在当前城市化发展和社会经济变革向纵深推进的大历史背景下，居住问题作为关乎我国城市社会发展与人民福祉的根本性问题而受到越来越多的重视。然而，无论是居住空间本身、还是我们所处的现实状况，都决定了城镇住房建设问题的复杂性。一方面，居住是城市最基本的功能之一，也是人最基本的需求之一，在人口向城市高速聚集的城市化发展阶段，我国城镇住房短缺的矛盾十分突出；同时，伴随着城市自身发展和居民生活水平的提高，人们对居住场所的要求也越来越高，已经超越“有无”问题转而关注“宜居”问题。

《城镇宜居住区整体营造理论与方法》一书是王彦辉同志在其所主持的国家自然科学基金和江苏省建设系统科技项目研究成果的基础上写成的。本书针对国内城镇住区建设发展的现实问题，探索建立科学系统的营造理论与策略，体现了整体系统的研究方法和宜居性理念。

作者的研究有以下几个特点：首先，针对我国住区建设中存在的诸如封闭住区无序蔓延、居住品质低下等现实问题，提出了“宜居住区整体营造”的新观念及其原则，力图重建对居住空间的科学认识，具有启发性。其次，作者力图从整体、系统、跨学科的角度对居住问题进行综合融贯的研究：不仅深入研究了住区自身各要素营造的问题，而且把住区放到与大的城市系统协调一体化发展的角度；不仅研究了物质空间及技术层面的问题，还探讨了住区社会空间以及健全的营造机制的建立。

这无疑切中了我国当前住区开发建设中存在问题的要害，从而具有重要的探索意义和指导价值。最后，作者注重了理论与实践的结合，不仅对居住问题作了理论、观念层面的思辨，还创建了一套比较系统的规划设计方法策略。

当然，我国居住问题的复杂性也决定了研究的难度，本书的内容仍属于阶段性探索。但作者以踏实刻苦的作风和科学的态度所取得的研究成果是具有启发意义的，希望能与相关领域的研究学者们相互促进，并对我国目前集中大量的住区开发建设具有指导、借鉴价值。

是为序。

2013.3.10 于南京

目录

本书各章节撰写分工

第一、二、三、七、八章……………………………………………………………王彦辉
第四、五章………………………………………………………………………仲早立、王彦辉
第六章……………………………………………………………………………………姚 刚、张宏

统稿、定稿：王彦辉

1 绪论

1.1 当前中国城镇住区建设发展中的主要矛盾与问题

自 20 世纪 80 年代逐步实施土地有偿使用及住房商品化以来，伴随着城市化进程的加快，中国城镇住房建设以惊人的速度持续迅猛发展。到 2012 年年底，全国城市化率已经由 1990 年的 26.41% 提高至 52.6%。江苏省作为中国最发达地区之一，其城市化水平 2012 年更是达到 63%。与此相伴的是住房建设规模的急剧扩张。据统计资料显示，近年来我国每年城镇住房建设规模均维持在 6 亿平方米左右，占城镇住房存量的 3% ～ 4%。而江苏省的住房建设量与投资额则连续几年居全国首位，仅 2012 年新商品房开工面积就达 13908 万平方米[1]。

然而，城镇居住空间建设是一个复杂的“社会系统工程”，在取得令世人瞩目的住房建设量的同时，也产生了很多问题与矛盾。似乎我们并没能塑造出相应高品质的居住生活环境——在联合国于 2005 年公布的不适合人类居住的 20 个城市中，有 16 个在中国，占总数的 80%[2]。纵观我国当前的城镇住房建设，至少以下问题还普遍存在：

1.1.1 郊区蔓延式住区建设

20 世纪末以来，在郊区城市化和城市郊区化两种表现形式的城市化作用下，我国各城市的用地范围向周边高速蔓延。1990—2009 年，中国城镇建设用地由 1.3 万 km^2 扩大到近 3.87 万 km^2，长江三角洲城市用地总面积则由 1979 年的 388.58 km^2 增加到 2005 年的 4847.94 km^2，为 1979 年的 12.48 倍，期间城市用地年均增长 171.51 km^2。且城市用地扩张呈明显的加快趋势。以上海为例，2003 年与 1993 年相比，上海近郊区建筑面积增加了 318%，核心区则只增加 26%，远郊区在 2001—2003 年间就增加了 70%。到 2003 年，上海边缘区和近郊区居住面积已经占全市居住面积的 79%，而核心区仅占 7%[3]。南京作为长江三角洲的另一个

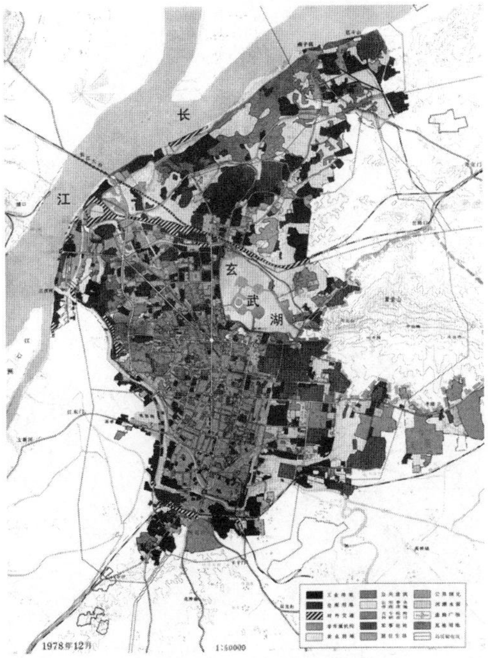

（a） 1978 年南京建成区用地现状图

图 1–1 不同时期南京建成区范围对比

[1] 江苏省住房和城乡建设厅.江苏建设统计年鉴（2012 年），2013
[2] 谢远骥.对建设宜居城市的几点看法.2005 朝阳宜居论坛，2005（12）：22
[3] 王玲慧.大城市边缘地区空间整合与社区发展.北京：中国建筑工业出版社，2008：23

（b） 2008 年南京建成区用地现状图

图 1–1　不同时期南京建成区范围对比

核心城市，1978 年建成区面积仅 64.54 km^2，2009 年年底建成区面积则已扩展至 598.14 km[1]，面积增长了 9 倍多（图 1–1）。

虽然中国作为发展中国家，城市化进程中的规模扩张不可避免，但目前的郊区式蔓延发展存在一系列不合理现象与问题：

（1）单一功能的土地利用与无序建设

我国郊区的单一土地利用方式主要表现在：工业用地郊区化，居住用地郊区化和商业用地郊区化，近年来又新出现了“教育科研用地郊区化”。而在现代功能主义城市规划思想指导下，这些用地是以相互分离的单一土地使用功能的特点分布的。尤其伴随着住房商品化改革和以“降低老城区密度”为主要目的的旧城改造进程，大批城市中心的居民受拆迁影响被安置于城市边缘地带的新住区中，而这些住区往往规模巨大（多在 20 ～ 40 hm^2，个别甚至高达 100 hm^2），从而形成了一个个相互分离（且往往交通不便）、单一功能（居住）的土地利用单元。

而这种大规模、单一功能新居住片区的建设，是在以居住空间布局不合理，公共交通设施、生活服务配套设施和工作就业场所缺失等为表现形式的“无序建设”情况下进行的，从而导致居民生活、出行、就业的不便。有些拆迁居民甚至由于缺少就近就业机会而沦为了没有生活来源的新贫民。

所谓无序建设，主要是指住区的开发是在缺乏或者违背科学合理的统一规划引导和建设时序调控下展开。其主要表现在：

① 居住用地层面的无序。这一方面表现在“蛙跳式”居住用地增长方式的普遍存在，即居住用地向外扩张时为了规避某种阻力而采取的跳过阻力向外“跃迁式”发展[2]，从而形成一块块孤立的“飞地”楼盘；另一种表现则是郊区新建的住宅楼盘（高档别墅区、市场开发楼盘、动迁商品房等）与政府主导的保障性住房、城中村和农民房以及现存的工业厂房、部分小公建等处于一种无序与并置的混乱状态（图 1–2）。这不仅带来土地资源的浪费、城市空间结构和功能配置上的不合理，更大大影响了住区及该区域的整体环境及居民的生活品质。

② 功能空间配置层面的无序。住区空间建设与其他诸如产业经济、商业服务、文化教育、医疗保健、尤其是居民基本生活服务配套设施等在空间布局和建设时序上缺乏相互匹配和衔接，从而导致居住空间功能单一、居民生活不便。

③ 居住空间与公共交通系统建设的脱节。首先表现在很多地区住区的开发往往

图 1–2　住宅楼盘、工厂、村落及农田并置的无序状态

[1] 江苏省住房和城乡建设厅 . 江苏建设统计年鉴（2009 年），2010

[2] 详见马强 . 走向精明增长：从“小汽车城市”到“公共交通城市”. 北京：中国建筑工业出版社，2007：84

先于城市新区道路系统的建设；二是新区道路系统密度过低或者配置混乱不合理；三是虽然道路系统建成，但相应的公共交通设施（公交汽车、地铁等）配置严重滞后等。以上问题的普遍存在，加上单一功能的土地利用模式，不仅加重了居民出行的不便，同时又强化了居民对小汽车的需求，从而激发机动车交通量的增加，激化交通矛盾。

图 1–3　封闭住区是城镇楼盘开发的普遍模式

（2）封闭式住区模式蔓延

所谓封闭住区，是指限制进入、公共空间私有化的住区，通常以墙或栅栏为界，以遥控门或有人看守的大门防止外人进入。自上世纪 90 年代以来，伴随中国城镇住房建设持续迅猛发展，封闭住区作为一种被普遍采用的标准开发模式和空间组织形式在全国蔓延，其规模和速度为人类历史上所罕见（图 1–3）。新区封闭住区的集中建设在明显改善居民生活居住条件的同时，其背后所蕴藏的许多矛盾与问题也日益突出：在物质空间层面——① 封闭住区破坏了城市应有的路网结构形态，进一步加剧了城市道路交通方面的矛盾；② 导致城市空间格局的割裂与景观的“碎片化”，住区之间的公共街道成为消极空间、失去生机与活力；③ 住区公共服务与配套设施等方面的矛盾突出；④ 加剧土地等资源的严重浪费等。在城市社会生活方面——① 导致居民基本日常生活活动不便；② 加剧了城市社会隔离、分异与社会不公等[1]。

而其中更加深远的隐患在于：从产权经济学的角度来看，这种诞生于市场开发机制下的封闭住区，象征着一种个人财产权的确立与不可侵犯性——新《物权法》等相关法律使消费者对购买的住房拥有了自主权。而在当前“谁开发、谁配套”的开发机制下，由开发商建设的公共服务设施的费用也以不同方式被分摊给业主，那么业主也就要求本应该向社会开放的道路及公共设施在空间和使用权上的排他性。当随着城市新区发展为成熟繁华的建成区时，道路交通及公共设施封闭、私有化的矛盾必然越发突出且难以解决！

（3）景观环境与生态资源问题

首先，一些地方住区开发布局的低密度、郊区化现象严重，蚕食了大量农田和生态绿化带，造成严重的土地资源浪费，导致耕地锐减，生态资源受到破坏；其次，优质景观私人化现象严重。一些高级住区占据城市生态环境质量最优或服务设施最方便齐全的“黄金地段”，甚至某些具有公共空间性质的生态环境质量最优地段也被小部分人所独占，造成资源分配不公；最后，每个封闭住区各自为政，相互之间缺乏景观环境、空间脉络、生态要素等方面的衔接与延续，加上住区设计缺乏个性，使得居住片区整体空间形象混乱，景观环境品质不高。

[1] 详见王彦辉．中国城市封闭住区的现状问题及其对策研究．现代城市研究，2010（03）：85-90

（4）住区设计与营造方面的问题

新住区的开发建设质量参差不齐、忽视以人为本、综合品质不高等现象较为普遍：要么由于短时间内大量建设或片面追求降低造价，不能做到精心营造；要么由于开发设计与居民实际生活需求相脱节，重概念轻品质、重视觉轻功能等现象普遍，忽视居民的日常生活、行为心理等多层次需求与空间环境的关系。因而，虽然居民搬入自己的新“家”（house），但他们却找不到“家园”（home）的感觉，即缺乏社区认同感和社区归属感；同时，在住区规划、建造材料与技术等层面与国家生态可持续发展战略相违背的现象也普遍存在。

（5）住区物质空间建设与社会发展变革间的矛盾

一方面，住区的空间环境设计缺乏与居民的日常活动与交往模式、社会网络等特征的呼应，导致住区公共空间缺乏生机与人气，邻里关系冷漠；更为重要的是，在政府主导下的社会体制变革中，我国城市传统的“单位制”已向“社区制”转型。居住社区代替传统“单位大院”已经成为我国社会组织与政治建设的基本单元。然而，目前的社区并没能替代传统单位承担起相应的“社会整合”功能[1]，从而使得目前城市居住空间的现实形态与社会结构转变的客观需求之间相差甚远。反映到表象上就是原来的“单位大院”和居住生活环境设施及居民的原有活动模式趋于瓦解，而适应新需要的住区交往活动、文化生活、居民自治组织、社区管理服务体制等没能建立或不完善。

同时，我国虽然逐步破除了“单位办社会”的传统模式，但目前却在各新区建设中大量出现“开发商办社会”现象：由于本该由政府承担的生活配套服务设施建设不到位，开发商不得不自己投资修建。这种“谁开发、谁配套”的建设管理模式，存在着项目小而全、重复建设、效率低下、资源浪费、设施配套不合理等问题。而且，由于开发商建设的公共服务设施的费用被以不同方式分摊给业主，那么业主也必然会要求这些公共设施在空间和使用权上的排他性，而最简单有效的手段就是对住区的封闭。这成为“封闭住区”蔓延的重要原因之一。

（6）保障性住房建设

近年来，随着住房保障制度深入贯彻，我国各地都在集中大量建设经济适用房、廉（公）租房、拆迁安置房等保障性住房，从而形成了大片的保障性住区。根据国家的相关规划，“十二五”期间我国要建设3600万套保障房，仅2011年就开工建设了1000万套。具体到南京，按规划将在“十二五”期间建设2000多万平方米保

[1] 社会整合包含认同性整合、制度性整合与功能性整合三方面内容，其中认同性整合的终极目标是“社区归属感”的建立。参见黄玉捷.社区整合：社会整合的重要方面.社会学，1998(6)

障性住房[1]，建设规模和速度可谓国内外罕见。更为重要的是，这些集中大量建设的项目是在政府主导下“匆忙上马”的，从土地利用与空间布局、规划设计、道路交通及生活配套设施建设，到住区建筑及空间环境设计，均缺少相应理论方法、制度和具体标准体系的引导、支撑与制约，从而导致盲目建设、简单建设、品质低下，甚至出现“低收入群体无房住、而建成的保障房无人愿意住”，或形成新的“城市贫民窟”“空城”等尴尬局面。从而给住区自身及城市整体的可持续发展、和谐社会建设带来巨大隐患等。

1.1.2 旧城住房建设与更新

首先，一次性大规模的推倒重建仍然是我国大多旧城内住区更新普遍采取的策略。大量的传统居住街坊、地段被全面拆除重建。在被拆除的传统居住空间中，不仅有值得保存和有研究价值、具有地方民俗文化特色的地段或建筑，而且还承载着发达的社会网络（social network）。然而，目前盛行的“运动式”、简单化、大规模甚至“三光政策”（树砍光、房拆光、人搬光）下的拆建不仅毁灭了这些难以再生的地方城市形象，而且大部分原地居民被迫搬迁，社会网络被彻底破坏，再加上新的规划设计忽视对原有空间文脉特征的呼应，使得传统居住空间所具有的优良品质消失殆尽。

同时，很多新完成的城市旧区改造项目，一方面使得原来破败、混乱的空间环境得以改善，但是许多新改造建成的住区同时又存在一些不良倾向：其一，为了增加单位土地的经济效益，尽可能地加大建筑高度和密度；其二，不顾周围城市环境的空间文脉肌理、风貌特色等，片面追求所谓“欧陆风”“港台式”等风格，设计平庸甚至低俗的住宅以至街区散布于旧城区内，使得旧城风貌失去连续性，城市特色几乎消失殆尽。尤其那些零星插建的住宅不仅与四周环境格格不入，而且它们大多侵占、吞食的是本应该留作公共空间或绿地的用地，从而使得城市建成区的整体环境、景观质量有日益恶化的迹象。

旧城住区建设中的另一个问题则是对城市空间的割裂。这主要表现在，近年来各地政府在对旧住区进行更新改造时，几乎无一例外地采用了“封闭化管理”模式，如上海、南京、武汉等地政府以“平安工程”“小区出新”等名目进行住区封闭化改造行动。这使得原来与城市空间具有紧密联系的传统空间系统如里弄等被封堵、割裂，丧失了传统居住空间中孕育的丰富多彩的生活气息与魅力。

---

[1] 详见现代快报.2011年9月9日第6版及2011年12月1日第4版。

1.2 中国城镇住区建设发展的综合背景

必须认识到，我国过去20多年来的城镇住区建设是在特定的社会、经济和文化发展背景下展开的。只有对此有了全面深刻的认识，才能在今后的建设实践中探索出相应有效的改进策略。

1.2.1 快速发展的城市化

目前，中国正处于城市化加快发展时期。据经济地理学界首肯的美国地理学家诺瑟姆的研究分析发现，城市人口增长的轨迹呈“S”形曲线运动：第一阶段为城市化初期，城市人口增长较为缓慢。超过10%以后逐渐加快，当城市人口比重超过20%时，进入第二阶段，城市化进程出现加快的趋势。这种趋势一直要持续到城市人口超过70%以后，才会减缓，此后即第三阶段，城市化进程将出现停滞或略有下降的趋势。这样城市化经过发生、发展、成熟三个阶段。根据大量研究表明，“这一规律不仅限于已实现了高度城市化的发达国家，而且是一条普遍规律，适用于世界上绝大多数国家和地区”[1]。

我国的城市化发展在过去的三十年中已经从1979年的17.92%增加到2012年的52.6%，处于快速城市化时期。城市化的直接结果之一就是人口的高度聚集。随着城市人口急剧增加，住房成为当今城市人口最重要的需求之一。为了适应这一现状，各地政府不得不加大住房建设力度。1979—1999年，全国城镇住宅共投资29181亿元，新建住宅52.1亿平方米，是前29年的9.83倍。进入21世纪更是发展迅猛，据统计，我国城镇住宅竣工面积由1998年的4.76亿平方米增加到2009年的8.21亿平方米，年均增加5.1%。其中，“十五”期间和“十一五”期间城镇住宅年均竣工量分别为5.9亿平方米和7.2亿平方米[2]，高居世界首位。如此快速的住宅建设，尤其需要科学的决策、政府及相关各界保持较理智、清醒的头脑。然而，现实却远非如此。

① 不少地方政府将每年住房建设面积数量指标化、任务化，并将其视为衡量政府业绩甚至个人升官晋职的重要筹码。这必然导致过分注重量的积累，忽视住宅及其环境的质量，更甭说居民的多层次需求，甚至造成对新、旧城区风貌及社会持续发展的严重损害。虽然近年来各地方政府对此已有一定认识和改进，但目前全国集中开展的保障性住房建设运动，又有重蹈这一覆辙的趋势。

---

[1] 王旭，黄柯可，主编.城市社会的变迁.北京：中国社会科学出版社，1998

[2] http://renzhiqianghy.blog.hexun.com/61318313_d.html

② 对城市居民而言，尤其广大的“无房户”或“住房困难户”，急于能够在城市中拥有一处属于自己的成套住房，摆脱原来狭小、拥挤的居住环境。住房的有无及其面积大小成为他们中多数人关注的焦点，却忽视了影响生活质量的其他更重要的因素。而且，在这种大背景下，居民即使有一些具体需求，也没有得以满足的渠道或方式。

③ 房产开发商在法规、政策不健全的条件下，以“经济利润最大化”为目标的本质决定了他们的投机行为：一方面侵占本应属于住房消费者的利益，有时甚至利用欺骗、推托责任等手段；另一方面就是产生大量“寻租”行为[1]。

对于这一时期的住房建设乱象，意大利建筑专家阿贝托·卡耐塔在2000年参观了北京住宅建设后曾指出，20世纪50—80年代意大利的经济腾飞使得城市建筑的总面积超过前2000年的总和，但这一时期又被讥讽为意大利建筑史上的“悲惨时期”。“人们匆匆忙忙、潦潦草草地建造了一片又一片的住宅区，以为把昔日农民居住的低水平建筑稍加改造，就可满足大量涌入城市‘新市民’的需要……而今拥挤不堪的城市无法实现自然空间对人文空间的弥补，令人感到窒息，身心严重失衡。”[2]

1.2.2 社会结构体制的转型

在城市化进程加快的同时，我国城市社会结构体制正处于转型期。这主要表现为由计划经济体制向社会主义市场经济体制转轨以及由此带来的其他社会结构体制及其要素的转变。城市由“单位型管理”向“社区型管理”转化是其重要内容之一。

改革开放及社会政治经济体制的转型使我国长期的“单位体制”格局彻底改变。“大政府、小社会”的社会结构逐渐向“小政府、大社会”转变，实行“政企分开”“政社分开”“企社分开”。企业比较纯粹地履行其经济职能，原来由企业单位承担的社会职能逐步还给社会。而能承担起这些社会职能的基本载体只有社区[3]。现代社区的基本特征是它独立于政府之外和社会生活中的民众自治。中国城市社会结构体制的这一转变被社会学家称为“社区整合”。通过社区整合，将使社会形成这样一种格局：“使企业和行政事业成为真正的社会劳动单位，而让生活社区承担更多的社会整合功能，特别是认同性整合功能”[4]。

[1] 寻租(rent-seeking)，英文原意是找窍门，钻空子求利。这是一个经济学术语，专指在不完善的市场机制中，少数人钻空子进行投机而获得超额利润的现象。简言之，就是不正当获利行为。一般表现为“权钱交易”、牟取暴利，使国家利益受到巨大损失；另一方面，就是使那些在社会上处于“弱势”地位的人或群体（如普通居民）的利益再一次受到损害（J 斯蒂格利茨 . 经济学 . 北京：中国人民大学出版社，1997）。
[2] 转引自卢卫 . 解读人居——中国城市住宅发展的理论思考 . 天津：天津社会科学院出版社，2000
[3] 张鸿雁 . 侵入与接替——城市社会结构变迁新论 . 南京：东南大学出版社，2000：306
[4] 认同性整合与制度性整合、功能性整合一起共同构成社会（社区）整合的主要内容，它尤其在社区整合中具有重要意义。认同性整合的终极目标是“社区归属感”的建立（黄玉捷 . 社区整合：社会整合的重要方面 . 社会学，1998（6））。

然而，由于单位型的社会结构目前在中国城市社会结构变迁中仍具有“惯性”（这不仅指原有单位形式依然存在，而且一些新生的机构与经济组织仍不自觉地模仿原有单位体制），而且在一部分人的心理中对单位仍有很强的依附性，从而使得目前城市居住空间的现实形态与社会结构转变的客观需求之间相差甚远。反映到现实中则是：在物质空间层面，人们习惯于传统功能齐全的“单位大院”居住环境，从而使得人们对目前市场开发的内部配套齐全、与外界隔离的“封闭式住区”情有独钟；而在社会空间层面，人的流动性越来越大，以业缘关系、邻里关系等“首属群体”[1]交往为主导的单位大院生活模式已经瓦解，传统“单位意识”逐渐衰退，然而新的“社区意识”却并未能及时建立，新的社会交往网络并不成熟，适应新需要的居住空间环境设施、社会化服务体系以及居民的社区归属感不能形成。

总而言之，当前城镇住区建设的快速发展是在我国深刻的社会经济与政治体制变革的历史进程中进行的，即当今的城镇住区这一微观场域，正处于宏观上的政治、经济体制变革与物质空间的集中大量建设浪潮的交汇之处，从而使其具有鲜明的时代烙印。

1.2.3 住区营造机制的不完善

分析国外经验可以发现，成熟的住区营造机制是地方政府、市场开发商、消费者和社会中介组织共同作用的结果。而在我国由传统单位体制下的由单位统一提供住房及其配套设施转变到以市场开发为主的过程中，完善的营造机制并未能建立起来。这突出表现在：① 政府过多地退出了住房建设机制，把本应当自己承担的公共服务配套设施建设等也一起推给了开发商，实行“谁开发、谁配套”政策，从而使得中国住区建设由传统的“单位办社会”直接过渡到了目前的“开发商办社会”模式，而开发商的“逐利”本性决定其必然导致诸多问题的产生；② 社会中介组织不发达。国外的住房建设经验表明，成熟的住房机制，不论是住房建设主体、资金筹措运营模式，还是社区服务体系，都需要不同的社会中介组织、机构的参与。

1.2.4 “盲目求新”的社会思潮

中国的改革开放使国民开阔了视野，西方发达国家的各种“发达”景象通过各种媒介方式为国民所感知。相比之下，人们意识到自身的落后。随着经济的快速发展和实力的增强，人们急于通过“破旧立新”来改变落后的现状。在缺乏必要的文

[1] 张鸿雁．侵入与接替——城市社会结构变迁新论．南京：东南大学出版社，2000:306

化积淀和思想观念的深层次提升前提下，“盲目求新”已成为一种社会思潮。表现在对自己民族的传统文化、传统文物缺乏发扬与保护意识，甚至鄙视、破坏她，盲目追求“西方式”的视觉环境和物质感官享受。具体到城市空间建设上，就是对传统文化的冷漠与排斥，对建筑文物的恣意摧毁与破坏，然后代之以“令人梦寐以求”的“欧陆经典”“美式风情”的建筑或住宅小区，人为造成了对城市环境不可挽回的破坏。

正如当代学者杨东平所言：“我们看到了对传统文化的另一种处置：那就是在文物和风俗层面上全面摧毁、破坏传统，而在制度和观念上，则保留、复活那些反动、落后的旧传统。”[1]

1.2.5 规划设计思想理论与方法的局限

纵观我国近30年来的城镇住区建设实践，可以发现，到目前为止，我国无论在宏观的城市规划、还是中微观的居住空间设计方面，其主导观念仍然受到以“物质形体决定论”为价值取向的西方现代主义（Modernism）城市规划理论及前苏联规划思想的深刻影响而未有实质性改变。“只见物不见人”，缺乏对住区社会人文的深层面关注；城市规划普遍采用机械、严格的“功能分区”和“大街区、宽马路”的城市格局与形态[2]，住区的规划设计也一直没能摆脱“邻里单位”“居住小区”等传统模式的掣肘[3]。

近年来，虽然社会学、环境学、经济学等学科对居住问题的研究也越来越多，但各学科间仍然缺乏相互融合、交叉的整体研究，使得我们的理论研究与现实情境相脱离。对西方“新城市主义”“精明增长”等新观念与方法虽越来越关注，但仍缺乏结合我国实际的深入探索，始终没能形成适合我国自身的规划设计策略。

1.3 中国城镇住区建设发展的新形势

国内城镇住区建设中的诸多现实问题及国内外城市社会发展的巨大差异，显示了我们进行相关研究探索的紧迫性和必要性。同时，我们目前具有进行高品质宜居城镇住区建设的历史机遇：

[1] 杨东平．未来生存空间（社会空间）．上海：生活·读书·新知三联书店，1998：163

[2] 赵燕菁将我国城市的路网形态总结为“大街区、宽马路”格局，并认为这是长期计划经济体制在城市规划领域的体现。而在改革开放以后，我国虽然逐步建立起社会主义市场经济体制，原有的土地划拨政策逐渐转变为“土地划拨与土地市场出让”相结合的方式，但城市用地和道路系统并没有如同西方市场经济国家那样形成高密度的方格网城市格局。尤其在新城区，开发商营建的一个个规模巨大（20甚至100 hm^2）以上、内部配套设施齐全的封闭住区的蔓延，使得城市新区空间仍然延续了中国计划经济体制下的“单位大院”格局，路网继续呈现出“稀路网、大街区”的形态特征。

[3] 详见王彦辉．中国城市封闭住区的现状问题及其对策研究．现代城市研究，2010（03）：85-90

（1）从宏观趋势上，据估计，到 2025 年，我国城市化水平将达到 66%[1]，这意味着在未来较长时期内城镇住房建设量依然巨大。而随着经济社会发展和人民生活水平的提高，人们对住房的需求逐渐从解决“有无”问题向解决“住房改善”“品质提升”问题转变，即从单纯追求“量”到“量、质兼备”的阶段。其中明显的变化之一，则是人们对住区空间环境品质、人性化的追求等将取代“套型”“得房率”等成为人们更为关心的核心问题。

（2）宜居城市逐渐成为我国城市建设发展的新目标与方向。2005 年 1 月，国务院批复的北京城市总体规划，首次出现宜居城市的概念。同年 7 月，国务院在全国城市规划工作会议上要求各地把宜居城市作为城市规划的重要内容。宜居城市至此成为我国新的城市理念。国家建设部科技司 2007 年 5 月通过了《宜居城市科学评价标准》。到目前，全国已有一百多个城市申报或准备申报中国宜居城市。各地的宜居城市建设，无疑给作为其重要组成部分的居住空间的建设与发展带来了新的挑战与机遇。

同时，当前国家的可持续发展战略、资源节约型社会建设、“和谐社会”建设、“十二五”规划等方针政策，均对城镇住区建设提出了新的要求，提供了新的发展机遇。

（3）当前我国正经历深刻的社会体制变革，使同时作为城市的社会系统和空间系统的中观尺度单元的住区成为我国城市发展建设的重心。计划经济下的“单位型管理”向市场经济下的“社区型管理”转型，已使得社区成为我国社会体制变革和实现“和谐社会”建设的基本载体。正如西方国家经验所表明的，从社会发展的角度，“依托并着眼于以社区的发展来谋求社会的发展，将社区发展置于社会发展目标之中”已经日益成为人类的共识。面对诸如“社区素质衰落、贫富差距继续扩大”等日益严重的社会问题，只有社区建设才能解决。“社区建设不仅意味着重新找回已经失去的地方团结形式，它还是一种促进街道、城镇和更大范围的地方区域的社会和物质复苏的可行办法”[2]。而住区的“社会—空间统一体”特征（详见第三章）决定了这将给住区空间形态发展带来新的要求和机遇。如，伴随社区自治及居民民主意识与权利的提高，住区营造中的居民参与将越来越重要和普遍，住区的社会规划与物质形态空间规划的密切结合将成为必然。

（4）理论、方法及技术的积累与新发展，为住区新的发展建设提供了可能。近年来我国经济技术突飞猛进，新的建筑材料和技术，尤其生态节能材料和住宅的产业化技术方面，取得了重大进展。同时，国外相关理论与实践的发展也为我们提供了经验与参考。尤其近年来西方国家纷纷发起的宜居城市建设，为我们提供了重要

[1] 汝信，陆学艺，李培林主编．社会蓝皮书：2012 年中国社会形势分析与预测．北京：社会科学文献出版社，2011

[2] [英] 安东尼·吉登斯．第三条道路：社会民主主义的复兴．郑戈，译．北京：北京大学出版社，2000

的提示和借鉴。

当然，与西方国家相比，我国的社会政治体制不同，城市化发展进程及其特征不同（比如城市郊区化蔓延问题，西方国家呈现低密度蔓延特征，而我国则为高密度蔓延[1]），所处地域、文化传统不同。所有这些，都决定了我们不可能照搬国外经验，而必须结合自身情境，进行针对性、综合性的研究与探索。

因此，正如“宜居城市”建设是城市发展到后工业阶段的必然产物一样，宜居住区建设也是我国城市社会发展到新阶段的必然趋势。在这一规模宏大、意义深远的建设进程中，江苏省等较发达地区理应走在历史潮流的前列，率先做出开创性的探索。

1.4 研究目标与意义

1.4.1 研究目标

本研究的基本目标在于：密切结合江苏及其他较发达地区当前城镇住区建设发展中出现并亟待解决的新问题，进行科学、深入的现状剖析与面向未来的系统化解决策略研究——建立适应城市社会科学发展方向、生态宜居的住区科学认识观和价值观，深入探究宜居住区整体营造的理论方法与实践策略等。为“十二五”乃至以后较长时期内集中大量的城镇居住空间规划设计、开发建设提供相应的理论指导和方法借鉴，将国家倡导的“宜居城市”建设落到实处。具体目标如下：

（1）深入调查、分析我国当前住区建设的综合背景、现状问题与内在发展机制；

（2）在分析国内外经验与规律基础上探究城镇住区建设的发展方向与趋势，确立宜居住区的科学理念；

（3）建立顺应城市社会发展趋势的宜居住区空间系统模型，探索住区与城市空间系统协调一体化发展的新模式，从而建立系统的城市住区新理论；

（4）探索适应我国宜居住区建设的住区生态节能及住宅产业化开发建设策略；

（5）探索由政府、市场、公众、中介组织及专业人士等多方参与的住区营造机制，以及宜居住区开发建设的多样化模式；

（6）总结概括出对我国城镇宜居住区设计实践具有科学借鉴意义的规划设计指导策略。

[1] Russ Lopez 等将美国城市的密度划分为三类：高密度地块——每平方英里人口数 3000 人以上；低密度地块——每平方英里人口数 200 ~ 3000 人；乡村——每平方英里人口数 200 人以下。而在我国城市建成区平均人口密度平均为 1 ~ 1.5（万人/km^2），相当于每平方英里大约 2.6 万 ~ 3.8 万人，远远超过美国高密度地块的上限。参马强．走向精明增长：从“小汽车城市”到“公共交通城市”．北京：中国建筑工业出版社，2007：88

1.4.2 研究意义

当前中国城镇住区建设中存在的诸多问题以及城市建设发展所处的特殊历史时期，尤其江苏等发达地区城市化进程已接近高速发展的最后阶段，决定了本研究具有极大的紧迫性和现实意义。而立足于建筑学科领域、并紧密结合其他多学科理论的跨学科研究思路，将赋予研究以多重价值：

（1）规划建设理论与实践方面：本研究将立足于城市发展的整体环境，集中于如何优化住区的空间结构与综合品质，并将其与城市整体的协调发展紧密结合起来。同时，克服传统理论方法的不足，立足本学科领域并广泛结合其他学科的最新成果，力求全面的探寻快速城市化背景下住区规划设计开发建设的合理模式，并使其与国家相关政策和市场等因素相契合。这对高速城市化时期我国城市空间的健康可持续发展建设实践以及城镇空间规划设计理论方法的创新等均具有重要的理论价值和显见的现实指导意义。

（2）社会生活方面：居住问题是城市社会发展中的核心问题之一。本研究直接锁定新时期城镇住区建设发展中的矛盾并结合城市社会发展趋势，探索其更为科学合理的设计、建设与管理层面的优化策略，本质是为了促进住区品质的全面提升及其与整个城市社会的协调一体化发展。这将有助于克服当前住区的弊端及其导致的一系列社会问题，促进居民的居住生活和整个城市社会环境质量的提升，更是当前城市发展以人为本、构筑和谐社会所不可忽略的必要环节之一。

（3）公共政策管理方面：一方面，当前中国城镇住区的空间建设是与“社区制”社会体制建设(“社区建设”)同步进行的，二者具有一定的内在制约与相互作用关系；另一方面，当前城镇住区的建设，除了受规划设计与住区主体（居民）的主观意愿影响之外，还存在着相关政策制度、法规规范、市场运作机制等方面的关键因素。而这些因素的影响和制约往往是深层次和根本性的。本研究将一方面广泛结合相关领域的知识、与其他学科合作进行多学科视角的交叉研究，同时也将对相关的政策体制、法规规范、市场运作、住区管理机制等方面进行探讨，为政策制定与管理、市场开发运作等提供科学的借鉴与参照。

1.5 研究内容与框架体系

1.5.1 研究内容

本研究内容总体包括现状剖析、理论探讨、策略建构及技术集成等四部分，分为八章。具体章节内容设置如下：

第一章为绪论。分析总结我国城镇住区营造的多层面矛盾与问题，及其产生的综合背景，结合国内外经验，提出我国住区营造发展的必然趋势，进而提出本书的研究目标、内容、方法及研究框架。

第二章系统分析国外住区营造理论与实践的发展历程，分析其经验与规律，总结归纳出对我国城镇住区营造具有借鉴与指导意义的启示。

第三章在分析宜居城市理念及对居住空间再认识的基础上，提出宜居住区的概念、内涵及其系统特征，进而得出宜居住区整体营造的必要性，并分析其理论内涵。

第四章对宜居住区形态空间环境的系统营造进行研究。首先对我国当前的住区空间模式进行反思，进而结合国内外最新理论方法，从住区空间结构系统建构、公共空间及服务设施配置、道路交通系统组织、住区建筑体系、住区景观体系、及住区边界空间设计策略等几个方面，提出对我国城镇住区形态空间环境营造具有针对性与可操作性的设计方法。

住区作为城市系统的重要子系统，其与城市各系统要素之间具有紧密的关联性。而与城市系统的协调一体化发展是宜居住区必须具备的基本条件之一。因此，第五章从道路交通、公共服务设施、公共空间系统等几个主要方面对住区与城市空间系统的协调一体化营造策略与方法进行了较为深入的探讨。

第六章首先对住区生态节能及其技术集成体系进行了归纳汇总，然后对我国当前的住宅产业化及工业化住宅研究实践中存在的问题进行了分析，并提出了自己的反思与阶段性研究成果。

第七章致力于分析建构我国城镇宜居住区整体营造的动力机制。在指出“政府力”“市场力”和“社会力”之间的相互作用与制约共同决定着住区的营造进程与品质之后，我们对住区营造中政府的地位与作用、公众参与机制的建立、设计师的地位与作用等进行了阐述，并对宜居住区的多样化开发建设模式进行了分析。

在前面章节关于宜居住区整体营造的系统论述基础上，第八章再次回归建筑学科所关注的核心问题领域——形态空间系统的建构，并结合国内外相关经验，总结概括出对我国当前及今后较长时期内住区建设发展具有针对性与技术指引价值的宜居住区规划设计指导策略。这也可以看作是对本书研究的核心内容的概括总结。

1.5.2　研究框架

本研究总体按照“发现问题——分析问题——解决问题”的基本思路展开。具体框架体系见图 1-4。

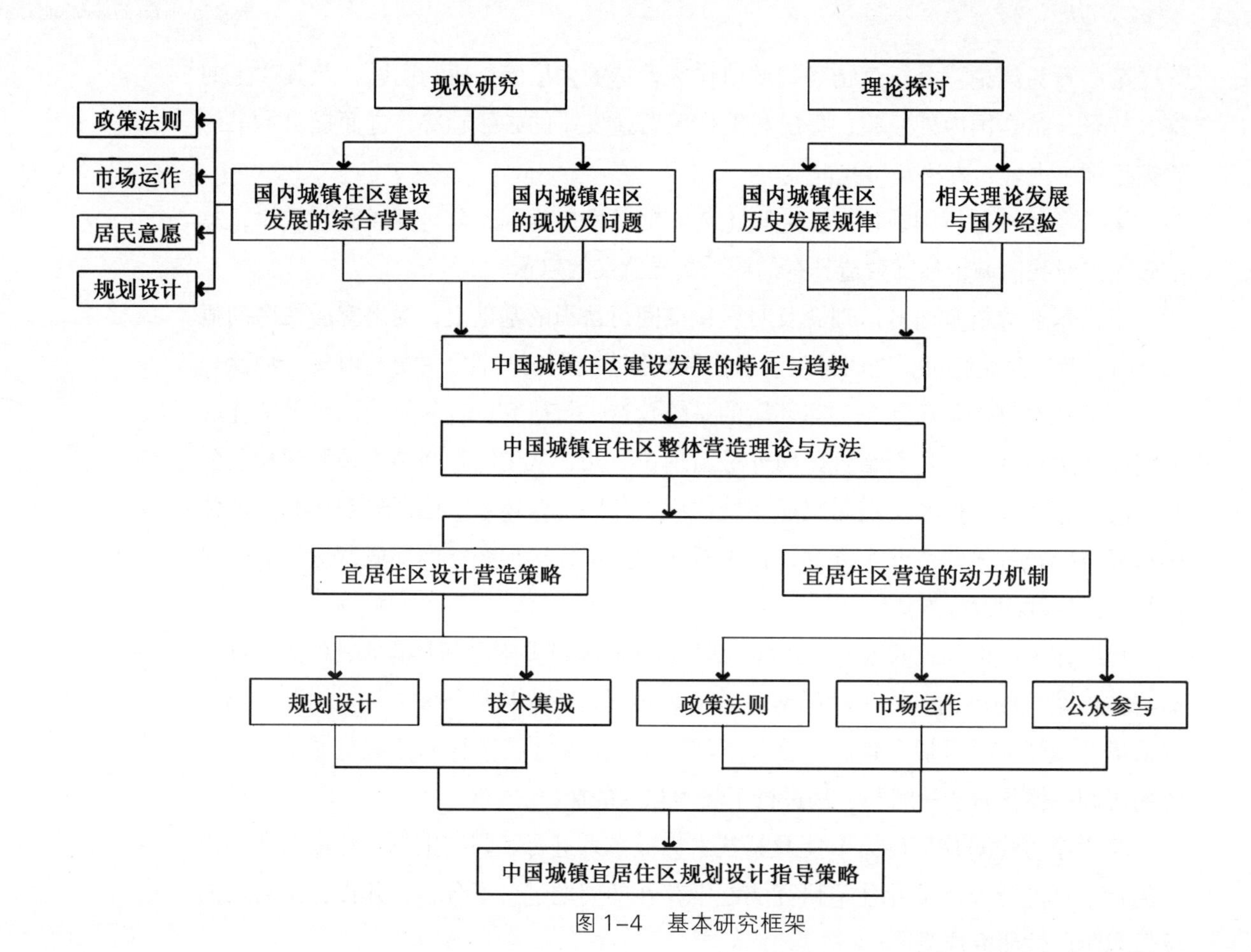
现状研究
理论探讨
政策法则
市场运作
居民意愿
规划设计
国内城镇住区建设发展的综合背景
国内城镇住区的现状及问题
国内城镇住区历史发展规律
相关理论发展与国外经验
中国城镇住区建设发展的特征与趋势
中国城镇宜住区整体营造理论与方法
宜居住区设计营造策略
宜居住区营造的动力机制
规划设计
技术集成
政策法则
市场运作
公众参与
中国城镇宜居住区规划设计指导策略

图 1–4　基本研究框架

2 国外住区理论与实践发展及其启示

现代住区理论是伴随工业革命和城市化发展而逐渐产生的。历经两个多世纪的发展，当今世界范围内的住区建设理论与方法呈现多元化趋势。对于城市化已趋于稳定的欧美发达国家而言，其住区建设已进入相对成熟阶段。在经历过空想主义、现代“功能主义”、“人本主义”之后，越来越呈现出多学科融合，对物质空间、社会生活、生态环境与社区经济等并重，倡导不同社会阶层或种族相融合等的社会—空间综合建构的特征。其发展历程、营造理论与方法经验对我们具有重要的借鉴意义。

我们可以将工业革命以来的国外住区理论与实践划分为四个发展阶段，即：① 19 世纪中叶到 20 世纪初以空想社会主义、田园城市思想为代表的理想主义时期；② 以光明城市、邻里单位及英国新城理论为代表的现代主义时期；③ 1960 到 1980 年代人文主义的再次兴起及对现代主义的反思；④ 1980 年代以来的多元化探索时期。

2.1 19 世纪中叶到 20 世纪初——理想主义时期

2.1.1 空想社会主义与新协和村

源于英国的第一次工业革命给人类社会带来了史无前例的变化，工业大发展、人口向城市聚集、城市规模急剧膨胀。但同时也导致了诸如贫富差距增大、居住生活条件恶化、环境污染等一系列被称为“城市病”的复杂城市问题。严酷的现实促发了一批社会学家、空想社会主义者们开始探索理想的社会生活组织模式，以达到缓和社会矛盾、实现社会公平的改良目的。

作为 19 世纪伟大空想社会主义者之一的欧文，不仅对资本主义的种种弊端进行揭露，还积极探索实践新的社会组织模式。他认为，未来社会将由一个个公社（Community）组成。每个公社人数在 500 ～ 2000 人，土地归国有，分给各种公社使用。类似的还有托恩比提出的运用邻里中心创造社会居所（social settlement），促进贫富阶层人们相互学习、相互理解和支持的主张。他在其中设立了一所学校，白天为儿童提供学习场所，晚上为成年人开设夜校。

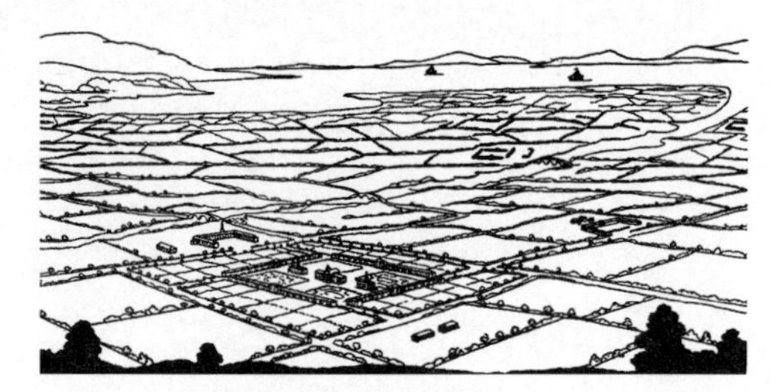

（a）“新协和村”鸟瞰示意图

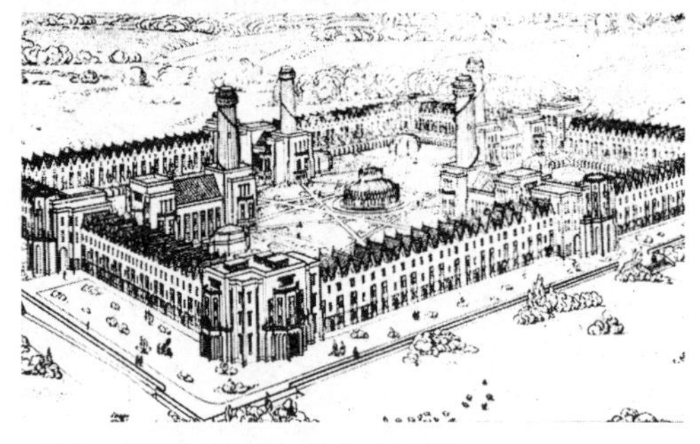

（b）“新协和村”的中央大院

图 2–1 “新协和村”方案

欧文等人还致力于空想社会主义的实验。1799 年率先在苏格兰建立了 New Lanark 工人住宅区。1817 年，欧文根据自己的社会理想，将城市作为完整的经济范畴和生产生活环境进行研究，又进一步提出了“新协和村”（Village of New Harmony）方案 [1]（图 2–1）。欧文在方案中建议居民人数为 300 ～ 2000 人，耕地面积为每人 4000 m^2 左右。在建筑布局上，新协和村中央以四幢很长的居住房屋围成一个长方形大院。院内设食堂、幼儿园、学校和管理机构等公共建筑，四周建造标准住宅并形成围合。大院空地种植树木绿化，各户住宅不设置厨房，全体成员在公共食堂就餐。住宅区以外是工厂、作坊、牛奶场，最外围是耕地和牧场。村民共同劳动，平均分配劳动果实，取消私有财产和一切特权，以实现“共产主义公社”的理想。

在资本主义社会体制下，不可能存在理想中的社会主义城市，因此欧文的新协和村建设最终失败不可避免。但其进步的思想，如公共设施的配置、城市整体规划、社会活动的组织、公共大型住宅规划建设等方面提出的一系列早期的探索和构想，对后来的城市规划理论，如“田园城市”“卫星城市”等起到重要借鉴作用。

2.1.2 田园城市

1898 年，英国社会活动家 E. 霍华德在其著作《明天，一条引向真正改革的和平道路》中系统阐述了著名的“田园城市”（Garden City）理念，试图将城市的现代繁华和乡村的自然淳朴相结合——即建立一种城乡结合体。按照 1919 年英国“田园城市和城市规划协会”的阐释，田园城市的具体含义为：为人们的健康、生活以及产业发展而设计的城市。它的规模适中，一方面满足人们丰富的社会生活需要，另一方面又不超出一定范围；田园城市的四周要有农业地带永久的围绕，城市的土地有专门成立的委员会管理，公众是该城市土地的所有者，也是该委员会的管理人。

具体而言：田园城市由城市和乡村两部分组成，城市四周被农业用地围绕。霍华德提出田园城市占地为 6000 英亩（约合 2430 公顷），城市处于中间，占地 1000 英亩，四周的农业用地为 5000 英亩，不仅包括耕地、牧场、果园、森林，而且还包括农业学院、疗养设施等。作为城市的绿带，四周的农业用地应永久保留，不得改作他用。霍华德认为在这 6000 英亩的城市中，理想人口为 32000 人，城市 30000 人，乡间居住 2000 人。理想的田园城市为圆形（图 2–2），直径大约 2480 码（约合 2270 米）。城市中央为一面积约 145 英亩，包括医院、图书馆、市政厅等公共设施的中心公园，有六条主干道从周围通向这个中心，并将城市自然分为六个区。社会城市中每 5000 人构成一个居住单元，住宅均为独幢，住区设在中心公园与绿化带之间，空间开敞、环境优美。工厂、仓库、市场建设在最外层的环形道路，交通运输方便。

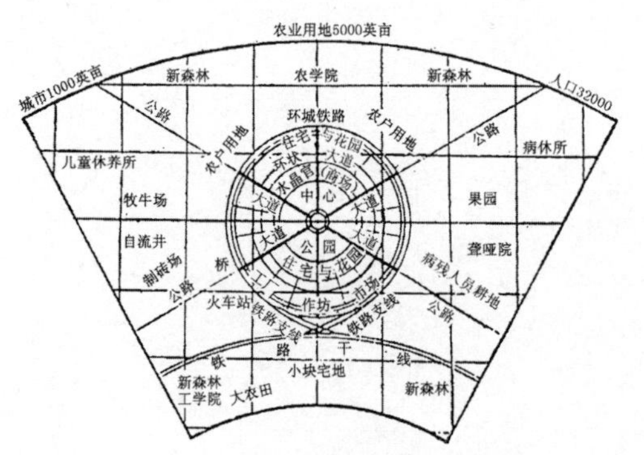

图 2–2 “田园城市”用地图解

[1] 楚超超，夏健 . 住区设计 . 南京：东南大学出版社，2011

霍华德还设想将若干个田园城市围绕中心城市构成城市组群，相互之间通过快速交通系统联系，称为“无贫民窟无烟尘的城市群”（图 2–3）。

霍华德的“田园城市”思想被英国的一些忠实追随者所发展，如翁温和帕克分别于 1903 年和 1920 年在伦敦郊区建立的田园城市——莱奇华斯（Letchworth）和韦林（Welwyn）等。

霍华德的“田园城市”住区规划思想是低密度、分散思想下的一种社会—空间模型，其并不是简单的改善物质环境的住宅计划，而是试图规划和组织一种全新的社会生活，同样带有社会改革的性质。

田园城市比空想社会主义者的理论有巨大进步。他对城乡关系、城市结构、城市规模、城市经济、生态环境等方面都提出了系统且具有独创性的见解，对城市规划学科的建立与发展起了重要的奠基作用。

然而，城市的综合性与复杂性决定了其诸多问题不可能通过某一个静态的模型得以解决，再加之当时社会背景的局限，田园城市的实践最终未能成功。但其理论中对改善生活环境大声疾呼，迎合了社会各阶级对日益恶化的城市环境的强烈不满。同时，田园城市把城乡结合起来作为一个整体进行研究，设想了一种带有先驱性的城市模式。而其将城市居住问题和社会问题结合起来的观念，对现代城市规划思想起了重要的启迪作用，其理论的光芒和崇高的理想仍然对当今的城市住区规划发展具有重要借鉴价值[1]。

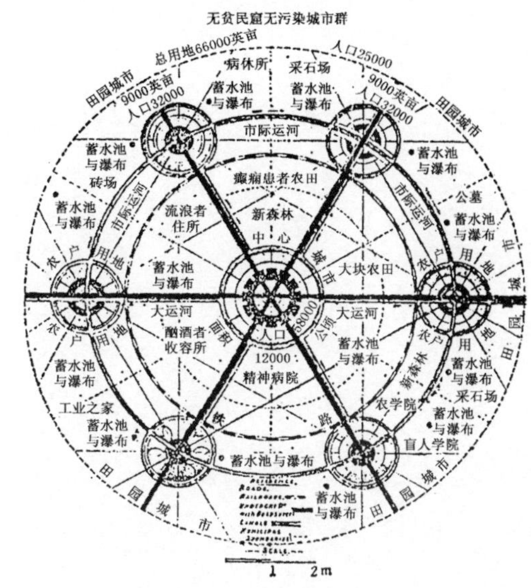

图 2–3　若干田园城市围绕中心城市构成城市群

2.2　1920 到 1960 年代——现代主义时期

20 世纪上半叶，大规模的城市住区建设成为城市规模蔓延的重要手段。而社会经济的高速发展和科学技术领域取得的巨大成就，促发了整个社会对工业化大生产及其技术的崇拜，技术理性成为当时社会的主流思想，城市规划建设领域亦不例外。在当时的城市规划思想理论中，出现了集中主义规划思想和分散主义规划思想并存的局面[2]：

2.2.1　集中主义规划思想——光明城市与雅典宪章

1922 年法国建筑师勒·柯布西耶在他的名著《明日的城市》中提出了一个 300 万人口的“光明城市”方案，来体现其集中主义的城市思想（图 2–4）。光明城市以呈简单几何形的方格网加放射性道路系统来统领全局。城市中心是铁路、航空和

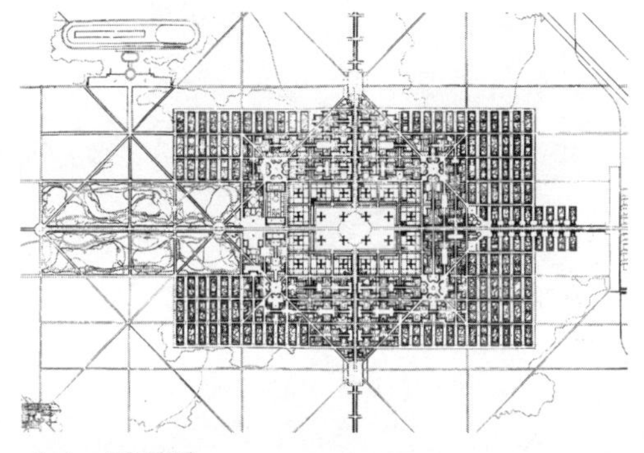
（a） 平面图

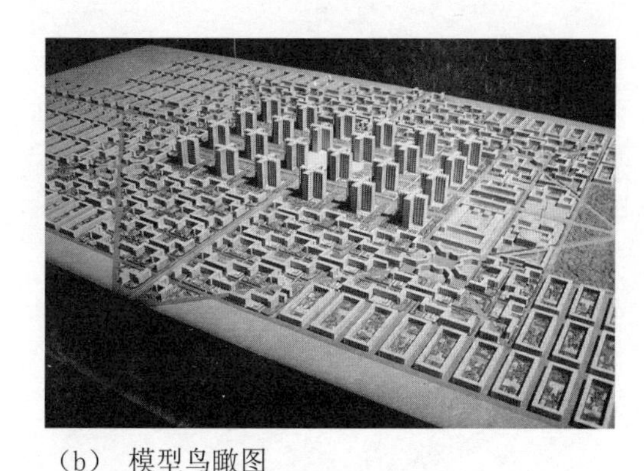
（b） 模型鸟瞰图

图 2–4　“光明城市”

［1］楚超超，夏健．住区设计．南京：东南大学出版社，2011：14
［2］朱海波．走向融合：城市住区公共空间网络的建构［D］：［硕士学位论文］．武汉：华中科技大学，2006

汽车交通的汇聚点，站台和广场采用立体空间处理。中心区布置24栋60层的摩天办公楼，摩天楼平面呈十字形，周边长173米，人口密度为3000人/万平方米。中心区西侧布置市政府、博物馆、市级管理机构以及一个花园。中心区东侧为工业区、仓库和铁路货运站。中心区的南北两侧为居民住宅区，由连续板式公寓组成，且公寓楼中有日常服务设施，形成自给自足的“居住单位”。人口密度约为300人/万平方米。城区四周为保留的发展用地，布置原野绿地和运动场。郊区布置若干个田园城镇。城区住100万人，田园城镇容纳200万人，共计300万人口。勒·柯布西耶认为在这种理论指导下，城市住宅区既能满足现代社会高密度的人口需要，又能形成开阔、安静和优美的居住环境，使居民获得充分的阳光与空气，享受现代生活的舒适与便捷。

柯布西耶并不认为城市人口和功能空间的集中是城市病产生的直接原因，而且提出不能回避城市的聚集趋势及其吸引力。他希望利用现代化技术手段，通过强化城市功能分区，采用“公园中的高楼”和“大板楼”（slabhousing）的建筑形态和满足机动车交通的“大马路”交通系统，保证在高密度人口条件下，获得开阔、高效、优美的居住环境。

勒·柯布西耶的观念在1933年8月召开的国际现代建筑协会（CIAM）第4次会议中得到了进一步体现，上升为城市规划理论和方法的纲领性文件——《城市规划大纲》（后被称作《雅典宪章》）。雅典宪章强调简单清晰化的城市结构组织，注重功能分区和用途纯化，追求统一的视觉空间秩序，将城市机械的分割为四大基本功能区，即居住、工作、交通和游憩，不同功能区间以交通网络相互联系。在形态上表现为城市被交通线划分为具有严整几何形态的功能分区，形体环境秩序井然。

柯布西耶的光明城市及雅典宪章的思想在以后很长时期内、尤其是二战以后产生了广泛而深远的影响，在欧美各国的城市高速扩张中得到广泛应用。虽然雅典宪章也提出了“以人为本”、“城市要与其周围影响地区成为一个整体来研究”的思想，但其基本原则和精神实质仍然是功能主义、机器美学，技术乌托邦色彩浓厚，过多的注重效率、技术、物质层面的要求，忽视了居民生活及城市社会的多层面内涵。真正悖论则在于其导致了城市生活的连续性在功能分区、时空分离的结构框架中被割裂，对于秩序的迷恋和对于物质形体决定论的迷信导致其将等级化的空间结构与秩序凌驾于现实生活的丰富性、多样性和差异性之上[1]。所以，尽管现代主义也具有强烈的社会目标和社会责任感，但不当的空间策略却使之与其伟大的社会使命背道而驰。

2.2.2 分散主义规划思想

（1）广亩城市

[1] 邹颖，卞洪斌．对中国城市居住小区模式的思考．世界建筑，2000（5）：21

与柯布西耶相反，美国建筑师赖特则强调人的个性，反对集体主义。赖特认为大都市将消亡，人们将走向乡村。他于1935年提出广亩城（Broadacre City）的概念，认为为了保持家庭内部的稳定，家庭和家庭之间要留有足够的距离以减少接触。同时，他也认为汽车、电话等新技术是实现这一目的的手段。赖特关于分散主义的规划思想在北美的住宅郊区化运动中得到了体现（图2–5）。

（2）有机疏散理论

有机疏散理论（Theory of Organic Decentralization）是芬兰学者伊利尔·沙里宁（Eliel Saarrinen）为缓解由于城市过分集中所产生的弊病而提出的关于城市发展及其布局结构的理论。针对居住问题，他套用其他学科的规律，从生物有机体成长的视角来看待城市，主张建设一种人的工作、交往与自然相融合，城市与乡村优点并蓄的居住环境（图2–6）。

（3）邻里单位

1929年美国人西萨·佩里（Clarence Perry）提出的邻里单位（Neighborhood Unit）是一种具有广泛影响力的现代住区设计理论（图2–7），成为现代城市住区设计的一种基本模式。所谓邻里单位，是指以城市干道为边界，可容纳5000人左右居住的地块作为基本聚居单位，使居民能安全、方便地使用小学、商店等服务设施，并拥有充足的室外活动场地。佩里提出了邻里单位的“六条基本原则”：

① 邻里单位四周为城市道路包围，城市道路不穿越邻里单位内部。

② 邻里单位内部道路系统应限制外部车辆穿越。

③ 以小学的合理规模为基础控制邻里单位的人口规模，使小学生上学不必穿越城市道路。

④ 小学及其他邻里服务设施位于邻里单位的中心。

⑤ 邻里单位占地约160英亩（约64.75公顷），每英亩10户，保证儿童上学距离不超过半英里（0.8公里）。

⑥ 邻里单位内的小学附近设有商店、教堂、图书馆及公共活动中心。

1933年，美国人C.斯泰恩和H.莱特提出了与邻里单位类似的雷德朋（Radburn, NJ）规划方案。强调道路的层级化和人车分流，采用尽端路及交通隔离等模式降低汽车增长对居民安全带来的干扰。

此后，尤其是第二次世界大战以后，邻里单位理论及雷德朋模式在英、法、德、美及前苏联等国家得到广泛应用，如位于伦敦郊区的哈罗新城等，1956年前后前苏联根据邻里单位思想形成了居住小区理论，日本、新加坡等国的住区理论也明显受到其影响。

邻里单位模式的出现，改变了传统住区空间拥挤、恶劣的居住环境，并以新的

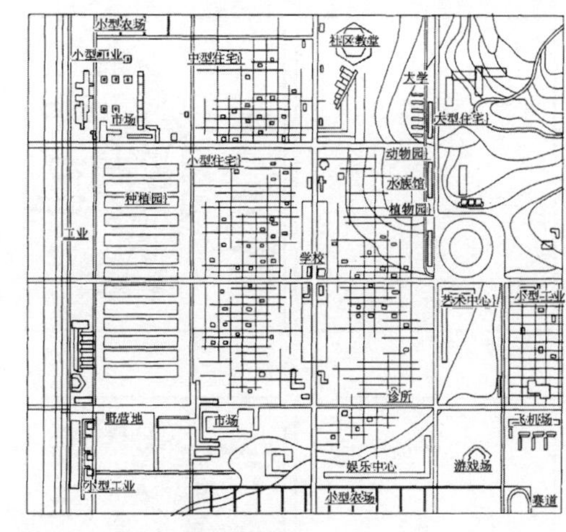

图2–5 广亩城平面图

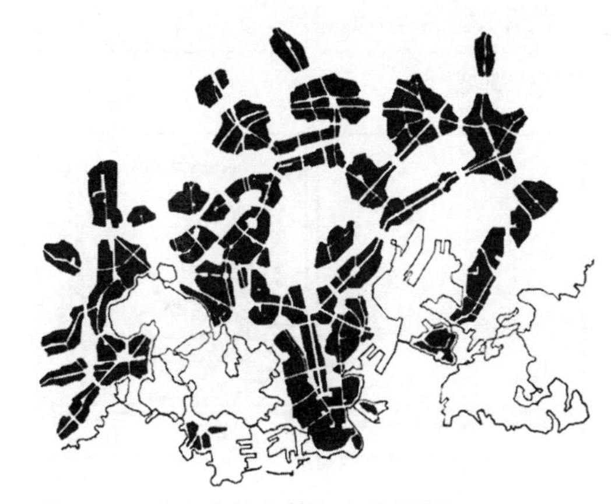
图2–6 沙里宁的大赫尔辛基规划

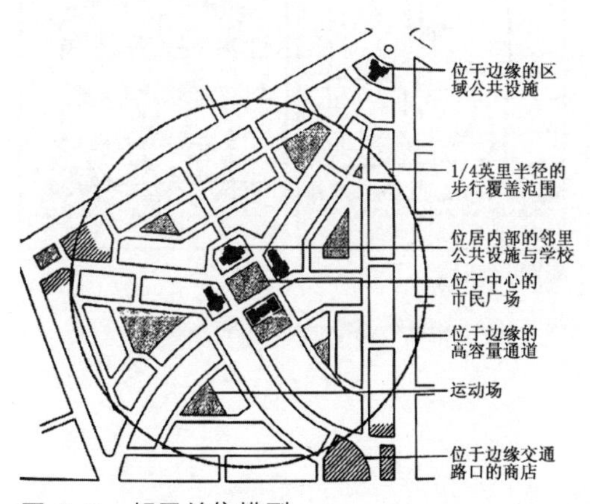

图2–7 邻里单位模型

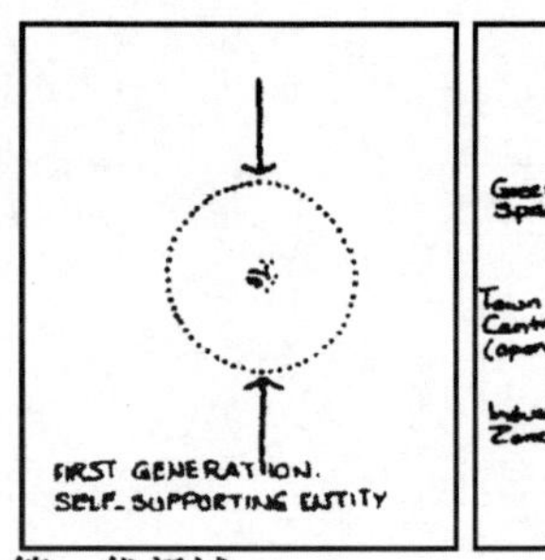

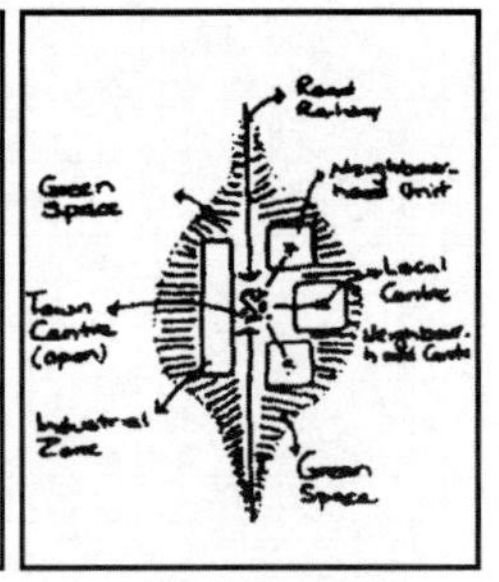

第一代新城

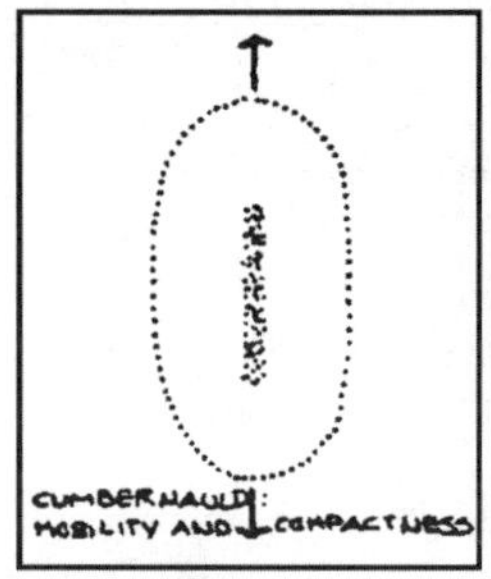

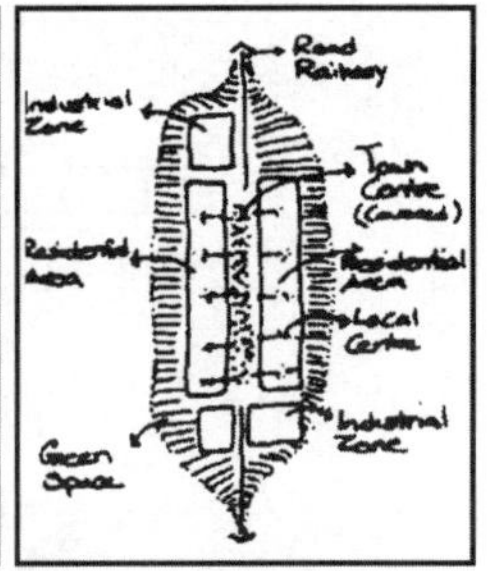

第二代新城

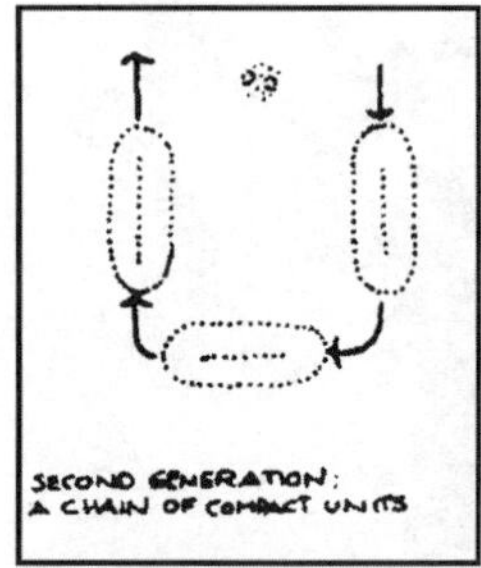

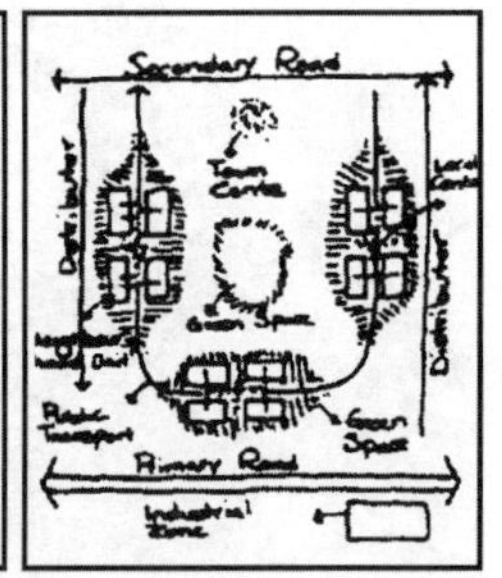

第三代新城

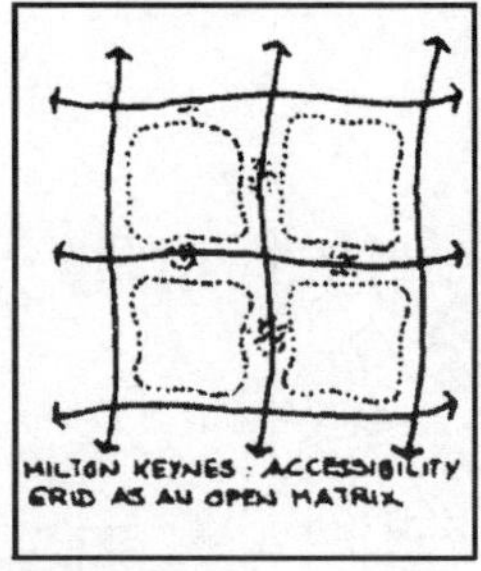

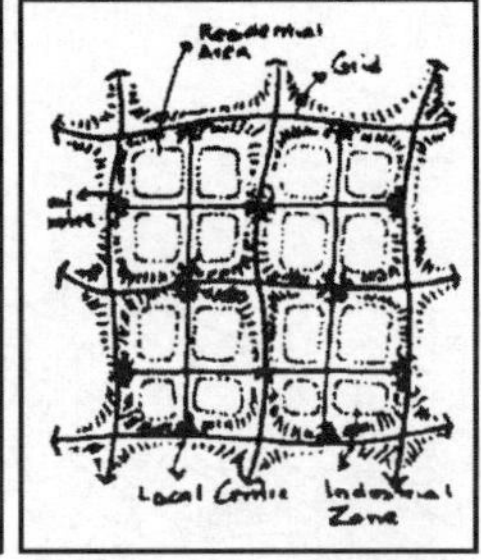

第四代新城

图 2–8　英国新城镇运动的四个阶段

空间模式对应汽车交通的要求。邻里单位的意义还在于第一次将“城市居住区”从城市规划体系中独立出来进行研究，将住区规模与城市道路交通系统及居民生活协同考虑，其在当时的进步意义不可忽视。邻里单位的规划理念和雷德朋社区对后来的住区规划实践也产生了深远影响，时至今日其“人车分流”“组团式布局”“公共中心”等概念和处理手法仍然主导着住区规划与建设。

然而，邻里单位思想以及从其发展而来的小区模式，其实质仍然没有脱离功能主义形体规划为主流的现代城市思想，体现、继承了雅典宪章的功能主义原则。而且，从一定意义而言，邻里单位为现代主义等级化的城市结构组织提供了基础。其本身的组织结构也呈现等级化、树形结构，试图以良好的形体环境塑造人的社会生活，屈从于机动车交通的需要，忽视了人对居住空间的主体性及其多样化需求，而且它简化了居住空间的多层面组织要素及其含义，仅抽取了其组织结构中最“有效”的表象成分，而忽略、舍弃了与居住生活息息相关的含混复杂的内在机理。在住宅匮乏、需要大量建设的社会背景下，以最短时间、最简化的形式、最易操作的方法塑造出来，有其必然性和其合理性，而当物质环境得以完善、再进而追求居住空间更多的精神内涵和更高的综合品质时，小区模式的不足就越发明显的显露出来[1]。所以，自 20 世纪 60 年代以后，邻里单位与现代功能主义城市理论一起招致了越来越多的批判。

（4）英国新城镇理论[2]

英国政府于 20 世纪 40 — 70 年代开展了一场旨在解决城市恶性膨胀问题、合理规划城市的新城运动。一般将新城运动的发展分为以下四个主要阶段（图 2–8）：

第一代新城（1946—1950 年间）属于在有限机动性和半径内的小城镇分散模式：它明显受花园城市的影响，规划目标是应对城市环境过分拥挤和潜在的社会阶层冲突问题，创造健康休闲的居住环境。规划理念的前提是假定居民简单的、可预知的行为模式。所以，其设计思想是布置一种小城镇，由相互独立的、低密度的邻里单位构成，邻里单位聚集在城镇周围，力图形成良好的、整体的社区，其密度不高而且邻里居民可能在几分钟内步行上班和购物。工业区常常有一两个点，在城镇中心附近与铁路或公路干线相连。由一或二层的别墅住宅构成的邻里单位分布在环路两边，每个邻里单位分成一两个禁行区（Superblocks），人口以支撑一个小学的规模为限。中学常布置在禁行区的中间以方便学生安全到达，并且与社区中心相距不远。绿化空间填充邻里单位间的空间。

为了适应私家车使用的机动性需求，第二代新城演变成一种紧凑的线型空间模

[1] 邹颖，卞洪斌 . 对中国居住小区模式的思考 . 世界建筑，2000（5）：21

[2] 参见于文波 . 城市社区规划理论与方法研究——探寻符合社会原则的社区空间 [D]:[硕士学位论文]. 杭州：浙江大学，2005

式。新城与周围区域环境相关联，却与其紧靠的周边相对，形成了一种具有强烈聚集式的线型中心。所有的居民住在中心可达的步行范围内。城镇中心的模式也变成了一种多层次交通和步行可达的商业街。分开的邻里被取消，建筑物高度提高，目标人口提高，并且工业区趋向于在城镇中分散开。

与第二代的紧凑形态不同，第三代新城规划中，如 Runcorn 镇，城镇形态表现出由一定尺度规模的、分开的居住单位通过公共交通加以联系的松散结构特征。许多构成城镇的邻里单位围绕作为形成城镇形式的公共交通路线，以线形被分成几组。路网穿越这些以围合结构形式组成的城镇部分，并将其联系起来，邻里设施围绕公交停车点布置。每个居住单位都是基于步行距离内的理性规划。

随着社会的发展和机动车的普及，第四代新城面临的问题不再仅仅是提供最小可接受的居住标准，而是努力提高生活质量，如何提高居民选择的自由和灵活性成为新的目标。以华盛顿和米尔顿·凯恩斯（Milton Keynes）为例，第四代新城导入一种开放的巨型网络模式，完全体现了以小汽车为主导的城镇结构，这是新城建设的最主要特征。在变化的过程中，私人汽车将地区中心从居住区中心转移到住区的边界，使之能更方便地从路网进入。

总之，英国新城理论将邻里单位和“田园城市”思想相整合，发展成提供多种类型住房、力图满足不同社会阶层需要、维持社会稳定的“有机社区”观念。新城30年的变迁与对机动车交通依赖的提高直接相关，并且成为这一时代思潮最显著的特征。新城理论发展的四个阶段，也力图探索以促进社会互动为目标的空间形式，其中丰富绿化、尽端路和“簇状”住宅组团的运用一直在新城设计中处于中心的地位。交通禁行区和功能分区的总体关系也基本保持不变。

新城镇建设在20世纪世界城市建设发展中具有代表性意义，被誉为“20世纪最主要的城市发展主题之一”（Madanipour 1992，1993）。英国新城镇建设的主要经验被相关学者概括为：① 具有明确的建设目标与功能定位；② 制定大都市区域型规划；③ 制定配套的法律和政策；④ 成立专门的开发及管理机构；⑤ 多元化的融资渠道和开发模式；⑥ 确立社会平衡和生态平衡的可持续目标；⑦ 空间策略的发展等[1]。

但同时，由于英国新城建设并没能做到人口与就业、产业与功能、经济与社会等之间的平衡，居民主要的工作、购物和休闲场所分布在其他城市中心，从而使新城仍基本扮演着卧城的角色；同时仍然没有摆脱以小汽车交通为主导的模式，使得新城建设的很多想法在现实中并未能得到实现，从而仍存在明显的时代局限性。

[1] 详见陶希东．国外新城建设的经验与教训．城市问题，2005（6）：95-98

2.3 1960到1980年代——人文主义再次兴起

虽然现代功能主义由于其便于操作的“科学理性”精神在二战后的大规模重建中大行其道，但城市住区的集中大规模建设则使其精神内核中存在的隐患逐渐显露出来，其造成的一系列社会生活与环境等方面的问题日益严重。现代主义城市规划思想所倡导的功能化、等级性的城市组织结构遭到越来越多的怀疑与批判。人们开始重新审视传统城市空间中所孕育的一些优秀品质，反对机械的城市功能分区、低密度蔓延等现代主义城市规划思想，并逐渐出现了尊重生活本身要求、顺应人生活的复杂性与多样性以及城市结构的复杂性等特征，允许适当的高密度和功能混合等趋势。在此背景下，以邻里单位模式为主导的现代城市理论的统治地位逐步被新的理论模式所取代。

这一时期住区营造领域的新发展主要表现在以下几方面：

2.3.1 挖掘城市空间多重价值的人文主义思想再次兴起

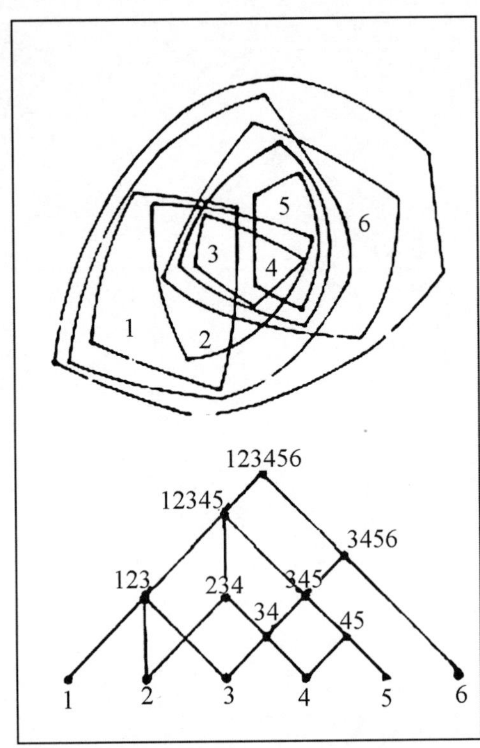

图 2-9 C. Alexander 的“半网络形结构”图示

20 世纪五六十年代人文主义思想和环境行为学理论的新发展，促发人们更加深刻地认识到城市环境是一种综合的社会场所，而不仅仅是“居住的机器”。雅各布斯（J. Jacbos）于 1961 年发表的《美国大城市的生与死》是这一时期开始的标志。书中对规划界一直奉行的现代功能主义进行了无情的批判。同年，美国人文主义大师芒福德发表的巨著《城市发展史》中揭露道：“一些好的郊区，它的物质环境是如此美好，以致很少有人注意它在社会方面的缺陷和疏漏”，“郊区真正生物学上的好处也被心理和社会方面的弱点所破坏”。C. 亚历山大（C. Alexander）在 1965 年发表了《城市并非树形》的重要论文，批判了严格功能分区、阶层式空间（树形结构）的思想。他通过实证性研究证明半网络形结构是城市活力的源泉，“城市就是一个重叠的，模糊的，多元交织起来的整体”（图 2-9）。亚历山大的规划思想从理论上推翻了理性功能主义的规划思想，指出了现代住区社会问题的症结所在。

同时，一些从环境及行为心理学方面对城市空间进行研究的新成果出现：如纽曼（Oscar Newman）在 1972 年提出的“可防卫空间”理论；凯文·林奇（Lynch）于 1960 年发表的《城市的意象》一书，以“心理认知图式”描述了居民对社区的整体地域概念，从更深层次发掘了巩固社区稳定性的物质环境设计基础（图 2-10）；此外还有诺伯格·舒尔茨（Christian Norberg-Schulz）于 50 年代提出的场所理论，以及扬·盖尔的“交往与空间”理论等。

2.3.2 多元化参与及社区运动的新发展

首先，为缓和现代社会给住区社会关系带来的破坏，增进住区居民间的交往与互动，社会学、组织管理学等多学科的知识被逐渐引入住区规划领域，而社会学中关于社区发展的思想更为住区规划注入了新的理论源泉。

其次是国际社会的倡导、国家政府调控的加强。如联合国在 1963 年明确指出应通过人民自己的努力与政府当局合作，以改善社区的经济、社会和文化环境，把社区纳入国家生活中，从而对推动国家进步作出贡献；其他还有如联合国“以人为发展主体”的社会发展计划，第一届国际设计参与会议（1971），三届世界人居会议（1976，1996，2001）等；国家层面，各级政府开始在城市居住社区建设中发挥着越来越重要的作用，但有两种截然不同的做法：一种是以英、美等国家为代表，政府的作用主要是通过立法、资金等手段势图调和市场开发商和居民之间尖锐的利益冲突与矛盾，并维护已有相互隔离社区间的稳定，避免相互侵蚀，并努力通过市级公共场所创造各利益团体的融洽气氛。如 1977 年美国通过扩大社区开发范围并实施“城市发展行动津贴”等，提供更多资金专门用于振兴地方社区经济。而英国则于 1982 年成立了“社区计划基金”；另一种是以新加坡为代表的一些东方资本主义国家或地区，力图通过政府的控制与干预，竭力消除社会阶层的差距，弱化各种因素造成的居住隔离及其他社会问题。新加坡由政府部门——建屋发展局（HDB）执行的“居者有其屋”的“组屋”建设政策，完成了新加坡 80% 以上的公共住宅建设。

最后，公众参与及社区建筑运动的新发展：二战后大规模住区建设所暴露出的大量问题，使人们逐渐认识到只靠政府力量和市场调节很难有效解决住区问题，因此组织民间力量、运用民间资源来应对社会变迁、促进住区的健康发展成为一种重要的举措。对此，Sanders（1958）、Warren（1978）等学者认为住区的发展是一种社会过程。社会学领域关于各类社区的静态系统和动态系统的理论研究，使建筑师、规划师对住区社会发展层面的理论意义有了更加深刻的认识，促进住区非政府组织的发育，提高居民自治和社区参与能力成为住区规划的重要目标。在此背景下，倡导通过自下而上的居民参与来建设和改善居住环境的“社区建筑（Community Architecture）”运动自 1960 年代开始在英国得到发展，而且到 1980 年代时，它已经在数以千计的街道、邻里、城市等不同层次的实践中获得成功，并建立起了自己的理论体系[1]。在美国，通过强调居民参与来实现社区发展与振兴的活动更是此起彼伏。在 1960—1980 年代间，先后经历了社区行动计划（CAP: Community Action Program），社区经济发展活动（CED），邻里保护（Neighbourhood Conservation）运动，以及市政府支持的社区规划（Municipally Sponsored Neighborhood Planning）等。通过分析可以发现，各种社区营造活动都是在当

[1] 焦怡雪．帮助人民创造自我环境．国外城市规划，1999（3）：16-18

（a）居住在Westwood的白人对洛杉矶的意向图

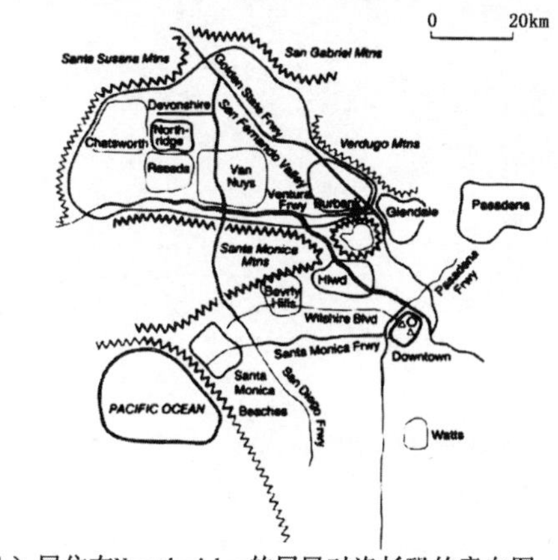

（b）居住在Northridge的居民对洛杉矶的意向图

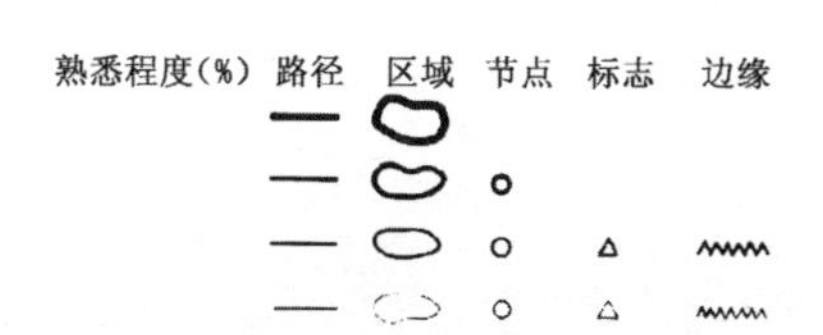

图 2-10 城市意象调查

时社会背景下产生和发展、面向解决当时的现实问题，从而各有侧重。因此，虽每种形式都带有特定时期的局限性，但这些探索对我国的居住环境营造仍具有重要的参考价值[1]。

2.4 1980年代至今——多元化探索

1980年代以来，世界城镇住区理论与实践的发展总体进入多元化探索和相对成熟的时期。主要有以下特色：

首先，科学技术领域的新发展及可持续发展战略的实施，推动了建筑学科、城市规划理论对住区认识和实践向更深化、综合的整体营造发展。学者们逐步摆脱了20世纪六七十年代以批判和总结理性主义为重点，规划理论的探索和讨论出现了以下几个方面的热点：生态环境和可持续发展的规划理论研究；关于城市及其空间发展的理论；宜居城市理论与实践的探索（详见3.2章节）；社会整合的空间模式，社区与环境、经济综合可持续发展的多元化探索等。进入1990年代后，则出现了大量对城市发展新趋势的研讨，如关于全球化和信息化对城市发展的影响的研究等。同时，建筑规划理论对自身传统核心领域的研究也取得新的进展。其中对住区研究的最大特点是同时在宏观整体与微观深入上取得进展：一方面，强调“整体营造”的综合性理论思想，如不仅注重住区环境、经济、社会生活（混合居住、地域性等）的全方位营造，更注重住区空间与城市系统的融合，如强调多功能混合、住区空间布局与城市道路交通体系协调一体化发展等成为这一时期研究与实践的重要内容；另一方面，在住区的一些专项问题上研究更为深入、具体，如对住区生态技术应用、住区交通规划、封闭住区问题的研究等。

其次，这一时期的住区发展与社会政治变革的关系更为紧密。从社会发展的角度，“依托并着眼于以社区的发展来谋求社会的发展，将社区发展置于社会发展目标之中”已经日益成为人类的共识，并形成新的世界趋势。正如当代著名的社会学大师、英国新工党的思想领袖和“第三条道路”的主要倡导者安东尼·吉登斯（Anthony Giddens）所言：“社区这一主题是新型政治的根本所在”。吉登斯认为，面对诸如“社区素质衰落、贫富差距继续扩大”等日益严重的社会问题，只有社区建设才能解决。“社区建设不仅意味着重新找回已经失去的地方团结形式，它还是一种促进街道、城镇和更大范围的地方区域的社会和物质复苏的

[1] 威廉·洛尔，著.从地方到全球：美国社区规划100年.张纯，编译.国际城市规划，2011（2）：85-97

可行办法”[1]。这一点从近十几年来西方各国政府对社区建设的重视中可见一斑。

这一时期的另一个重要成就则是实践理论与方法的新发展及其地域化、多元化特征，如先后出现了美国的新城市主义、“精明增长”理论、欧洲的“可持续城市运动（Sustainable Cities Campaign）”、新加坡组屋模式、日本的新探索等等。同时，西方各国纷纷推出了关于住区营造指导性守则及生态住区的评价标准。对此，本书将进行较为系统的阐述。

2.4.1 新城市主义

第二次世界大战以后，伴随着小汽车的普及和公路的大规模建设，美国率先步入了城市郊区化发展加速阶段。尤其在20世纪70年代之后，以小汽车交通工具为主导的郊区化现象极大地加剧了就业问题和居住的低密度扩散，出现了所谓的“城市蔓延”。这一趋势使城市用地不断扩张，并导致了交通阻塞、环境污染、侵占农田、传统社区文化丧失、住区生活品质降低等一系列环境与社会问题。同时，城市规模的不断扩大要求城市公共设施、市政设施、环境设施等不断向外延伸，这使地方政府的开支日益增多，很大程度上加重了政府的财政负担。至20世纪80年代末90年代初，这些问题得到前所未有的关注，政府、城市规划设计者、环保机构等发起了一系列运动来阻止这种蔓延，并提出了诸如新城市主义、精明增长、可持续性社区、绿色开发等新的发展理念。其中新城市主义和精明增长思想的影响最为显著，成为今天反对城市无序蔓延的主导力量，且均已取得一定成效。

新城市主义（New Urbanism）的核心思想是主张把传统城市设计的理念与现代生态环保、节能的设计原理结合起来，扭转“小汽车交通”导致的郊区化无序蔓延及其引发的不良后果，建造具有人文关怀、用地集约、适合步行的居住环境，重建宜人的城市家园。其精髓在于注重文化传统和追求可持续发展（Sustainable Development）。它主张借鉴传统城镇中的优秀传统，力图使现代生活的各个部分重新成为一个整体，塑造具有城镇生活氛围的、紧凑的社区，以取代当今千篇一律郊区蔓延的发展模式。由于新城市主义的理论与实践顺应了美国社会注重文化传统和追求可持续发展的时代潮流，得到了新闻媒体和社会舆论的广泛关注，在商业上也颇为成功，从而成为近二十多年来美国城市设计、社区规划设计领域的重要流派，其影响也逐渐扩大到美国以外的国家和地区（图2-11）。在建筑师、规划师、政府官员、开发商、经济学家、律师、及其他一些人的通力合作下，新城市主义协会（Congress For New Urbanism，简称CNU）于1993年第一次召开会议。1996年CNU第四次大会通过并批准了“新城市主义宪章”，标志着新城市主义思潮在美国已趋成熟。

(a) 总平面图

(b) 局部俯视图

图2-11 滨海城

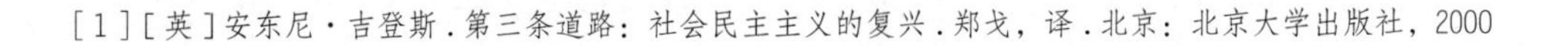

[1]［英］安东尼·吉登斯．第三条道路：社会民主主义的复兴．郑戈，译．北京：北京大学出版社，2000

（1）新城市主义的理念与方法

新城市主义以宪章的形式提出 27 条原则，从区域层面（大都市区、城市及城镇）、城镇层面（邻里街坊、分区、廊道）和城区层面（街区、街道、建筑物）三个层次对城市规划设计与开发的理念给予了系统阐述[1]。在邻里、分区与廊道这一中观层次，对住区的规划和设计进行了详细地说明，并提出了住区空间规划设计的几项基本原则，如紧凑型原则、适宜步行原则、功能复合原则、可支付性原则等。新城市主义宪章融入了两个新的特性，即经济多元性及区域性，使城市规划和设计突破了传统的形体设计领域。新城市主义强调不同收入水平、不同种族的人对住宅的支付能力。这需要邻里内既包括较昂贵的单体住宅，又包括较廉价的公寓：既能为购房者提供住宅，又保证租房者能租赁到房屋。同时，新城市主义还强调各种收入阶层的住宅混合布置，以此解决原有的贵族化（Gentrification）问题和贫困及犯罪问题。对于区域性，除了提出税收公平及住宅多样化之外，新城市主义还主张划定都市增长区，也就是指出增长应该出现的位置及如何与区域整体融合在一起。

在邻里与社区的组织、建构方式上，新城市主义在实践中形成了两种具有代表性的设计、开发模式：一种是 Peter Calthorpe 提出的“以公共交通为导向的开发”，称作 TOD（Transit-Oriented Development）；另一种是由 Andres Duany 和 Elizabethplater Zyberk 夫妇（合称 DPZ）所倡导的“传统的邻里开发”，即 TND（Traditional Neighborhood Development）。

TOD 模式由“步行街区”（Pedestrianpocket）发展而来，是以区域性公共交通站点为中心，以适宜的步行距离（一般不超过 600 米）为半径的范围内，包含着中高密度住宅及配套的公共用地、就业、商业和服务等内容的复合功能社区。这一发展模式包括两个层面内容：在邻里（社区）层面上，注重营造复合功能的、适宜步行的社区环境，减少居民对小汽车的依赖程度，同时达成良好的社区生活氛围；在区域层面上，引导空间开发采用 TOD 模式，沿区域性公交干线或者换乘方便的公交支线呈节点状布局，形成整体有序的网格状结构。同时结合自然要素的保护要求，设置城市（或社区）增长界线（urban growth boundaries），防止无节制的蔓延（图 2-12）。

TND 模式则试图从传统的城市规划设计概念中吸取灵感，实践中与房地产市场相结合。其社区的基本单元是邻里，邻里之间以绿化带分隔。每个邻里规模约 40 ～ 200 英亩（16 ～ 81 公顷左右），半径不超过 1/4 英里（约 400 米），从而保证大部分家庭到邻里公园的距离均在 3 分钟步行范围之内，到社区中心广场或公共空

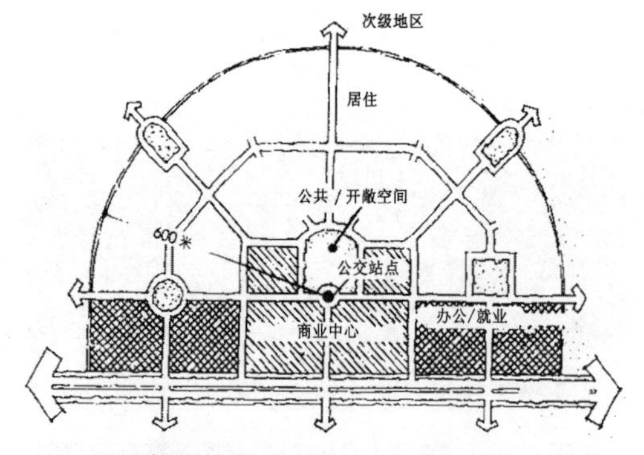

（a） TOD邻里社区

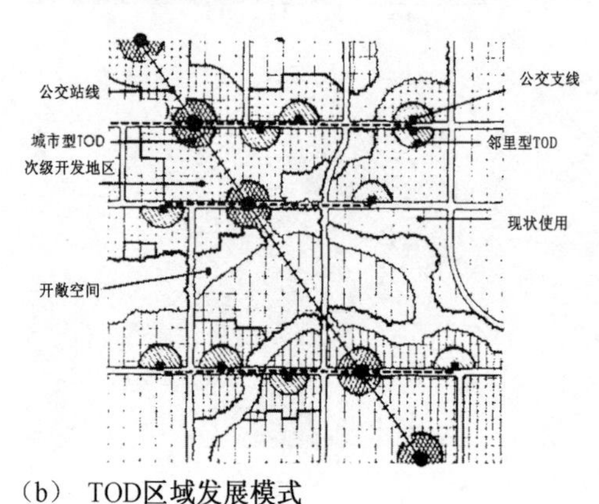

（b） TOD区域发展模式

图 2-12　TOD 模式图解

[1] 详见马强. 走向精明增长：从“小汽车城市”到“公共交通城市”. 北京：中国建筑工业出版社，2007

间 5 分钟的行走路程；内部街道间距为 70 ～ 100 m；住房的后巷作为邻里间交往的场所，是设计的重点之一；会堂、幼儿园、公交站和商店均布置在中心；每个邻里均包括不同的住宅类型，适合不同类型的住户和收入群体。与 TOD 模式不同的是，TND 更多的是以网格状的道路系统组织邻里。他们认为紧密联系的街道网络，“能为人们出行提供多种路径的选择性，减轻交通拥挤”。这些网络通过降低小汽车的交通速度，使出行距离比等级性街道系统更短，让行人和自行车的运动更加容易（图 2-13）。

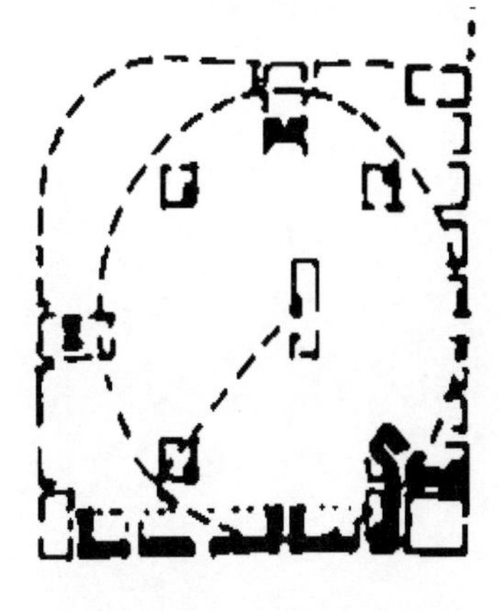

图 2-13　TND 模式图解

（2）新城市主义的社区规划原则

Andres Duany 和 Elizabethplater 总结的 13 条规划原则，比较全面地阐释了新城市主义的住区规划原则：

① 社区应有一个可识别的中心，可能是一片绿地，也经常是一个商业中心或纪念性的街角，公共站点位于街道的拐角；

② 多数住宅位于距中心步行 5 min 或半径为 2000 英尺（约 608 米）的圆形区域内；

③ 这个区域内住宅类型多样化，各种收入水平、年龄层次、种族特征的人群可以同时在这一区域内找到适合于自己的住宅；

④ 商业及公共服务设施位于社区的周边地区，可以满足人们大多数日常生活的需求；

⑤ 每户住宅后面允许拥有一处附属建筑，可以用来作为工作室或用来出租；

⑥ 拥有一所足够近的小学，这样儿童可以步行去上学；

⑦ 每处住宅周围有可以供活动的场地，距离最好不超过 160 米；

⑧ 社区内部的道路形成互相连通的网络（而不是树枝状的尽端路）格局，为人们出行提供尽可能多的路线选择；

⑨ 道路断面相对较窄并且有行道树遮阴，为步行和自行车出行提供良好的环境；

⑩ 社区中心的建筑尽量靠近道路布置，以创造宜人的户外景观；

⑪ 建筑附属的停车设施布置在建筑后面，通过小巷与道路连接；

⑫ 比较醒目的建筑布置在道路的尽端，以形成良好的道路对景；社区中心设计为集会、教堂、文化设施等公共设施集中的区域，为人们交往提供良好的场所；

⑬ 社区实行自我管理，有一个正式的组织决定与本社区有关的维护、更新及安全等事项的安排。

（3）争论与启示

当前，新城市主义已经成为具有全球影响力的一种新的城镇住区营造理论与方法体系。

新城市主义是对现代主义城市理论批判发展的产物，同时又是基于 20 世纪 60

至70年代各种建筑和城市设计研究的成果。在新城市主义的系统理论中，很容易发现简·雅各布的“城市多样性”观念，R. 罗西和R. 克里尔的类型学研究理论以及凯文·林奇的“城市意象”理论等的影子。而这些理论多是直接来源于对欧美传统历史城市空间的研究。因而，新城市主义也将寻求解决当今城市问题的目光投向了传统城市空间中具有“生命力”的因素，并希望能通过提炼与改造将其与现代生活需求相融合。可以说，新城市主义是对“现代主义模式”和“古典模式”共同的扬弃[1]。新城市主义的“古典主义”特征更多的不在于其建筑风格，而在于其有关进步、开明的社会和政治观点以及内含的人文主义、生态和可持续发展的思想观念。

新城市主义可以说是美国人对社区发展梦想的一种表述。而且，这种表述并不是仅仅创造一个“优美、舒适的空间环境”，而是意图形成一种新的社会—空间结构。即新城市主义所提供的最重要一点并不在于一种建筑风格或模式，而在于力求提供一种更加“人性化”、高质量的生活。

当然，新城市主义也存在着许多明显的局限，并招致了各种批评与反对。例如：一些批评者对新城市主义的“新”提出质疑，认为他们的理念和作品明显具有前人相关城市理论和二战前欧美小城镇风貌的影子[2]。尤其是TND模式，被认为仅仅是房地产市场中的一种怀旧型的住房开发类型。

其次，新城市主义对郊区和城市外围大规模开发所提出的设想，被某些人认为是为无序蔓延提供另一种合理借口而受到批评。尽管规划和设计对此已进行了很大改进，但也仅在邻里（社区）的规模上，在近期进行单个、分散的项目设计中可能对提高人们的生活质量会有所作用。若在更大的范围内实施，新城市主义的影响力则可能是微弱的。

第三，新城市主义的实践所产生的效果与他们的社会及环境目标有明显差距。如他们将降低社会阶层隔离，为低收入阶层提供住房等作为口号，但在实际操作中却大打折扣。无论是作为居住、度假的滨海城，还是如西拉久那新城一样遍布于硅谷的众多“新城市主义理想城市”，建成后都成为美国中产阶级和社会各界精英分子的新宠，入住新城市主义社区成为了地位的象征。这些地域环境优越、成本高昂的社区，似乎更加剧了社会精英们与社会弱势群体之间的不公与隔离——这与他们贯彻的通过市场来实现自己主张的路线有必然关系。

第四，与现有政策、制度之间的矛盾。由于其过分依赖于市场，忽视了土地利用与公共管理等政策性问题，没有得到政府及相关政策的支持。尤其在现有的政治

---

[1] 王彦辉. 走向新社区. 南京：东南大学出版社，2003：198-199
[2] 同[1]

经济框架下，仅从物质形态着手的新城市主义对于真正改变城市的社会空间模式具有必然的局限性。例如，公共交通落后的城市很难通过改善某些社区内部的步行环境来扭转居民出行严重依赖汽车的局面。如果无法改变整个城市功能单一、隔离的用地布局结构，那么想要在整个城市范围内恢复昔日街道空间的繁荣景象也只能是一种美好的愿景。而改善公共交通则必然要调整公共财政投入、运营方式、城市规划等涉及各方利益的政治经济管理框架[1]。

因此，对于新城市主义应有客观、全面的认识，它是当代多元化发展时期对城市及社区发展方向探索力量中的重要一支，它在价值观念、理论原则及实践方法等不同层面均具有相对系统、完整的架构，并有所创新。但同时，它也并不完善，我们不能将它当做包治百病的灵丹妙药。尤其新城市主义所面对、所力求解决的实际问题与我国城镇住区的发展有很大差异。无论如何，新城市主义的观念、理论与实践仍对我国城镇住区的营造具有重要的启发与借鉴意义。

2.4.2 精明增长理论

20 世纪 70 至 90 年代之间是美国扭转城市蔓延式发展的另一种重要运动——“精明增长”的酝酿和萌芽时期。自 90 年代开始，精明增长在美国得到了广泛支持。2000 年 10 月，美国规划协会联合 60 家公共团体组建了“美国精明增长联盟”（Smart Growth America）。

美国规划协会对精明增长的定义是：“旨在促进地方归属感、自然文化资源保护、开发成本和利益公平分布的社区规划、社区设计、社区开发和社区复兴。通过提供多种交通方式、多种就业、多样住宅，精明增长能够促进近期和远期的生态完整性、提高生活质量。”（Smart Growth Network，2004）精明增长理念与新城市主义有许多重叠，例如土地的混合利用，采用集约型建筑设计，住房多样化，创建宜步行社区，培育具有强烈地方特色的社区，保护公共用地、农用地、自然环境敏感区，提倡多样化的交通工具，使开发决策更易于预测、更公平、更节省成本，鼓励社区和利益相关者合作等等[2]。

2003 年，美国规划师协会在丹佛召开规划会议，会议的主题就是用精明增长来解决城市蔓延问题。会议指出精明增长有三个主要要素：第一，保护城市周边的乡村土地；第二，鼓励嵌入式开发和城市更新；第三，发展公共交通，减少对小汽车的依赖（表 2-1）。

[1] 徐苗，杨震．起源与本质：空间政治经济学视角下的封闭住区．城市规划学刊，2010（4）：39
[2] 王丹，王士君．美国“新城市主义”与“精明增长”发展观解读．国际城市规划，2007（2）：61-65

精明增长的目标是通过规划紧凑型社区，充分发挥已有基础设施的效力，提供更多样化的交通和住房选择来努力控制城市蔓延。这一新兴的增长模式，强调土地和交通资源的整合，促进更加多样化的交通出行选择，通过公共交通导向的土地开发模式将居住、商业及公共服务设施紧凑、混合布置，并将开敞空间和环境设施的保护置于同等重要位置。总之，精明增长是一项与城市蔓延针锋相对的城市增长策略。

表 2–1　精明增长模式与蔓延模式对比

	精明增长模式（Smart Growth）	蔓延模式（Sprawl）
密度	密度更高，活动中心比较集聚	密度较低，活动中心分散
增长模式	填充式（Infill）或内聚式发展模式	城市边缘化，占据绿色空间的发展模式
土地使用的混合度	混合使用	同一性的土地
尺度	适合人的尺度：建筑、街区和道路的尺度都较小；注重细部，因为人们聚集在适合步行的空间范围内	大尺度的建筑、街区和宽阔的道路；缺少细部，因为人们在空间上分散，需要靠机动车联系
公共设施（商店、学校、公园等）	地方性的、分散布置的、适合步行	区域性的、综合性的、需要机动车交通
交通	多模式的交通和土地利用模式，鼓励步行、骑自行车和使用公共交通	小汽车导向的交通和土地利用模式，缺乏步行、骑自行车及使用公共交通的环境和设施
连续性	高度连通的街道、人行道和步行道路，能够提供短捷的路线	分级道路系统，具有许多环线和尽端路，步行道路连通性差，对于非机动交通有很多障碍
街道设计	采用交通安宁措施将街道设计为多种活动服务的场所	街道设计目的是提高机动交通的容量和速度
规划过程	由政府部门和相关利益团体共同协商和规划	政府部门和相关利益团体之间很少就规划进行协商和沟通

美国 Smart Growth Network 组织出版的研究报告“Getting to Smart GrowthⅡ：100 More Policies for Implementation”提出了关于精明增长的 10 条基本原则（Smart Growth Network，2003：Smart Growth Online，2003）：

① 对土地实行混合运用；

② 采用紧凑型的住宅设计，尽量避免土地资源的浪费；

③ 建设一系列不同规格和式样的住宅或商业建筑，为各种收入水平、不同年龄结构的人提供符合质量标准的住宅是精明增长策略中的重要组成部分；

④ 丰富社区自身特色，鼓励建设特色鲜明、个性突出的社区，提高吸引力；

⑤ 创造适合步行的社区，既保护了环境，节约了能源，同时鼓励居民多进行室外活动，提高身体素质；

⑥ 保护开敞空间、耕地、自然风光和历史古迹，尽量避免过多铺建混凝土和沥青道路；

⑦ 强化已有社区的发展，尽可能减少推倒重建或开辟新区；

⑧ 完善公共交通系统，强化交通与土地利用的协调发展，增加高质量的公共交通设施，为居民提供不同类型的交通选择。保证步行路线、公共交通、自行车线路的互联互通；

⑨ 政府设定的发展政策要符合有预见性、公平、性价比高、可持续发展的大原则；

⑩ 政府在建设工程中要鼓励社区、企业和民间组织等相关利益群体参与发展决策。

精明增长理念强调城市空间扩展和土地利用建立在“土地、交通和环境”的“三位一体”价值标准之上，其城市发展策略被归纳为对三个关键问题的回应：精明的城市结构、精明的用地模式、精明的交通体系[1]。由此看出，它从宏观的层面对城镇住区布局提出了指导与控制。

精明增长的实现措施和技术：主要通过政府的引导性和限制性的政策法规实现。对此奥利弗·吉勒姆在《无边的城市——论战城市蔓延》中有很好的总结，即包括 7 个方面：保护开发空间；划定发展边界；紧凑型发展；更新建成区；发展公共交通；协调区域规划；资源分享和费用分担。从奥利弗·吉勒姆的论述中可以发现，精明增长实现的关键在于区域层面的协调，这包括政策、规划、经济和财政等多方面的协调；其次对土地层面的发展控制和开发方式的限制也是实现精明增长的重要因素。从规划的角度分析，区域规划中强化其协调作用，总体规划层面对城市扩张的有效控制和交通与土地利用的联动机制的建立，控规层面对开发方式的引导对实现精明增长是十分重要的[2]。

[1] 马强.走向“精明增长”：从“小汽车城市”到“公共交通城市”.北京：中国建筑工业出版社，2007：124

[2] 据相关统计，截至 2002 年年底，共有 472 项精明增长开发项目竣工，并有 19 个地区政府颁布了与精明增长有关的规划条例。王朝辉.“精明累进”的概念及其讨论.国外城市规划，2000（3）:33-35

精明增长在美国城市规划中的应用：目前，精明增长已经成为美国城市发展的行动纲领，并在联邦政府、州政府和地方政府三个层面得以贯彻实施[1]。近年来，精明增长理念及其成果也引起了欧洲、亚洲不同国家的重视和相应实践。其中欧盟根据精明增长理念，在以下三个层次对城市增长模式和土地利用规划技术进行反思和创新：修复城市形态结构——紧凑集中与功能混合的原则；交通网络建设——建立与紧凑的多中心城市结构相匹配的交通网络，而不是将大量资源投入到道路建设中去；环境策略——城市用地需求与开敞空间的整合[2]。

显然，精明增长理念与新城市主义在面对的问题、基本理念与解决策略等方面有许多重叠，但同时，二者又有明显的互补：从解决问题的层面上——精明增长更关注于土地利用及交通系统等宏观城市管理的角度解决问题，而新城市主义则集中于中观、微观及城市设计方法层面的问题；从实现途径上——精明增长主要致力于通过政府的引导性、限制性政策法规得以实现其主张，而新城市主义主要通过市场的运作。同时由于二者都强调群众参与的重要性，因此，近年来二者自身的整合发展及外界对他们的综合运用已成为一种趋势。

虽然精明增长与新城市主义一样在发展中遇到一些困难和问题——如与原有法律与政策的冲突、受到部分居民的反对与不信任，而且自身也存在缺陷——未充分考虑种族问题、对区域差别的忽视以及对低价住房的空间分配问题缺乏重视[3]等，也有学者对其持有异议[4]。但是，由于其顺应了人类社会与城市的新发展需求、贯彻可持续发展观念，从不同层面对城市住区建设发展中的新问题提出了较为系统的、切实可行的解决策略与回应，因此，精明增长仍不失为城市发展理念上的一次变革，是21世纪初最有影响的住区理论与方法。其对我国的城市及住区建设具有指导与借鉴意义[5]：

① 精明增长兼顾开发和环保的矛盾，倡导城市空间的扩展必须置于区域整体生态系统的大背景下，将城市发展与环境保护置于同等地位；

② 精明增长具有重要经济学意义：精明增长的一个重要实施主体是政府，而政

---

[1] 诸大建，刘冬华.管理城市成长：精明增长理论及对中国的启示.同济大学学报（社会科学版），2006（4）:22-28

[2] 马强.走向“精明增长”：从“小汽车城市”到“公共交通城市”.北京：中国建筑工业出版社，2007：124

[3] 王丹，王士君.美国“新城市主义”与“精明增长”发展观解读.国际城市规划.2007：61-65

[4] 如SongYan和Gerrit-JanKnaap利用GIS及特征价格法分析了“精明增长”的一项重要原则——土地混合使用对独户住宅价格的影响，得出“土地混合使用并不精明”的结论，并提出“事实上，精明增长和开发应谨慎选择土地怎样混合使用，确保混合不会得不偿失”；诸大建认为，精明增长在理论上的不足体现在精明增长的外延还需进一步理清，在实践上的不足体现在精明增长的具体操作方式还需进一步明确和细化，测量和评估标准尚待统一，针对不同地区和城市人口、地理等特征应有区别地使用精明增长的管理工具等。诸大建，刘冬华. 管理城市成长：精明增长理论及对中国的启示[J]. 同济大学学报（社会科学版），2006（4）：22-28.

[5] 楚超超，夏健.住区设计.南京：东南大学出版社，2011：27

府部门在基础设施和开发管理的决定中，需要以最低的基础设施成本创造最高的土地开发收益，要达到这一目标就应该沿着这些设施（道路交通、水电气等管线）对土地进行"最高最好用途"的开发，尤其达到尽量高的使用密度；高密度带来高效益，符合开发商利益；高密度创造更多地上建筑面积，单位建筑面积的价格应当会下降，符合消费者的利益；高密度带来更高的经济活力，有利于经济发展；高密度也能促进社区活力，有利于社会发展；高密度使地尽其用，节省了土地，符合环境保护要求。精明增长协调了城市建设中多方面因素和多元主体的利益，是一项成功的公共政策。

③ 倡导城市空间由外延扩展转向内涵更新优化，优先考虑将城市的新增土地需求引导至已经开发建设的区域，减少对周边土地的侵占，城市发展坚持速度与品质并重的原则。

④ 倡导城市的空间扩展不应采取道路拉动的模式，应将城市的外延扩展与大运量公共交通联系起来，而不是以小汽车出行为支撑。

⑤ 城市用地与社区开发模式坚持高密度、集约化和功能混合的原则，把依托于公共交通系统的"适合居住"的社区作为城市的基本构成单元。

2.4.3 可持续住区理念与实践

在西方，可持续发展理论在城市建设领域得到了极大的重视，社区作为社会活动的基本地域单元，是可持续发展建设向下延伸和落实的基本场所。当前国际上的社区可持续发展规划已成潮流。

美国的 LEED-ND 认为，可持续住区应该具备精明（smart）、健康（healthy）、绿色（green）的特色，倡导紧凑开发，创造适宜步行的环境，重视住区活力和混合功能的使用，并且强调不同住区之间的密切联系。住区作为基本单元，包括了居住、工作、商业、公共活动的场所及其周边自然环境[1]。

美国华盛顿特区 ICMA"地方政府规划项目"负责人 Don Geis，Tammy Kutzmark 在《开创可持续社区：未来从现在开始》（Developing Sustainable Communities: The Future Is Now）一文中提出，可持续社区的目标必须同时包括尊重自然环境和以人为本，并提倡通过利用适当的技术手段去为这两方面服务。

美国 Inc. 组织对可持续性社区的详细描述是：通过限制和减少废弃物、防止污染、最大化地进行保护和提高效率、开发地方资源以振兴地方经济等措施，为所有居民提供更高水平的公共健康和更优质的生活。

欧盟提出的可持续发展人类住区（sustainable human settlements）十项关键原则是：

[1] LEED 2009 Rating System neighborhood Development[EB/OL]. 转引自李王鸣，刘吉平．精明、健康、绿色的可持续住区规划愿景——美国 LEED-ND 评估体系研究．国际城市规划，2011（5）：66

资源消费预算、能源保护和提高能源使用效率、发展可再生能源的技术、可长期使用的建筑结构、住宅和工作地彼此邻近、高效的公共交通系统、减少垃圾产生量和回收垃圾、使用有机垃圾制作堆肥、循环的城市代谢体系、在当地生产所需求的主要食品。这些也被生态设计专家们认为是生态城市的基本概念。

英国社区和地方政府部门认为，可持续社区是社会、经济、环境协调发展的社区。2003 年，英国颁布的“可持续社区规划”（Sustainable Communities Plan，SCP）提出，为应对当前的住房短缺，计划从 2003 年起每年建造 20 万套住宅，这些住宅社区必须从环境、经济和社会三方面满足可持续发展的要求。

在以英国作为轮值主席国的 2005 年 12 月召开的欧洲能源部长级会议上，提出了欧盟成员国可持续社区发展的更为详细的报告——“布里斯托尔协定”（Bristol Accord）。这一报告重新把“可持续住区”定义为：“无论是现在还是将来，人们希望在这里工作和生活，能够满足已经入住的及将来会入住居民的不同要求，关注环境，能够提供高质量的生活，安全且经过精心的规划设计和建造运行，为所有的人提供公平的机会和优质的服务。”

“布里斯托尔协定”提出了可持续住区发展的 8 项原则[1]：

① 有活力的、包容的、安全的社区——公平、包容和有凝聚力的社区文化及易于分享的社区活动；

② 良好的社区管理——有着有效地、全面的沟通机制，使社区成员能够积极参与、建议，有着有力的管理机构；

③ 密切的社会联系——居民与工作地点、学校、医疗及其他服务机构有着便利的交通及通信联系；

④ 良好的服务体系——包括易于到达的公共及私营服务性机构，社区服务及志愿服务机构，能够满足社区需求且运营良好；

⑤ 环境友好型社区——为人民提供居所的同时关注生态环境；

⑥ 繁荣的地方经济——可提供充足的就业及培训机会，规划设计考虑经济的发展繁荣；

⑦ 可持续的规划与建筑——高品质的人工及自然环境；

⑧ 公平——无论是对其他区域的个人还是对下一代来说。

从这 8 项原则可以看出，“布里斯托尔协定”从社会文化、管理、交通、服务、生态环境、经济、建筑和公平等多层面阐述了可持续住区的内涵。

---

[1] 王朝红.城市住区可持续发展的理论与评价——以天津市为例[D]：[硕士学位论文].天津：天津大学，2010：36-38

可持续住区是涉及因素非常广的一个概念，全世界有关可持续住区的实践也从不同角度进行着探索，其中诸多成功的实例似乎让人们看到了“可持续”的未来希望。

在西方已经建成的、公认较好的生态住区建设实践中，瑞典斯德哥尔摩的哈玛碧滨水新城、德国弗赖堡生态住区、英国格林尼治千年村等项目比较有名。它们大多是一些大中型的住区项目，以较高的绿色建筑技术水平而著称。弗赖堡的生态住区实践是德国在可持续发展理念方面的一个优秀代表，已成为住区可持续发展相关技术的集中展示地。

图 2-14　东京多摩新城 15 住区鸟瞰

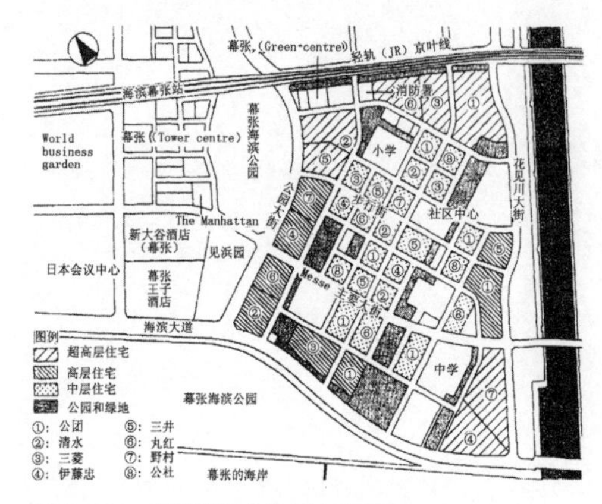

图 2-15　幕张滨城住区总平面

2.4.4　亚洲国家与地区的探索

近 20 年来，亚洲诸如日本、新加坡等很多国家和我国的台湾、香港等地区也在城镇住区营造层面进行了不同层面的新探索。

1）日本的探索

20 世纪中期以后的近半个世纪中，日本居住区的开发主流模式是开发建设与周边环境相隔离的所谓“住宅团块”模式，相当于我国的住宅小区。鉴于对这种传统模式存在诸多缺陷的认识与反思，20 世纪末以来日本在住区营造方面进行了多层面的新探索，并进行了大胆实践，其中建成的东京多摩新城 15 住区（图 2-14）和幕张滨城住区（图 2-15）两个大规模居住片区被普遍认为是最成功的案例。

概括而言，二者共同的创新主要体现在三个方面[1]：

（1）探索新的住区设计体制。幕张滨城住区实施了“协调建筑师制”，而多摩新城则为“总建筑师—街坊建筑师开发设计体制”。二者在规划设计组织中均不直接参与各建筑物的具体设计，而是通过制定建筑设计细则规范、导则，重点把握住区的总体构成及设计的协调统一，各街坊及公共建筑则以总设计师指定的设计细则规范为依据，进行各街坊的详细设计，确保在整个住区风貌协调的前提下实现设计的多样化，一改住宅区形象的千篇一律。

（2）摒弃传统的住宅团块模式，探索更有利于与城市空间相融合的街区式布局模式。在幕张滨城住区的总体规划中，提出的开发理念强调“把都市住区作为都市街区设计，而不是封闭的居住小区”，“重视建筑与街道的一体性”，并依据这一理念展开了设计。

（3）在借鉴欧洲街区式住宅布局方式的同时，还吸取了他们的一些实际操作经验，制定了相应的“城市设计导则”作为住区设计的总原则，和住区总体规划方案一起来指导各街区建筑师的具体设计工作。

[1] 参见李锦霞．日本幕张滨城住区的研究与启示[D]：[硕士学位论文]．杭州：浙江大学，2005；及胡宝哲、金雅玲．东京多摩新城 15 住宅区的规划设计．世界建筑，1997（1）：32

2）新加坡的经验

城市国家新加坡，面积不到700平方公里，人口约500万。狭小的生存空间，一度使居民住房成为影响经济发展和社会稳定的紧迫问题。但经过数十年努力，新加坡如今已成为世界上公认的住房问题解决最好的国家之一。再加上与我国相似的高人口密度状况，使得其住区建设经验对我们更具借鉴意义。

新加坡的组屋（Public House）类似于我国的廉租房和经济适用房，是在政府主导之下，由建屋发展局建设的公共住房，主要面向广大的雇员阶层供应。其建设始于1959年脱离英国殖民统治之后。1960年，新加坡政府宣布成立全面负责新加坡公共住房建设的法定机构——建屋发展局（HDB:Housing Development Board）。1964年又推出"居者有其屋"的政府组屋计划，正式开启新加坡的"组屋年代"。

在40多年时间里，新加坡政府集中了大量人力、物力和财力，经过长期不懈的努力，其组屋建设的发展过程也经历了一个由解决住房困难到增加住房面积、再到提高住房品质的发展阶段，跨越了"有房住"，开始进入"住得更好"的阶段。目前HDB已建成21个新镇，共约70万套住房，大约有87%的人居住在由政府提供的组屋内，基本实现了为世人所熟知的"居者有其屋"花园城市目标[1]。

新加坡住房建设成就的取得，主要取决于新加坡政府发展组屋的特有政策与策略以及新城组屋规划建设中所采取的不断发展完善的规划设计模式：

●组屋政策与建设策略：关于这方面，国内已有很多学者进行总结讨论，概括而言，其成功经验主要包括四方面：①"政府占主导，建屋发展局具体实施"的营造机制——政府对组屋开发建设的土地利用、总体规划、相关法规制度的制定、套型标准及价格制定、资金筹措等层面的绝对控制是组屋发展的重要保障，然后由独立的非营利机构建屋发展局具体操作实施；②"住房公积金和政府的补贴"的财政政策——实现由居民自身、居民所在单位及政府三方共同出资为居民买房，缓解购房压力；③严格的法律保障和审查制度；④组屋合理的价格定位和较高的居住品质等[2]。

●住区规划理论与模式的发展：相关学者将新加坡新城镇住区的建设概括为三个发展阶段：以现代功能主义为主导的"组团邻里中心模式"；注重住区生活和环境品质营造的"棋盘式模式"；注重住区各方面宜居化与人性化，与城市系统协调发展的"21世纪模式"[3]等。

---

[1] 李琳琳，李江.新加坡组屋规划结构的演变及对我国的启示.国际城市规划，2008（2）：109

[2] 具体参见张晨子.新加坡住房保障政策对我国保障性住房建设的启示.成都大学学报2011(4)；俞永学.新加坡的住房政策及其对中国的启示[D]:[硕士学位论文].上海：上海交通大学，2008等相关文献。

[3] 李琳琳，李江.新加坡组屋区规划结构的演变及对我国的启示.国际城市规划，2008（2）：109

组团邻里中心模式——在 20 世纪 60 年代至 70 年代中期，新加坡的组屋实践明显受到 20 世纪初在欧美盛行的“功能主义”和“邻里单位”理论影响。以在第一个远期概念规划（Long-rang Concept Plan）指导下建设的宏茂桥（Ang MoKio）新镇为例，其服务设施体系由镇中心、邻里中心构成。镇中心配置规模较大的服务设施服务于周围的六个邻里单位。每个邻里单位有 4000 ~ 6000 户居民，邻里中心内配置有学校、商店、社区交往空间等设施，用于满足邻里内居民的基本生活需求。邻里中心的服务半径为 400 米左右。总体而言，这种模式侧重于时效性和功能性，强调社区内邻里中心的建设。为了让邻里中心发挥最大效能，规划将城市空间划分为直径 900 ~ 1200 米的单元。但由于到相邻邻里中心的距离超出了居民的步行活动范围，因而居民很少会去选择使用其他的邻里中心。且邻里中心仅仅是满足居民基本生活的便利，而非真正意义上的社区生活中心。因此，尽管这一时期的组屋建设大大改善了居民住房条件，但此时的 HDB 尚未充分认识到社区归属感的营造和为居民提供足够交流空间的重要性（图 2-16、图 2-17）。

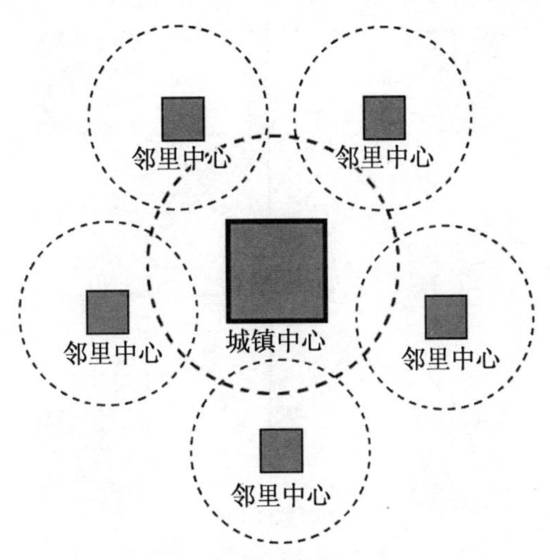

图 2-16　新城邻里中心组织

“棋盘式”结构模式——基于对早期起邻里中心建设实践中“功能主义”思想的反思，在 1970 年代末首次出现的“棋盘式”新城规划中（图 2-18），更加注重住区精神生活、住区环境特色营造等方面问题的新组屋建设开始浮出水面。其主要理念可以概括为三条：① 优化土地利用；② 整合交通体系与土地利用；③ 实现和谐的住区生活。棋盘式结构的特征为把区块（Precinct）作为规划的单元，区块的用地规模一般为 2 ~ 4 hm^2，每个区块内有 4 ~ 8 栋公寓，可容纳 400 ~ 800 户居民。每个区块内有一个含有活动场地或者公园的区块中心。区块作为新城规划结构的基本构成单元，通过不同的组合方式形成更大的组织结构，并与不同等级的道路相联系（图 2-19）。这一结构模式背后的社会意愿在于：在这样一个居民可以相互认知、相互理解的地块范围内，通过共同使用交往空间，鼓励有异议的社会交往行为发生。这种模式有利于步行的联系，同时把按照不同的规划标准和原则建设的各个住区单元整合到一个统一的结构框架中。位于新加坡东部地区的淡宾尼（Tampines）新镇是首个采用这种模式的新城。

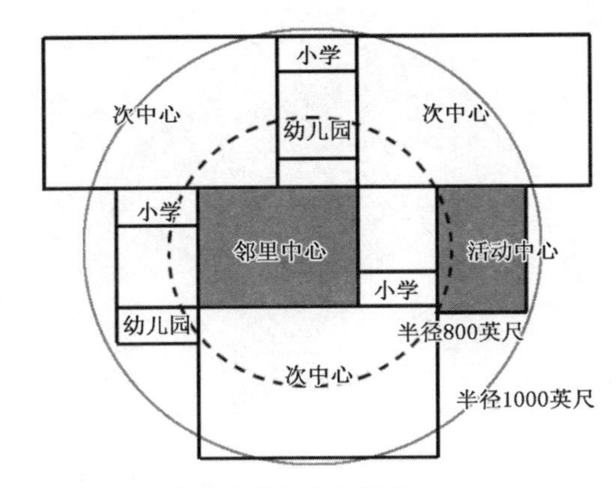

图 2-17　邻里单位的内部结构

此种结构模式的等级体系为相对独立又相互依赖的区块—邻里—镇中心。邻里中心、邻里花园这样的低层区点缀在高层住宅中。活动场地、公园、学校、开放空间等公共设施均匀地分布于镇域范围内。这种结构模式同时采用等级分明的公共空间体系，即镇中心公园—邻里公园—区块。道路网被整合到结构中并通过节点与城市相连，形成具有强烈几何形式的新城。城市主干道是新城城市景观的主轴线，并通常作为水体、公园和地表景观的视觉通廊。

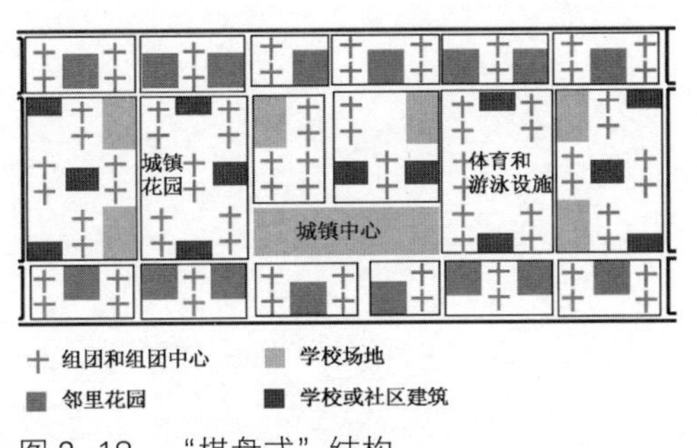

图 2-18　“棋盘式”结构

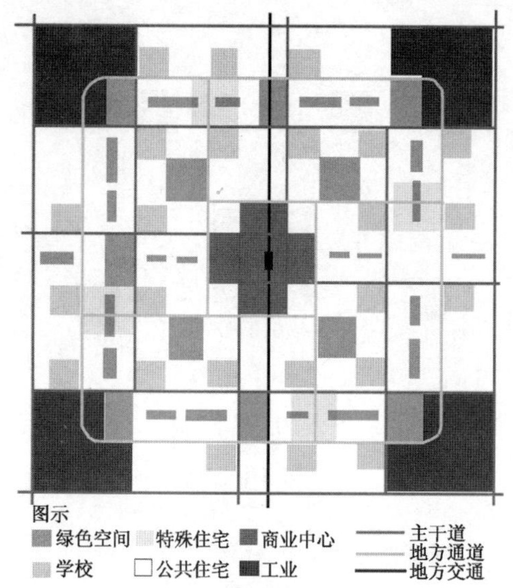

图 2-19　可组合的“街块”单元

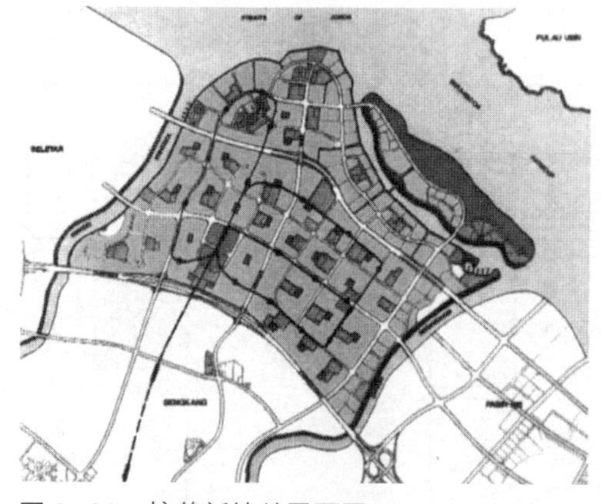

图 2-20　榜鹅新镇总平面图

“21 世纪模式”——到了新世纪，新加坡开始通过新村模式的新城来发展组屋。这一时期采用的住区模式即被称作“21 世纪模式”。它类似于美国新城市主义提倡的公交导向型开发（TOD）模式。榜鹅（Punggo）新镇是 21 世纪模式的代表（图 2-20）。

榜鹅新镇三面临河，规划面积 9.57 km^2。其各邻里中心之间通过由轻轨或地铁组成的高效城市交通网络相联系，道路系统恢复为以前提倡的网格状系统。交通站点间距 300 ～ 350 m，通过轨道交通将住宅、商业、教育和娱乐功能整合成一个紧凑的、适合步行的混合发展区。这种模式采用较以前更小、但具有明确边界的居住单元以回归“聚落”居住模式的社区精神。每个住区单元内容纳 1200 ～ 1800 户居民，并有 0.4 ～ 0.7 hm^2 左右的开放绿地作为居住单元的公共空间。这些公共空间在可能的情况下尽量靠近学校布置。每个住区单元通过建筑限定出适宜步行的街道空间。学校、图书室、教堂等公共设施集中布置，学校操场等活动设施开放给社区居民共享使用。在榜鹅新镇的住宅中，组屋与私人住宅的比例调整至 6 ∶ 4，组屋沿着轨道交通布置，容积率为 3 ～ 3.4。在新镇规划的 85800 户家庭中，有 50000 户居住在政府提供的组屋内。

21 世纪模式的新城结构与以前的开放网络结构模式很相似，且沿袭了“棋盘式”结构中将区块作为规划单元的做法。但在这种新结构中，更加强化了公共空间与轨道交通相结合，从而形成环状的公共空间系统。公共绿地之间以步道相连，以建立与机动车交通相分离的步行系统，在步行系统与机动车交通系统的交叉处，采用步行优先原则。

新加坡组屋住区规划建设的发展，受西方住区理论与方法影响明显，但同时具有鲜明的自身特色：首先，经过受功能主义影响的邻里中心模式后，发展形成了更加强调交往空间和社区归属感，具有人本主义思想的“棋盘式”组屋规划结构；进入 21 世纪，则开始推行与西方新城市主义观念相似的公交导向型的开发模式，引导住区土地利用与交通系统的协调发展。组屋规划由早期的注重物质空间环境，逐步转向对其物质形态空间、地域社会空间两者相互作用关系等的全面关注。其次，新加坡没有盲目照搬西方经验，而是一直密切结合自身情况，制定相关策略，这无论是从政府主导的开发机制的实施，还是高层高密度的发展模式中都得到明确体现。

2.4.5　生态住区评价标准

在积极进行生态、可持续住区营造实践探索的同时，为了便于对实践进行系统的指导和评估，世界一些发达国家相继推出了各自不同的建筑环境评估体系。如美国绿色建筑协会制定的《绿色建筑评估体系》，英国建筑研究中心制定的

BREEM《生态建筑环境评估》，19个国家在加拿大商定的《绿色建筑挑战2000》（Green Building Challenge 2000），日本环保省的CASBEE《建筑环境效益综合评估》等。目前被公认可操作性最强、内容最完整的两套可持续住区评价体系为美国LEED-ND社区规划与发展评价体系和英国BREEAM Communities可持续社区评价体系。

1）美国LEED-ND社区规划与发展评价体系

在国际上现有的诸多绿色建筑评价标准中，美国的LEED（Leadership in Energy and Environmental Design）评价系统是被认为目前发展较为完善的面向可持续住区的评价体系。它由美国绿色建筑委员会（USGBC）、新城市主义协会和自然资源保护协会三家联合推出。这三个组织基本上已经代表了目前美国最为领先的建筑师、规划师、承建商、开发商以及环保社团，其目的也是将目前美国各地不同的绿色社区发展计划统一协调起来，共同打造一个全国性的绿色社区规划和发展标准。虽然LEED-ND目前仍处于试用阶段，但自从2005年在互联网公开征求公众意见以来，不断接受来自市场和社会的反馈意见，并不断修正、完善，目前已发展至2009版。

美国LEED-ND评价体系整合了精明增长、新城市主义和绿色建筑三大绿色社区发展理念，是为了解决一系列由于无节制的城市扩张所带来的土地资源严重浪费和生态环境破坏等问题。作为美国首部面向邻里社区规划的国家标准和LEED的组成部分之一，LEED-ND提出了紧凑开发、公交导向、混合的土地利用和房屋布局、友好的自行车和步行系统设计等可持续住区规划原则。

LEED-ND评价体系的得分点由5部分内容组成，分别是精明选址与社区连通性、住区布局与设计、绿色基础设施与建筑、创新设计和区域优先等。其具体内容和评价指标详见附录一。

2）英国BREEAM Communities可持续社区评价体系[1]

世界上第一个绿色建筑评价法是1990年由英国的“建筑研究所”（The Building Research Establishment，BRE）提出的“建筑研究所环境评价法”（Building Research Establishment Environmental Assessment Method，BREEAM），在绿色建筑评价领域，BREEAM无疑是一位开路先锋。BREEAM Communities是BREEAM针对当前社区开发，于2009年正式推出的可持续社区评价体系。强调了环境、社会与经济可持续发展的关键目标和规划政策对开发项目在建筑环境领域的影响。BREEAM Communities的目标是为了全面降低开发项目的环境影响，对当地环境、社会和经济有益的开发项

[1] 此小节内容参考了王朝红的硕士学位论文《城市住区可持续发展的理论与评价——以天津市为例》（天津大学2010.6）第四、第九章节内容。

目能够得到权威的认可，激励可持续的开发项目。

BREEAM Communities 评价体系由 8 部分内容组成：气候和能源、资源、交通、生态、商业、社区、场所塑造和建筑。具体内容详见附录二。

相比较而言，LEED-ND 指标体系在住区层面主要考虑控制美国城市蔓延和小汽车交通的问题；而 BREEAM Communities 强调了住区建设全面考虑环境、社会与经济全方位的可持续发展，与 LEED-ND 体系相比，社区建设所占比重更大，更加重视住区的社会、经济属性，内容更为全面。但这两者都是立足于城市和住区的角度进行的评价指标体系构建，两套评价体系中存在众多相似指标。而且，二者都具有指标体系综合性与地域针对性强，同时相对简洁、灵活、容易操作等优点。

一个清晰的评估体系，对于人们真正理解可持续住区的内涵，将会起到极其重要的作用，评估体系同时还可以在市场范围内为生态住区提供一套标准和规范，可以减少开发商和购房者之间的信息不对称性，实行“优质优价”的价格确定机制。

2.5 小结

近代工业革命以来，从最初的以社会学家、改良企业者为首倡导的“新协和村”“田园城市”理论，到当代各个学科领域、多种社会力量参与的不同社区营造运动及新城市主义、精明增长等理论策略与方法，反映出人类对居住空间的理解越来越全面、深刻。规划与设计从最初“出离世事”的乌托邦空想式探讨，到迷信技术理性、片面关注于物质形态空间环境建设的现代主义实践；20 世纪 60 至 80 年代人文思想的复苏则引领人们开始关注居住空间社会机能的建构，并进而形成物质环境规划、经济发展规划与社会发展规划相结合的综合的社区发展规划大发展；进入 21 世纪，人类住区营造呈现出在宜居城市、生态城市等理论指导下的多元化探索格局。虽不同国家地区各有不同，但它们的共同特征则是注重对住区物质形态空间、地域社会空间、地区生态环境以及三者相互关系的全面关注，并促进住区与城市系统的协调一体化发展。

这一发展历程，既与西方国家不同时期所面临的现实情境直接相关，也与人类对城市及居住空间认识的发展轨迹相呼应。其中人文精神的两次集中高扬起到关键作用[1]。

---

[1] 详见王彦辉．走向新社区．南京：东南大学出版社，2003：10-11

3 宜居城市与宜居住区整体营造

3.1 宜居城市理念及其内涵

3.1.1 宜居城市理念提出的背景

宜居城市理念及其建设实践是城市发展到后工业化阶段的产物。它是指具有良好的居住和空间环境、人文社会环境、生态与自然环境和清洁高效的生产环境的城市。1996 年联合国第二次人居大会提出了“城市应当是适宜居住的人类居住区”（Liveable Human Settlements）的概念，并对“宜居性”作了说明：“宜居性是指空间、社会和环境的特点与质量。”此概念一经提出就在国际社会形成了广泛共识，成为 21 世纪新的城市观[1]。

简单回顾一下人类城市及住区理论与实践发展的历程，我们就很容易理解宜居城市理念产生的背景与必然性：

第一次工业革命带来了工业大发展、人口向城市聚集、城市规模急剧膨胀，同时也导致了诸如贫富差距增大、居住生活条件恶化、环境污染等一系列被称为“城市病”的复杂城市问题。这导致了基于人文主义的空想社会主义者的探索以及田园城市思想的产生，力图通过社会生产、生活组织模式的变革，以达到缓和社会矛盾、实现社会公平的改良目的。然而，由于其理论与方法的局限以及当时大的社会制度背景与技术经济的制约，它们均最终未能成功。

第一次、第二次世界大战以后，20 世纪上半叶，基于“科学理性”精神的现代主义思想成为以大规模的城市住区建设为主要内容的城市规模扩张的重要手段。社会经济的高速发展和科学技术取得的巨大成就，促发了整个社会对工业化大生产及其技术的崇拜，技术理性成为当时社会的主流思想，城市规划建设领域亦不例外。虽然雅典宪章也提出了“以人为本”、“城市要与其周围影响地区成为一个整体来研究”等思想，但其基本原则和精神实质仍然是功能主义、机器美学，技术乌托邦色彩浓厚。过多地注重效率、技术、物质层面的要求，忽视了城市社会的多层面内

[1] http://baike.baidu.com/view/1261117.htm

涵和城市生态环境保护的重要性，造成了一系列社会生活与环境等方面问题的蔓延。因此，尽管现代主义也具有强烈的社会目标和社会责任感，但其思想策略的局限却使之与其伟大的社会使命背道而驰，“光明城市”的伟大理想并未能成为现实。

20世纪60年代以来，面对城市拥挤、交通堵塞、环境污染、空间紧张、邻里关系淡漠、生态质量下降等一系列严重的城市问题，人们开始对基于技术理性和现代主义思想的城市发展模式进行反思与批判。尤其到20世纪中后期，伴随工业、贸易空前发展，经济全球化进程伴随80年代计算机互联网的出现而愈演愈烈。人类的发展开始面临一些与以往任何时代都不同的、全新的重大问题：人口进一步向大城市聚集，造成人口爆炸，区域差异进一步加大；城市因人口与产业的过分集中，还产生一系列影响人类生存和正常发展的多项负效应，如空气污染、对自然资源的过分消耗、生态环境进一步恶化，人类生存发展的一些基本条件受到日益严重的破坏。此外，大城市建造的大量人工环境还造成交通拥堵、地价与房价高昂，居住生活品质下降，以及视觉、心理上的巨大不适应与失落[1]。

与此同时，伴随着经济技术的发展，人类建设城市的物质、技术手段日益完善，人们对生活环境、生活品质、生存状态的要求也日益提高。人们更加深切地认识到城市不应仅仅是经济技术发达、资本聚集的地方，而首先应是适宜人类生活的场所。这促使人们开始对城市发展进行更为全面深刻的思考与实践探索，世界城市建设及住区理论因而总体进入多元化探索时期。宜居城市理念的提出则是人类对城市及居住环境认识发展的最新成果。

近年来，世界越来越多的国家对宜居城市理论与建设实践进行了积极探索，其中加拿大、法国、英国、新加坡等国的成就显著[2]。

就我国而言，有学者将我国城市发展历程概括为三个阶段：宋代以前以安全为本的城市；宋代直至20世纪末以经济发展为本的城市；21世纪初以来以人为本的城市。仅就半个多世纪以来我国的城镇化发展而言，其同样走过了曲折的道路。新中国成立后的五六十年代，我国在“变消费城市为生产城市”方针指引下，城市着重发展工业生产，工厂遍地开花，随着大规模的工业建设，我国城市经历了一个长期的以工业为主的城市建设阶段。当时城市工作的口号是“先生产、后生活”。这一阶段，可称之为“生产型”城市发展阶段。这一时期完全忽视了生态环境的重要，不重视居民的居住生活品质。文化大革命期间又进一步扩大了这个错误倾向，许多城市生活设施废弃，城市生态环境遭到严重破坏。文化大革命以后、改革开放以来，

[1] http://baike.baidu.com/view/1261117.htm
[2] 参见姜煜华，等．国外宜居城市建设实践及其启示．国际城市规划，2009（4）：99-104

我国加速了经济建设和城市化进程。这期间虽然也认识到良好生活条件的重要性，提出了“居者有其屋”的发展目标，城市基础设施及住区建设取得巨大成就，但很大程度上属于补历史的欠账，且思想观念和城市理论方法上仍然延续现代主义，并受前苏联的影响深远。进入新世纪，“十五”期间，我国经济和城市化进程伴随着城市人口的急剧膨胀而迅速发展，全国房地产业突飞猛进。城市及各类开发区用地规模急剧扩张，导致城市淡水资源、土地资源、矿物能源消耗巨大，环境污染日益严重。人口、资源、环境协调发展的问题引起社会各方的关注，城市建设要保护生态环境逐渐成为热门话题。加快城市生态建设与环境保护、提升城市生产生活环境品质、使城市可持续发展，成为广大人民群众的共同要求[1]。

当前，中国城市经济社会正进入发展转型的关键期。宜居城市提倡以人为本，是对过去几十年来片面追求经济发展的城市观念的纠正，是对城市本质意义认识的回归。它顺应了我国新世纪科学发展、建设和谐社会的基本国策，能较好地兼顾城市经济、社会、生态和治理等方面利益，从而被视为城市建设理念上的一次重大突破。因此，宜居城市建设成为我国城市发展的当然目标[2]。

2005 年由国务院正式批准的《北京城市总体规划（2004—2020 年）》，在国内首次提出了要建设宜居城市。随后，宜居城市概念在全国范围内迅速升温。2005 年 7 月，全国城市规划工作会议明确提出要把宜居城市建设作为全国城市规划工作的重要内容之后，宜居城市正逐渐被越来越多的城市列为其建设发展目标。

由以上简述可看出，顺应人类城市发展的新趋势，宜居城市建设业已成为我国当前与未来城市发展的必然选择。

3.1.2 宜居城市的内涵

由于所处领域、所着眼视角的不同，目前国际上对宜居城市概念的界定并不完全一致，但是大都包含有自然环境、城市形态和市民生活等方面内容[3]。

概括而言，宜居城市是指经济、社会、文化、环境协调发展，人居环境良好，能够满足居民物质和精神生活需求，适宜人类工作、生活和居住的城市。

宜居城市有广义和狭义之分。广义的宜居城市是一个综合概念，强调城市在经济、社会、文化、环境等各个方面都能协调发展，人文环境与自然环境协调，经济持续繁荣，社会和谐稳定，文化氛围浓郁，设施舒适齐备，适于人类工作、生活和居住，人们在此工作、生活和居住都感到满意，并愿意长期继续居住下去。狭义的宜居城

[1] 此段内容参考、引用了由中华人民共和国建设部科学技术司 2007 年验收通过的建设部软科学研究项目《宜居城市科学评价指标体系研究》中的相关内容。详见 http://wenku.baidu.com/view/13073c8583d049649b665812.html
[2] 王世营，等．走出宜居城市研究的悖论：概念模型与路径选择．城市规划学刊，2010（1）：42
[3] 田山川．国外宜居城市研究的理论与方法．经济地理，2008（7）：535

市指气候条件宜人、生态景观和谐，适宜人们居住的城市，侧重于生态和自然环境的适宜居住性。近年来，国内外对宜居城市的认知越来越倾向于强调其广义内涵。

从相关研究论述中可以看出，宜居城市既是一个动态发展演化中的概念，也是人们一直追求的一种理想城市目标，是人类不断努力的方向。《伊斯坦布尔人居宣言》中说道："让我们来共同建筑这个世界，使每个人有个家，能够过上有尊严、健康、安全、幸福和充满希望的美好生活。"而要实现这一愿望或目标，除了要有物质空间环境的建设营造之外，还需要有成熟的社区组织以及完善的法规制度规范等作为保障。

换言之，宜居城市的内涵包含硬件和软件、从空间角度讲则包括形态空间和社会空间两个层面内容：所谓硬件（形态空间），是指城市的物质环境，即一切服务于城市居民并为居民所利用，以居民行为活动为载体的各种物质设施的总和，由各种实体和空间构成；软件（社会空间）则是指社会、人文环境，即居民在利用和发挥硬环境系统功能中形成的一切非物质形态事物的总和，是一种无形的环境，它包括制度规范、价值观念、地方文化、社区归属感等。只有两个层面均达到一定水平或标准的城市，才能称之为宜居城市。

从理论层面而言，宜居城市营造强调三个方面的理念：一是"以人为本"的城市营造理念，强调城市的"人性化"。既应避免像现代主义城市那样"见物不见人"、过分重视效率，也要避免只追求视觉的美感或气势但不实用的城市建设倾向，而应该是营造关心人、方便人、陶冶人、温馨舒适的人居环境；二是环境的系统观，强调空间环境的系统化和整体的协调性。这不仅反映在城市物质空间环境方面，而且反映在处理人与自然、城市与自然、人与人、社会与经济和环境三者的关系等方面；第三是永续发展的绿色生态建设理念。强调营造可持续发展的城市环境，主张人与自然共生共荣，协调发展[1]。

3.1.3 宜居城市的评价标准

满足哪些条件的城市才是宜居城市？为了便于评判，越来越多的国家和地区均探索制定相应的评价标准。但由于不同的历史文化、性质、规模以及所处的地域、社会环境等方面的差异，各个国家、地区间的标准并不一致。但同时也有一个共同特点，就是各地标准中既包含有对优美、整洁、和谐的自然和生态环境的要求，也包含对安全、便利、舒适的社会和人文环境的评价。

美国是较早提出宜居城市概念并进行相关评定的国家。美国的宜居城市主要侧重于人性化、环境、质量和特色等四个方面。相关学者将美国不同机构组织的宜居

[1] 胡宝哲．营建宜居城市理论与实践．北京：中国建筑工业出版社，2009：39-42

城市标准总结归纳为20项指标[1]：如气候条件、社会治安、经济发展状况、社区发展、生活成本、教育和人的发展、公共及服务设施、市政基础设施、公共交通状况、步行环境状况、公共空间、公众参与、社会福利保障、清洁卫生状况、旅游业发展水平、生态环境、无障碍设施、人均建筑指标、居民满意度、城市景观等。

加拿大是拥有众多世界公认的宜居城市的国家，而温哥华作为其中最杰出的代表，自身提出了宜居城市营建的9项基本原则。同样，日本、德国及一些国际性组织均制定了相应的评价标准[2]。

在我国，由中国城市科学研究会组织专家编写的《宜居城市科学评价指标体系研究》已于2007年4月19日通过建设部科技司评审验收。这是中国首个由官方有关部门组织编写的权威性宜居城市评价标准。该研究成果将宜居城市的评价标准划分为六大指标体系：社会文明度、经济富裕度、环境优美度、资源承载度、生活便宜度、公共安全度。每个指标体系中又包含若干子项指标。如社会文明度包括政治文明、社会和谐、社区文明、公众参与等四个子项；生活便宜度则包含城市交通、商业服务、市政设施、教育文化体育设施、绿色开敞空间、城市住房、公共卫生等七个方面。评价总分共100分，只有城市综合宜居指数在80分以上且没有否定条件的城市才能被认定为宜居城市。城市综合宜居指数在60分以上、80分以下的城市，称为"较宜居城市"。城市综合宜居指数在60分以下的城市，称为"宜居预警城市"。该指标体系的设定在借鉴国外经验基础上、较好地结合了我国实际，将成为我国宜居城市建设的重要指导性指标。

3.2　宜居住区理念的提出及其内涵

3.2.1　建设宜居城市应从宜居住区开始

宜居住区的建设是宜居城市建设的核心内容之一，宜居城市的建设应当从宜居住区建设开始。这是由于：

（1）国内外经验表明，中国进行宜居城市建设是解决大城市经济性与宜居性之间悖论[3]的必然选择。而城市的宜居性首先表现在住区是否宜居，即居住空间品质是衡量城市是否宜居的重要内容。

（2）住区是城市空间功能的最重要组成部分。而且其与每个人的日常生活休戚相关、密不可分，是体现都市生活最主要、最生动的基本单元，其对人们的生活

[1] 胡宝哲．营建宜居城市理论与实践．北京：中国建筑工业出版社，2009：17-18
[2] 详细内容参见胡宝哲著《营建宜居城市理论与实践》中对相关内容的介绍，第21-30页
[3] 王世营．等．走出宜居城市研究的悖论：概念模型与路径选择．城市规划学刊，2010（1）：42

品质和感受产生着最为直接的影响。而一个城市是否宜居，不仅依赖于专家学者的观点或客观指标，还更取决于居民的切身感受。

（3）目前的住区空间营造存在诸多矛盾与问题。且根据相关研究表明，在城市公共空间、社区空间、个人居住空间三个层次中，中国居民对社区空间的宜居性评价最低[1]。

（4）同时，从第一章论述可看出，中国城市化的发展进程决定了居住环境品质提升的必要性和紧迫性，并提供了难得的历史机遇。

总之，如果说“宜居城市”建设是城市发展到后工业阶段的必然产物的话，那么宜居住区建设则是我国城市社会发展到现阶段的首要任务。

3.2.2 居住空间再认识与宜居住区

（1）“居住空间”再认识

当前，人们已经越来越深刻地认识到，居住空间绝不仅仅是城市地域空间内某种功能建筑的空间组合，它还是人们生活、居住活动所整合（social integration）而成的社会—空间统一体。

社会—空间统一体（Social-spatial Dialectic）是马克思主义地理学空间分析理论体系中的一个核心概念。它由哈维（D. Harvey）于 1973 年在《Social Justice and the City》一书中明确提出[2]。简言之，人（个体与群体）与周围的环境（包括自然物质环境和社会环境）之间的双向互动（interacting）的连续过程，就是社会—空间统一体。社会—空间统一体的基本理念就是社会和空间之间存在辩证统一的交互作用和相互依存。人类的生产、生活和社会联系不仅构造空间，而且也随空间变化；空间不仅是社会活动的外在客观容器，而且也是社会活动的产物。反映到城市居住空间层面就是：一方面，人创造、调整着居住空间，同时他们生活工作的空间又是他们存在的物质、社会基础，邻里、社区可改变、创造和保持定居者的价值观、态度和行为；另一方面，价值观、态度和行为这些派生之物也不可避免地影响邻里和社区，而且连续的社会生活过程产生变化的城市居住空间，使社会、经济、人口和科技力量在不同水平上相互作用并得以延续和发展。因此，居住空间从其本质而言是一种社会空间。意即：①（物质）空间本质是先存的，但是其组织利用和含义却是社会转化和个人经历的历史积累；② 居住空间作为一种社会空间，是一个由各种社会机构、自然物质要素共构的被动结构。

总之，社会—空间统一体理论认为包括居住空间在内的城市空间既不可能仅仅

[1] 参见零点研究咨询集团发布的《中国公众城市宜居指数 2006 年度报告》。http://hi.baidu.com/glory001/blog/item/01d5d4b4219047728ad4b24a.html

[2] 详细内容参阅吴启焰．大城市居住空间分异研究的理论与实践．北京：科学出版社，2001

是一种具有独立自我组织和演化自律的纯空间（就是指物质存在的时空中的空间，Contextual Space），也不可能仅仅是一种纯粹非空间属性的社会生产关系的简单表达，它具有社会文化、自然及经济等多种属性，同时兼具物质空间和社会系统的特征。人类对居住空间认识的发展，尤其是国内外城市居住空间理论与实践的历史进程明确地印证了居住空间的这一特征。

（2）住区及相关概念辨析

●居住区——我国城市居住区规划设计规范将“城市居住区”定义为：“一般称居住区，泛指不同居住人口规模的居住生活聚居地和特指被城市干道或自然分界线所围合，并与居住人口规模（30000～50000人）相对应，配建有一整套较完善的、能满足该区居民物质与文化生活所需的公共服务设施的居住生活聚居地。”同时，规范中还将“居住小区”定义为“一般称为小区，是被居住区级道路或自然界线所围合，并与居住人口规模（7000～15000人）相对应，配建有一套能满足该区居民基本的物质与文化生活所需的公共服务设施的居住生活聚居地。”

居住区、居住小区概念在我国的形成有其一定的历史背景，产生于建国初期的计划经济体制背景之下，并受到现代主义城市规划理论尤其是前苏联模式的深刻影响。在这种过于关注居住空间的物质层面理论的指导下，城市中兴建的住区大多与城市系统相隔离，空间环境实施封闭式管理，公共设施各自为政，并带来街道空间乏味及空间安全等一系列社会问题。这引发了业界对居住区概念的重新审视，并进而导致其逐步成为了一个被弃用的历史词汇。

●社区——关于社区的定义说法不一。据世界著名社区研究专家、美国匹茨堡大学社会学教授杨庆堃统计，至少有140多种。尽管各种定义所强调的侧重点不同，但均含有以下内容：认为社区是生活在某一地理位置上的，有着许多共同特点的人们生活的共同体。美国社会学家金（K. King）和陈（K. Y. Chan）认为社区有三种分析尺度：① 物质尺度——具有明确边界的地理区域；② 社会尺度——居民间有相互沟通与互动；③ 心里尺度——归属感和认同感。

我国社会学界在定义“社区”这一概念时，一般指聚集在一定地域范围内的社会群体和社会组织，是根据一套规范和制度结合而成的社会实体，是一个地域社会生活共同体。我们认为，社区概念的界定必须将空间关系引入，使之具有可操作性。因为社会研究是“从一定的空间角度去研究社会现象”（黎熙元，1998）。“社区是社会结构及空间环节的构成，城市社会结构变迁在其特定意义上就是城市社区的变迁，社区既是城市这一社会实体的存在，又是存在于这一实体内的社会结构及空间关系。所以很多西方学者认为社区是人、建筑、街道和社会关系构成的社会空间关系”（张鸿雁，2000）。

概括而言，社区的构成要素可以概括为以下五个方面——① 地域，② 人口，③ 生产生活设施，④ 组织制度，⑤ 共同的社会文化心理[1]。

伴随着人们对人居环境理解的完善与深入，尤其建筑学及城市理论与相关学科的融合与发展，社区的概念和理论逐渐被引入到建筑学科体系之中。尤其在欧美国家，社区规划、社区设计已经成为建筑师、规划师的核心工作内容之一。

●居住社区——所谓居住社区，是指在一定地域范围内，在居住生活过程中形成的具有特定空间环境设施、社会文化、组织制度和生活方式特征的生活共同体。生活于其中的居民在认知意象或心理情感上均具有较一致的地域观念、认同感与归属感。

在本章前面对居住空间和社区的简单论述基础上，我们可以认识到，城市居住社区从其表征上看，是以居住生活为主要内容的各层次要素与形体布局的有形表现；而就其实质而言，则是社会、经济与文化发展状况在以居住问题为表现层面上的社会空间投影。居住社区是一个以物质空间为载体、社会成员为主体、社会生活活动为内容、社会关系为纽带的社会—空间统一体，同时具有物质空间与社会系统的特征。它是与人们生活最直接相关的时空载体，也是个体行为参与本地区、乃至国家社会活动的载体。因此，社会结构体制等的变革必将导致居住空间结构形态的演化，反过来，居住空间的发展也必然会反映出社会演进的基质原因，并对社会发展产生相应的耦合影响。

居住社区具有物质形态空间与社会空间的双重内涵，而居住区、居住小区只强调了物质、地域空间的内涵，不包括住区内的组织结构以及建立在主体间交往互动基础上的社会文化及地域归属感内涵。但人是社会的人，其一切活动均有其社会背景，人们的居住空间必然也是一个社会空间与物质形态空间的复合体。而长久以来，正是由于人们对居住空间的物质形态属性的片面关注，忽视其社会空间内涵，使得以居住区规划理论方法为指导而建构的居住空间与社会人群的多层次社会需求相脱离，从而产生各种社会问题。因此，以居住社区取代居住区概念，具有重要的理论与现实意义。

●住区——《中国大百科全书》对住区的定义为：“城市居民居住和日常活动区域。”目前国内的相关理解大致分为两类[2]：一类为住宅区的简称，也就是从物质空间层面对城市居住空间的界定；另一类则是城市相关学科中为了与社会学的“社区”进行区别而采用的对城市居住功能聚集区的一种称谓。本书侧重于后者。它既

[1] 王彦辉 . 走向新社区 . 南京：东南大学出版社，2003：26
[2] 楚超超，夏健 . 住区设计 . 南京：东南大学出版社，2011：5

区别于传统建筑学科中对居住空间物质环境等级化约定的居住区概念，又不同于社会学中强调社会结构组织的社区。它作为城市这一社会——空间连续统的一个子系统，包含了居住功能聚集区的空间、社会和环境等多层面内涵与特质，因此，新的住区概念也可以理解为是居住社区的简称。

国外住区规划设计的发展历程，其实也是对城市和住区本质内涵认识逐渐深化完善的历程。历史经验证明，单纯地依靠物质形态塑造和改变的途径来解决城市及居住问题有局限性，同时，单纯依靠社会政治及经济的发展来促进住区的发展也缺乏可实施性。因此新的住区概念可以看作是对传统居住区和社区概念的整合。

●社会空间——形态空间

在社会学中，社会空间有几种不同的定义（图 3-1）。其一为英美社会学界的所谓基层社会（substrate society），以涂尔干为代表，指的是社会分化，包括社会地位、宗教和种族的变化，全无地域含义；其二为法国社会学界有关邻里和人与人的交往研究，以劳韦（C. D. Lauwe）为代表；人文地理学中所指的社会空间综合以上两种观点，可以概括为：以社会、经济、文化因素为背景，以人们的交往联系和社会组织结构为纽带的不同尺度的城市空间。其具有落实于物质形态空间的具体表现，但更强调的是其非物态的内在机制和结构要素。

而本书中的形态空间又可叫做物质空间，专指由人为限定或建构的城市土地的几何形状及其上面的建筑、街道、山水、绿化等自然及人工物质要素组成的实体空间。因此，可以认为，包括居住空间在内的现实存在的城市空间是由社会空间与形态空间共同构成的复合空间。只有当人为建构的形态空间与社会空间在结构、规模等特征方面相吻合时，才能使城市空间健康发展，否则就会产生各种城市问题。

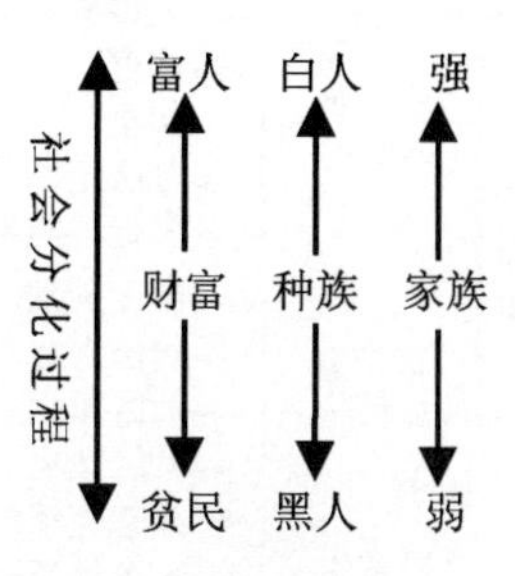

（a）英美社会学

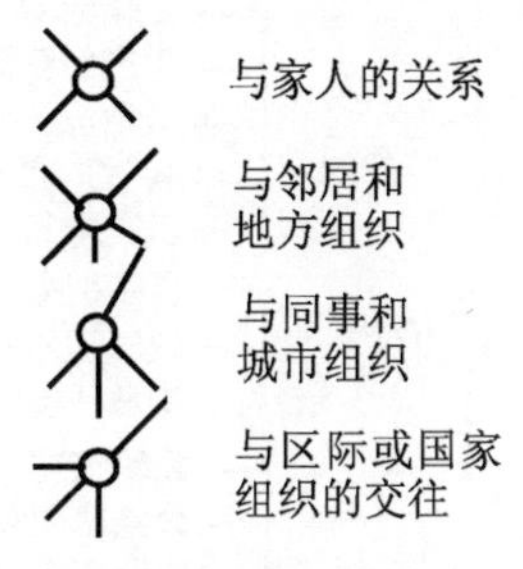

（b）法国社会学

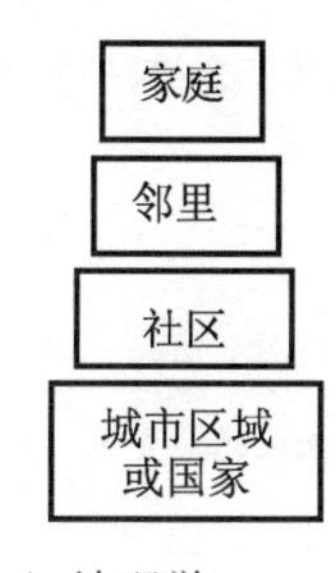

（c）地理学

图 3-1　社会空间的不同概念

（3）宜居住区的概念

1996 年联合国第二次人居大会提出了“城市应当是适宜居住的人类居住区”（Liveable Human Settlements）的概念，并指出“宜居性是指空间、社会和环境的特点与质量”。结合关于宜居城市理念的相关论述，我们将城市宜居住区界定为：是指在城市的一定地域范围内，空间结构及建筑布局合理舒适，生活配套设施完善，生态环境及景观体系优美，具有较好的管理服务体系，社区文化鲜明且居民认同感与归属感较强，与城市系统一体化协调发展的城市住区。

一个宜居住区必须在空间、社会、环境三个层面同时具有较高的适宜居住性，单纯某一、两个方面突出的住区不能称为宜居住区。

3.2.3　宜居住区的系统特征

（1）宜居住区的系统结构

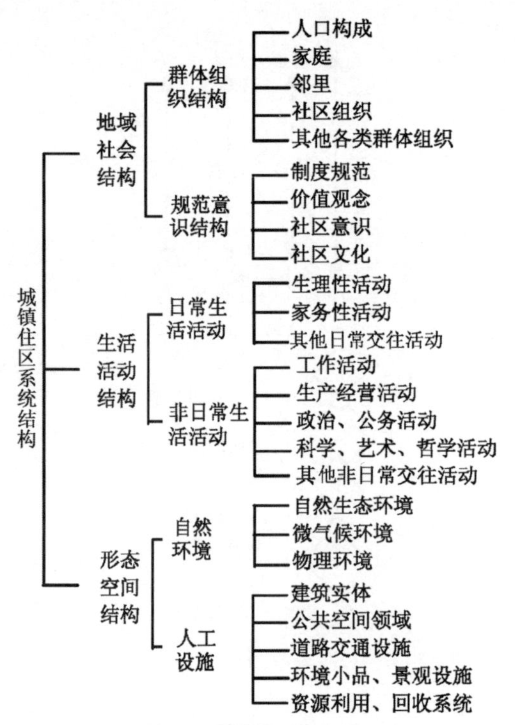

图 3–2　城镇住区的系统结构分解

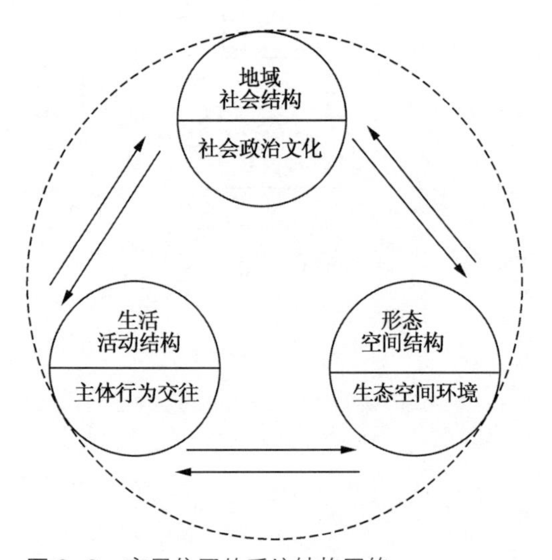

图 3–3　宜居住区的系统结构网络

根据居住空间的社会—空间统一体特征及宜居住区的内涵，我们可以将宜居住区的系统结构分为三个层次：地域社会结构、生活活动结构和形态空间结构（图 3–2）[1]。

社会结构——概括地说，就是社会诸要素及其相互关系按照一定的秩序所构成的相互稳定的网络。其实质是体现的人与人之间的社会关系（张鸿雁，2000）。宜居住区系统内的社会结构是一种地域社会结构（或称微观社会结构）。我们可以将住区内的地域社会结构划分为两个层面：住区群体组织结构和住区规范意识结构。住区群体组织结构是指住区主体的人口构成及家庭、邻里、社区组织等；住区规范意识结构则包含住区内各种制度规范、社区意识、主导价值观念、社区文化等。

生活活动结构——住区主体的各种生产生活活动是使住区形成并发展的根本动力。关于住区主体的生活活动有不同的划分方法，如扬·盖尔将住区主体人的户外活动划分为必要性活动、自发性活动和社会性活动[2]三种类型。而我们则根据现象学及日常生活理论，将住区生活活动结构划分为“日常生活活动”和“非日常生活活动”。这种划分不仅涵盖了住区主体生活活动的全部领域，而且因为这种划分为本书进行“日常生活领域”“主体间交往”及其与环境相互作用的研究。

形态空间结构——所谓住区的形态空间结构，就是由各种自然环境要素和人工（生产生活）设施在一定地域范围内组织起来，供住区主体在其中进行各种生活活动的物质实体及空间组织体系，是长期以来城市规划师、建筑师所关注、营造的核心内容。

（2）宜居住区的系统结构网络

在现实的城市住区中，上述三种结构体系并不是独立存在的，而是相互渗透、相互作用，共同组成了一个完整的结构网络系统（图 3–3）。当然，它们在整个住区系统中的地位和作用是有区别的。地域社会结构是住区中的主体构成，它决定着住区的本质特征和发展取向；生活活动结构是住区主体进行个体、社会再生产及住区营造的运作方式，是住区主体自身及住区生存和发展的具体表现；形态空间结构是住区的“外壳”或其他两种结构体系得以存在的载体。

从实质而言，地域社会结构是城市住区的最“深层结构”，是生活活动结构的支配原则和形态空间结构形成与发展的内在机制。即是说，住区主体的生活活动方式必须受到住区规范制度和价值观念的控制与支配，文化价值观念与制度规范的差异导致生活活动内容、方式的差别，而这种差别又必然反映到住区物质形态空间结构之上。

因此，一个宜居住区，必然是上述三种结构体系的协调与复合系统。

[1] 详细内容请参阅王彦辉．走向新社区．南京：东南大学出版社，2003：32–35
[2] 请参阅扬·盖尔．交往与空间．何人可，译．北京：中国建筑工业出版社，1991：2–6

3.3 宜居住区“整体营造”

3.3.1 宜居住区整体营造的内涵

显然，与宜居城市相辅相成的，宜居住区也是一个综合、动态的概念。首先，宜居住区的多层次系统结构特征决定了其自身包括了居住条件、空间环境、生态环境、人文环境、乃至经济环境等多方面的因素，注重的是居住环境的多层次全面营造和可持续发展，是一个综合的均衡发展概念。某一方面突出，并不代表住区的宜居性就好。其次，从住区营造的过程来看，宜居住区的营造应该包括前期策划、规划设计、住区建设、入住后的维护建设与管理等持续的进程。

因此，宜居住区的营造，应当是对住区的整体营造。它区别于现代功能主义理念下片面关注住区物质空间环境而忽视社会人文层面内容的营造，也区别于当前将居民入住视作住区营造进程结束的静态、阶段性营造，它是一种全面、持续的营造进程。

城市宜居住区整体营造是指强化住区各构成要素及其相互关系，完善住区的各层次结构（地域社会结构、生活活动结构、形态空间结构）系统及其相应功能，突出人的主体性地位，创立以人为本的、归属感与凝聚力强的居住生活空间，力图实现住区自然空间环境和社会人文环境的协调与可持续发展的连续创作与实践过程。

城市宜居住区整体营造，是中国城市居住空间发展的客观需要和历史必然。作为一种基于人文精神、关注人及社会健康持续发展的营造活动，它体现了以人为本的价值取向以及社会文化、技术经济与形态空间环境协调发展的规划设计与实践走向，是对传统居住空间规划设计的重要拓展与完善。目前普遍的居住空间规划设计，可认为是“技术感生型”或“意志感生型”；以长官意志、市场意志为主导，是自上而下的；偏重于城市居住物质形体空间布局；过程是阶段终止型的，追求经济效益最优。而宜居住区整体营造则属于“人文感生型”；自上而下与自下而上紧密结合；过程是持续渐进的；更多地关注于住区内地域人群的多层次需求与发展；追求综合效益既社会效益、环境效益、经济效益的整体最大化。简言之，宜居住区整体营造弥补了传统居住空间设计营造实践中对社会文化及人的主体性地位关注不足的重大缺陷，充分吸收应用城市及生态可持续发展理念的最新成果，顺应了人类自身及社会生态文明发展的宏观方向（表 3-1）。

表 3-1　传统居住空间规划设计与城镇宜居住区整体营造内涵比较

	传统居住空间规划设计	城镇宜居住区整体营造
价值主体	行政、市场	居民，社会
操作性质	技术感生型、意志感生型	人文感生型
内容	传统居住空间规划设计	城市宜居住区整体营造
操作方法	自上而下、物质空间决定论	自上而下与自下而上结合，多因子参与
进程特征	阶段性、终止性、封闭性	持续性、渐进性、开放性
参与主体	政府、市场（开发商）、设计者	居民、政府、市场、设计者及其他社会力量
核心目标	经济效益为主	社会、经济、环境综合效益，满足人及城市社会发展的多层次需求
主要内容	物质形态空间	形态空间与社会空间的高品质及其良性互动
理论观念	现代功能主义	宜居城市，精明增长，社区理论等

3.3.2　中国城镇宜居住区整体营造研究的内容界定

结合中国宜居城镇及住区建设的宏观背景及其发展趋势，本书将当前及以后较长一段时期内中国城镇宜居住区整体营造研究的主要内容粗略地概括为：

① 与社会政治、经济、文化及居民越来越高的居住生活需求发展相适应，有利于促进居住生活品质提升的物质形态空间系统建构的研究。

② 突破目前住区、尤其是封闭式住区模式的局限，探索促进住区与城市协调一体化发展的空间功能系统模式。

③ 有利于居住空间环境生态可持续发展的资源利用及其技术集成研究。

④ 体现社会公平与民主参与的、科学高效的住区规划设计、组织管理、开发建设的机制建构研究等。

上述内容中的①、③ 主要侧重于人与自然空间环境关系、即形态空间的研究，② 侧重于住区与城市环境的关系，④ 则更多地侧重于人与人之间关系、即社会空间层面的营造研究。因此，从实质上而言，宜居住区整体营造也是对“人与自然（空间环境）的关系”，“人与人的社会关系”以及建筑与环境、住区与城市等三个层面关系的全面营造。

宜居住区的整体营造是一个系统而复杂的进程，牵涉到各个层次要素。而且，其中每一项内容本身均是一个可以相对独立的课题，均需要大量系统的研究与深化。因此本研究并不希望做到面面俱到，而是力求结合建筑学科自身的性质勾勒出其核心内容与体系架构。

3.4 宜居住区整体营造的基本原则

基于人文精神复兴和生态可持续思想背景下的宜居住区建设，已经成为不同政治、经济、文化背景下人类社会发展的共同主题。据统计，目前已有100多个国家和地区制订了全国性的住区发展计划。然而，由于其本身内涵的丰富性及影响因素的复杂性，不同国家或地区的发展进程、社会背景以及关注的重点不同，因而关于住区营造原则及评价标准的界定各不相同。同样，中国城镇宜居住区的营造也必须结合自己的国情探索相应的指导策略。

在对宜居城市理念及宜居住区内涵深入分析基础上，我们尝试总结出我国城镇宜居住区整体营造应当遵循的基本原则，以指导相关实践探索遵循正确的价值方向。

所谓原则，是指“观察问题、处理问题的准绳”。它的确立有赖于对事物价值、方向的判断与抉择。我们强调对宜居住区进行整体营造，意在充分发挥住区的物质与经济功能的同时，发挥其深远的社会文化职能，切实体现对住区主体的人性关怀，即在住区营造中体现“现代人文精神”[1]。使城镇住区不仅适应经济、环境的发展与条件制约，更应适应并促进住区主体及整个城市社会的健康发展，努力实现居住空间的最高社会、人文价值——“人，诗意地居住在此大地上”。

前文中有两点可以作为原则制定的重要依据：首先，“空间、社会和环境的特点与质量”是衡量一个城市或住区是否宜居的核心要素；其次，宜居住区整体营造应当是对住区中“人与自然空间环境的关系”“人与人的社会关系”以及建筑与环境、住区与城市系统关系的全面营造。据此，我们将城镇宜居住区整体营造应当秉承的基本原则概括为：① 整体性原则；② 以人为本原则；③ 生态与持续发展原则；④ 公平与共享原则。

3.4.1 整体性原则

“系统的质存在于整体之中，而组成系统整体的单个部分（或元素）无质可言，整体大于部分之和。”城市住区作为城市系统的子系统，其构成具有系统性与整体性特征，因此住区的营造必须坚持整体性（holistic construction）原则。这种整体性既体现在住区各构成要素（空间层面的、社会层面的、环境层面的）的共在性，又体现在住区系统结构（包括地域社会结构、生活活动结构及形态空间结构）的层次性与复合性，还体现在作为城市这一大系统中的子系统的住区与城市的协调一体化发展。正如生态学家阿维尔所言：“在生态系统中和不同生态系统之间存在着一个表示相互关系和相互作用的网络模型，其中系统每一个部分的变化都会影响系统的整体运

[1] 所谓“现代人文精神”，一般被认为至少包含六个方面内容：人道主义的态度、尊重个人的意识、自由与平等观念、理性的能力与态度、公平（或公正）的观念。详见吴根友．现代人文精神的内在架构．人文论丛（1999年卷）．武汉：武汉大学出版社，1999：41-53

作。”[1] 亚里斯托弗・亚历山大的“城市并非树形”及它的“半网络结构”可以被认为是对包括住区在内的城市空间进行系统化、整体性、网络化认识的良好起点。

整体性原则是宜居住区营造的首要原则，它区别于现代主义理论指导下的城市设计思想，不再仅仅局限于对居住空间物质环境因素及其经济、效率的关注，同时还要求对社会结构、居民生活、文化观念、环境及生态效益等进行多层次的关注与探求。而且，它还要求我们不能再把住区机械地看作一个个独善其身、各自为政的个体，而应该使其与城市这个大系统协调共生，成为宜居城市的有机组成部分。

3.4.2　以人为本原则

人是城市与住区的主体。而在长期的住区营造实践中，中国居民始终未能确立起自己的主体性地位：从住区的社会空间角度而言，居民一直依附于传统伦理体制和新中国成立后的行政管理体制的掣肘之下。伴随我国社会结构体制改革及社区建设的推进，居民在社会、社区中主体性地位的确立是发展的必然；从人与自然的关系角度而言，同样应确立人的主体性地位，充分发挥人的能动性作用。当前住区建设实践中存在的很多问题，究其根本原因，是我们对客观自然界及其与人类关系的认识还具有很大盲目性。解决这个问题同样需要发扬人的主体性[2]。

以人为本的原则要求宜居住区的营造不再局限于基于物本位的对所谓“建筑与空间”、“建筑与环境（狭义）的关系”的片面关注，而是转向人本位的、从更全面、更深刻的层次对“人与自然（环境）的关系”和“人与人的社会关系”的营造与引导。而在营造策略上，既应有对人类自身宏观发展方向、住区的价值与意义的关注，又要对居民日常生活中诸如“人看人”、“街道上邻居间的互致问候”、“祖孙相携、散步与交流”等等诸多“琐细”“平凡”的事物给予关注，只有如此，才能营造真正属“人”的、真实的“生活世界”。

具体而言，以人为本的住区营造应确保居住空间的适居性（livability）。既强调住区整体环境对居民日常生活、交往活动的良好适应与支持：从静态构成而言，适居性原则要求住区具有“可居住性”品质，满足住区主体的多层次需求。这不仅涉及住区规模、空间结构、服务设施、道路交通、绿化小品等形态空间环境要素，也关系到住区内主体间交往、住区服务、组织管理、文化生活等的体系建构；从动态发展而言，适居性原则要求居住空间具有“适应性”与一定的“灵活性”特征。这主要是由于住区主体处于不断的成长（幼年→成年→老年）之中，家庭结构、社会经济地位、行为模式及需求爱好等也会发生变化。这就要求相对具有固定性与恒常性特征的形态空间结构应能够适应这

[1] Arvil R Man and Environment. London: Penguin Books,1970. 转引自宋晔皓 . 结合自然整体设计 . 北京：中国建筑工业出版社，2000：118
[2] 王彦辉 . 走向新社区 . 南京：东南大学出版社，2003：74-75

些（社会结构及日常生活交往方式与需求等）的变化；同时，住房商品化使得同一套住房常常会在使用寿命中被不同居民使用，这也对其适应性及灵活性提出要求。

3.4.3 生态与持续发展原则

生态与持续发展（Ecological and Sustainable Development）原则具有两个层次含义：狭义与广义。狭义的生态与持续发展原则是指“生态”与“可持续发展”概念的最初指向——自然环境与资源问题；而伴随着生态理论与可持续发展思想的深化与完善，它们在社会系统领域同样得到发展，人类社会生态与可持续发展问题受到重视。具体到城镇住区，生态与持续发展原则，一方面要求将住区看作大的城市生态系统乃至区域生态系统中的一个子系统，遵守自然生态规律（如物种多样性等），并与大的城市系统一体化协调发展。在设计中充分考虑自然地理、物理气候及人文地域等因素，在总体规划设计、材料与技术的选择、环境的保护、资源的利用、微气候的改善、污染与废物的控制等方面进行科学的决策；另一方面，还必须实现住区内社会与文化的生态化和可持续发展。如保持住区内社会成员构成的多样化、倡导不同阶层混合居住，日常生活活动的地方化或功能的复合性，生活交往的丰富性，社区组织、社区管理（居民自治）的健康[1]发展运作以及地域建筑空间文化的扬弃等问题。同时，在当今中国，生态与持续发展原则要求我们不能片面因循西方发达国家的发展模式，应探索适应自己国情（包括经济技术发展水平、资源条件、文化传统等方面）与地域特色的发展途径。

3.4.4 公平与共享原则

公平与共享（Justice and Sharing）原则是对住区主体之间（人与人之间，人与群体组织之间以及不同群体组织之间）存在与发展状态的限定。首先，“公平”“正义”与“自由”是人类社会发展的理想状态与最高追求，也是自古至今的哲学、社会学研究关注的重要领域。尤其在近代以来功利主义价值观泛滥的背景下，更成为人们强烈呼吁与向往的人类社会发展与实践应遵循的重要原则[2]。“公平”被认为是“一个体现人类精神深度的概念，是人类社会‘合理化’的基本表现”[3]。公平性意味着公民资格，意味着一个社会的所有成员不仅在形式上，而且在其日常生活的现实中所拥有的民主权利、政治以及相应的义务，意

[1] 正如 Constanza 所言：“稳定并且可持续的生态系统是健康的——也就是说，如果这个系统随着时间的推移能保持活跃并维持自身的组织性和自主性的话，那么这个系统就是健康的。”自 Constanza et al.Ecosystem Health:New Goals for Environmental Management.

[2] 罗尔斯在其《正义论》中强调人类应以“公平的正义原则”取代占据优势地位的功利主义。他认为功利主义的流行给现代社会带来了两个严重后果：一是它可能允许以社会整体或多数人利益的名益去侵犯少数人的自由权利；另一个是它可能允许经济利益上的严重差别，造成贫富悬殊，从而给人与社会的全面发展带来巨大危害。罗尔斯的“公平的正义原则”主要有两方面的内容：一是个人自由与人人平等的自由原则；另一个是机会均等与惠顾最少数不利者的“差异原则”。

[3] 吴根友．现代人文精神的内在架构．冯天瑜主编．人文论丛（1999 年卷）．武汉：武汉大学出版社，1999

味着机会以及在公共空间中的参与和对公共资源环境的分享。在住区整体营造中，公平原则同样应该在各个层次得到体现。“公平”不仅意味着住区主体均对空间环境资源、服务设施、组织管理具有共同享有、占用、参与的权利与义务，而且意味着具有不同特征（如不同年龄、不同爱好、不同阶层地位等）的居民有权利并有条件实现各自不同的正当的基本生活需求，尤其住区中的弱势群体或社区依赖群体（Community-dependent Groups，如孤寡老人、遭遇不幸者以及不能自理的低收入群体、残障人士、外地流动人口等），更应该能够通过政府、社会等的惠顾得到实质性的帮助与支持。公平原则不仅在传统伦理制及行政主导的住区中一直受到忽视或歪曲，而且在当今市场经济体制下又有新的不公平现象出现[1]。必须说明的是，“公平”并不意味着“平均”。“给不同的人以相同的待遇乃是世界上最不公平的事情”（托马斯·杰弗逊语）。

“共享”则是实现“公平”的重要途径之一，“共享”不仅是指对城市及住区的公共空间环境景观、生活服务设施、社区决策参与等权利的共享，还包括对社区提供服务、环境设施维护以至资金支持等义务的共享。而这往往有赖于健全的社区群体组织和机制的建立。

共享与参与原则的另一个重要意义则在于通过“共享”与“参与”的实现，增加了住区主体间相互交往与互动的机会与需求，从而促进各种社会网络的形成和社会资本的充分利用，代替传统型邻里交往而实现社区整合功能，从而促进住区的良性发展。

---

[1] 对此，“第三条道路”思想的主导者安东尼·吉登斯的分析也许对我们有借鉴意义。基于对西方市场经济模式弊端的深切体悟，吉登斯在《第三条道路：社会民主主义的复兴》一书中，严厉批判了许多人主张的“当下唯一的平等模式应当是新自由主义的、机会均等的纯市场经济模式”。吉登斯认为这种模式通过过度的市场而产生“精英统治”，而“一个彻底的精英统治的社会将造成严重的不平等”。再加上不同阶层间思想意识的差异，就会导致相互的排斥与隔离。吉登斯认为，在当代西方社会中，“有两种比较明显的排斥类型，一种是对于社会底层的人们的排斥，将他们排除在社会提供的主流机会之外；另一种是社会上层人士的自愿排斥，也就是所谓‘精英的反判’。……富人群体，选择离群索居，从公共环境和公共机构中抽身而出。生活在壁垒森严的社区中。”而同时，社会底层人士只能住在廉价的、条件恶劣的贫民窟中。这种不平等（排斥性）是导致其他更多的社会矛盾的重要原因。由此，吉登斯主张“包容性的平等”原则（详见安东尼·吉登斯．第三条道路：社会民主主义的复兴．郑戈，译．北京：北京大学出版社，2000）。不幸的是，这些不平等现象在当今的中国城市日趋明显。

4 宜居住区的形态空间建构

物质空间环境体系的建构是城镇宜居住区整体营造的核心内容之一，同时也是一个复杂的系统工程。本章将重点从住区整体空间结构、公共空间及服务设施配置、道路交通系统组织、住区建筑体系、住区景观体系及住区边界空间设计等几个方面，对住区形态空间环境体系的营造策略进行系统的阐述。

4.1 对国内现行住区空间模式的反思

改革开放以来，以房地产开发为主导的商品化住宅在城市新住区建设中占据了主导地位。同时，城市区域不断扩大，新区住宅建设的步伐进一步加快。住区空间形态也呈现出多样化趋势，形成低层、多层、高层及多种混合的住区形态。但从空间管理以及与城市系统关系角度，仍可将其概括为以下三种基本模式："全封闭住区"、"全开放住区"和"小封闭大开放住区"。

4.1.1 全封闭住区

所谓"全封闭住区"，即用围墙、栅栏或绿化带包围起来，将公共空间私有化并限制他人进入的居住区。作为一种中国城镇住区的标准开发模式，封闭住区的蔓延正在迅速改变着城镇空间的总体形象，成为现阶段主导的住区空间模式。全封闭住区具有以下几方面特点：

（1）在道路—用地模式上，受佩里的邻里单位模式影响明显。用地规模较大（多在 15 ～ 30 公顷），内部道路系统独立于城市路网。

（2）住区结构组织主要采用"居住组团—居住小区—居住区"模式，一个居住小区下设数个居住组团，数个居住小区组成较大规模居住区。

（3）配套设施及公共空间"自给自足"，不对外开放，住区功能较为单一。

（4）利用围墙、栅栏或绿化带等界面要素与城市空间隔离，形成相对独立的城市功能细胞，并采用门卫、门禁系统等实现管理上的封闭。

全封闭住区成为当今城市普遍存在的居住形式，可以说是居民意愿、政策引导、市场开发多方面因素导致的结果，这种模式现阶段的发展也表现出了鲜明的优缺点。

住区的全封闭性保障了居民的居住环境和居住权益。一方面，中国人自古以来就有的“圈地”潜意识使得居民趋向于营造较强的领域感和存在感；另一方面，当今社会、经济带来的差异化矛盾突出，使得外部公共环境并不能满足居民所需的社会安全感。因此，这就促使人们选择全封闭住区，通过这个相对独立的领域保障自己的居住生活品质。

虽然这种独善其身的住区空间及管理模式在一定程度上将外部环境的诸多不稳定因素排除在外，但对城市整体环境的塑造起到了一些负面影响。首先，全封闭性使城市空间的分异和隔离进一步加剧。经济收入水平的不平衡，导致居民购房能力的差异，这种差异性将加剧居住空间及人群的分异以及激化潜在的社会矛盾。其次，大地块的内部道路封闭对于城市交通的合理发展产生不利影响。住区道路系统的独立设计游离于城市路网之外，并将城市支路纳入住区内部封闭管理，无形中增加了城市交通压力和居民绕行负担。第三，全封闭性对于城市空间的安全产生不利影响。全封闭住区四周建起的围墙是为保障内部的安全，然而大大增加了道路上的犯罪机率。因为原本建筑对于城市街道的监视作用被封闭了，道路和住区之间的互补和包容关系被隔断了，街道成为无人理睬，犯罪滋生的地方。

4.1.2　全开放住区

“全开放住区”是指住区整体除住宅本体外的住区内主要道路、公共设施等对周边城市完全开放的住区模式。全开放住区具有以下几方面特点：

（1）大多位于基础条件成熟的城市中心建成区，用地规模较小，住区区位具备潜在的开放性优势。

（2）住区不将其整体用围墙或其他方式封闭围合起来，完全对城市开放，人们可以不经身份识别，可自由进出除住宅单体外所有住区空间。

（3）服务对象是城市公众，一般为一个适当的区域，而非只限于本住区内居民享受，包括公共设施、配套以及公共景观的共享。

（4）作为城市功能的一部分，不仅拥有传统住宅区的居住功能，还为周边区域提供一些必要的商业服务、办公等功能。

“全开放住区”是城市发展与文明达到一定阶段的产物，对城市整体空间的活力塑造起到了一定的促进作用。首先，住区完全对外开放的姿态消除了各阶层居民的分异性，客观上促进了人与人之间的接触与包容。其次，内部配套、公共空间的开放提高了其使用效率，提升居民间的互动效应与邻里关系；同时可纳入城市公共空间的统筹规划中，成为城市活力新的激发点。

另一方面，这种略带理想化色彩的模式对城市周边环境的要求以及片区居民的素质提出了很高的要求，使其目前只能局限于社会因素稳定成熟的中心建成区。在住区管理上无法统筹协调，每栋住宅单体都需要配置安全管理人手，一定程度上加大了管理难度。因此，这种模式需结合区域社会的进步来规划，大范围的推广存在很大困难。

4.1.3　小封闭大开放住区

“小封闭大开放住区”是相对于全封闭模式和全开放模式而言，主要是指住区（一般规模较大）开放城市道路、合理配套公建，并向社会适度开放，以实现住区与城市空间系统有机融合的有选择开放式住区。小封闭大开放住区具有以下几方面特点：

（1）国内现阶段开发的此类住区与中心城区的开放街区尺度有所不同：其用地规模相对较大，一般在 20 ～ 30 公顷以上，地块内大多包含规划的城市道路，与城市路网衔接，根据运行管理需要有选择的开放内部的道路系统。

（2）住区内部由数个居住生活区组成，居住生活区布局形式采用“开放社区 + 封闭单元”模式，每个封闭单元包含了数个住户单元。

（3）商业配套一般采用“住区商业中心 + 生活街区”模式，以一个区域商业中心为核心，每个居住生活区配套设施结合开放道路有选择的共享，功能复合程度较高。

（4）住区界面以“适当开放—封闭”为主，即居住生活区之间界面有选择的向城市开放，使得生活街区与城市空间融合，而内部封闭单元采用封闭管理。

“小封闭大开放住区”结合了小区域封闭与大环境开放两者于一身，相当于在一定程度上权衡了“全封闭住区”与“全开放住区”各自的优劣，这种折中的模式具有很强的普适性与现实意义。在空间塑造上，将住区的公共空间纳入城市公共空间系统的规划中，促进住区与城市空间的一体化建设。在公共配套上，利用对外开放的住区配套并结合复合的功能，提高了使用效率与人群覆盖面，创造多元化的生活中心（图 4–1）。在社区营造上，小区域封闭增强了邻里间的领域感与互动性，与此同时，开放区域能增加居民与周边区域居民的交流。因此，这种模式在国外普遍应用于城市住区建设。

4.1.4　走向“适度开放”

从以上三种住区模式的分析中我们发现：虽然，开放与封闭在某种程度上有效作用于城市整体建构，在城市居民的日常生活中均烙上了不可磨灭的印记；但是，不恰当的“封闭”与“开放”均无法满足居民不断提升的生活品质需求及现代城市整体空间环境营造的要求，不可避免地给城市及居民的生活带来消

图 4–1　无锡万科魅力之城的复合型公共配套

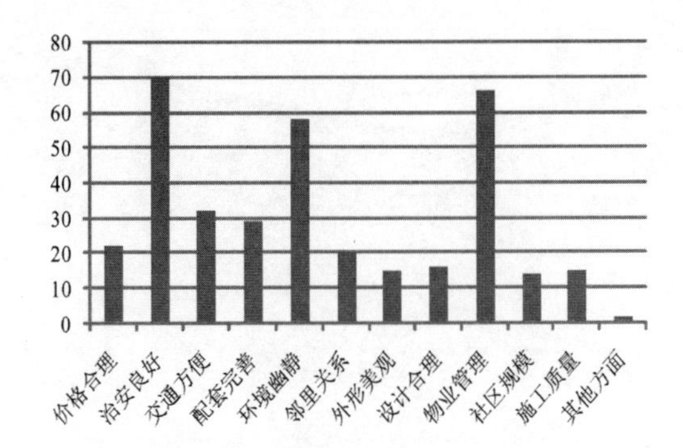

图 4-2　居民选择住区的关心因素

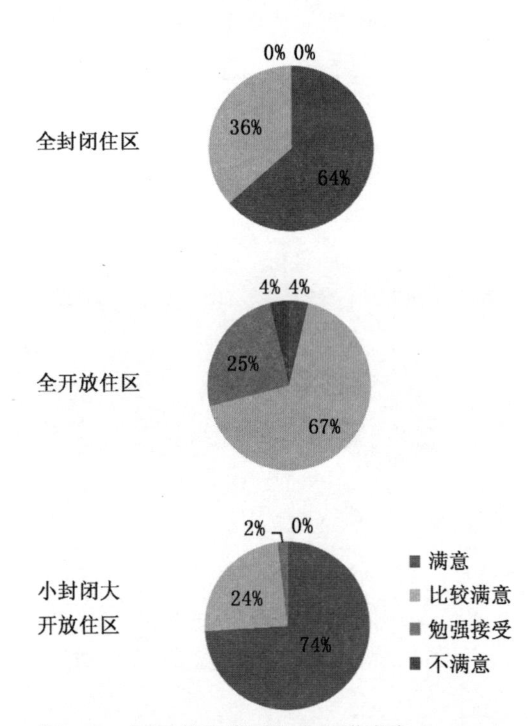

图 4-3　不同住区类型的安全满意度

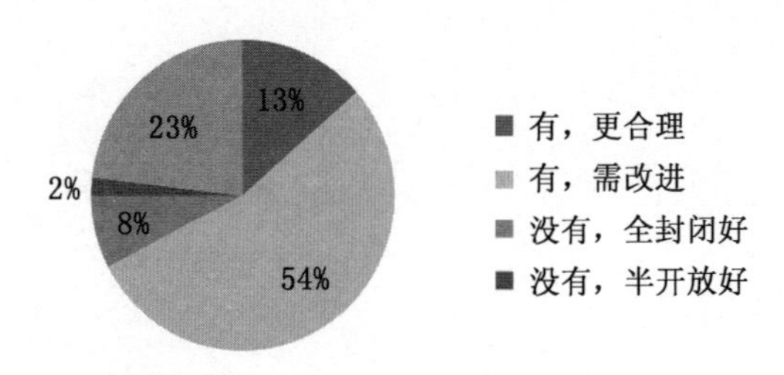

图 4-4　“适度开放”的认同度调查

极影响。因此，权衡开放与封闭之间的利害关系，根据城市空间发展现实与居民生活需求的发展，把握好开放与封闭的“度”、实施“适度开放”的原则是十分必要的。

住区的直接使用者是广大的城市居民，因此要想研究城市住区未来的发展方向，检验“适度开放”的原则，必须充分考虑居民的意愿与感受。为了解具体使用人群的接受度以及选择住区最为关心的因素等问题，我们针对三种不同空间模式的典型住区[1]，分别进行了随机的居民意愿问卷调查，从中抽取具有代表性与普遍性的问题进行具体说明。

（1）居民选择住所最为关心的因素

从统计结果来看（图 4–2），治安良好、环境幽静、物业管理、配套完善、交通便利位列居民关心榜第一至五位，其中近 70% 的居民均将治安、环境与物业视为头等重要，而价格、规模等因素已淡出人们视线。这说明随着社会经济的进步，居民对生活品质的需求以及周边微环境的要求不断提升，在考虑住区空间模式的同时要将城市各方面环境因素统筹规划，形成宜居的住区大环境。

（2）住区安全性以及住区模式的影响

从统计结果来看（图 4–3），对所在住区安全性的满意度（“全封闭住区”“全开放住区”“小封闭大开放住区”）分别达到 64%、67%、74%，可见居民对三种模式自身的安全保障均表示认同。在目前的模式对住区安全的影响上，万科魅力之城的受访者中 55% 认为有积极作用，在仁恒翠竹园中这一比例提升到 96%；然而有 62% 的建外 SOHO 受访者认为主要还是由城市整体治安环境决定。这说明一定程度的封闭性对居民的居住生活安全有着直接且积极的作用，完全意义上的开放受制于城市整体环境的制约与影响，对形成独立微气候不利。

（3） 对“适度开放”的认可度及其推广可能性

从统计结果来看（图 4–4），大多数居民认同“适度开放”（54%），并认为仍有很多需要考虑及改进的方面（比如住区安全、环境幽静、配套设置等），这说明居民内心向往开放，融入社会是每个社会人的本能，但这是在保障自身安全及权益不受实质性干扰的前提下形成的。因此，如何在封闭的基础上融入开放的要素将成为“适度开放”改进与推广的重要因素。

从前文的分析中我们可以认识到，城市住区作为城市系统中的重要组成部分，是城市社会、经济和文化活动的重要承载实体，住区生活的状态很大程度上就是城

［1］针对三种不同模式的住区，我们分别选择具有代表性的住区进行了实地调研与问卷调查，分别为“全封闭住区”——南京仁恒翠竹园，“全开放住区”——北京建外 SOHO，“小封闭大开放住区”——无锡万科魅力之城。

市生活的写照。在当前城市快速扩张的背景下，“走向适度开放”打破了整体封闭对住区的限制，采取“小封闭大开放”的空间组织方式，它强调住区是城市整体功能和空间构成的有机组成部分，而不是独立于城市空间、城市交通的孤岛。住区的生活和空间与城市进行游记的衔接与互动，其直接表现是通达的公共交通、能够共享的配套设施、开放友好的街道界面、生机勃勃的交往气氛和有机整合的城市生活。无论从城市一体化、城市开发还是城市生活的角度，“走向适度开放”都将顺应宜居城市建设中住区整体形态空间建构的趋势：

——从城市一体化的角度来看，缓解了城市道路交通的矛盾与问题；顺应公建建设和运营规律，解决地区配套需求，增加城市公共空间和绿地空间，优化配置，共享资源。

——从城市开发的角度来看，有选择的开放、合理的路网密度、公共交通的引入、商业活动的繁荣本身就意味着该地区的成熟。对于当下大多数处于城市发展区的住区开发项目，可以帮助该地区提升人气，强化人们对该区域的认知，提高该区域以及住区的价值，从而转化为成熟的城市片区，带来真正意义上的开发成功。

——从城市生活的角度来看，与城市道路衔接的道路交通可以为住区居民提供出行便利，丰富的生活配套可以满足居民多样的生活需求，亲切的外部空间处理和街道生活则有利于促成住区居民归属感的形成。

“适度开放”的理念已经在西欧、日本、新加坡等发达国家得到普遍的认同并付诸实施。例如前面第二章中提到的，新加坡从“棋盘式”组屋结构优化发展而来的“21 世纪模式”，日本的幕张滨城住区（图 4–5）、多摩新城，巴黎的 Bercy Neighborhood 社区（图 4–6）等都是采用类似的理念进行规划，并收到了很好的实际效果。近年来，以万科为代表的一些国内开发企业也在“适度开放”的住区理念中进行着各自的探索，并涌现出上海万科城市花园（万科“小封闭大开放”的初次尝试）、深圳万科四季花城（图 4–7）等一批顺应地方城市发展的实例，为国内新住区空间模式的变革做出了很好的探索。

由此可见，提倡“适度开放”可以成为顺应社会经济发展、城市一体化繁荣、打造宜居住区的可持续发展道路。如何在这种理念下进行住区整体建构，优化和整合住区各要素之间的关系将是我们需要探索的重点。

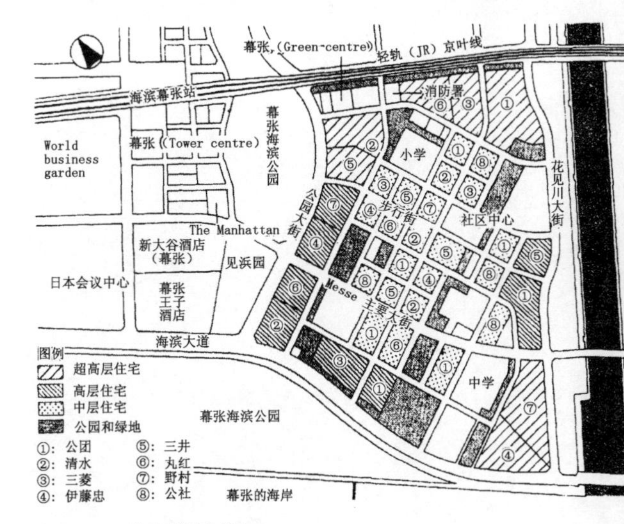

图 4–5　幕张滨城住区

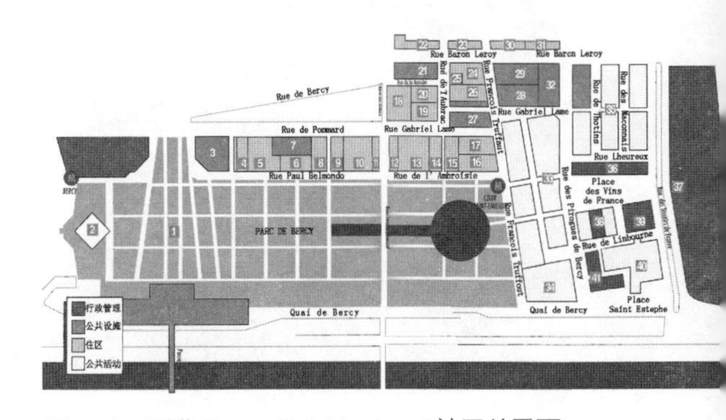

图 4–6　巴黎 Bercy Neighborhood 社区总平面

4.2　宜居住区的空间结构

根据上文的分析可知，我们倡导的宜居住区采用“小封闭大开放”的住区空间

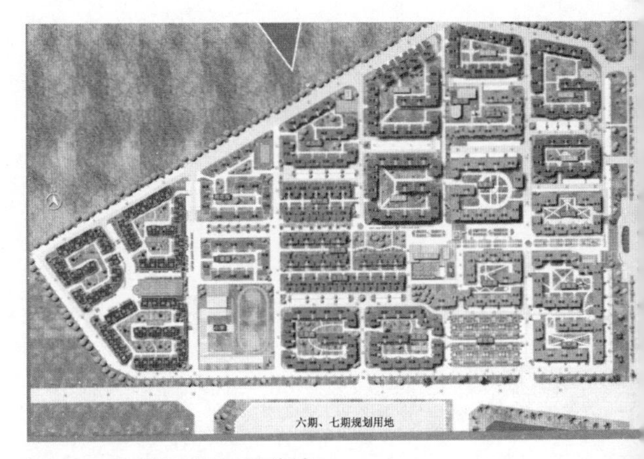

图 4–7　深圳万科四季花城

模式，依托微观道路—用地模式的调整将住区规模控制在合理范围内，倡导住区道路、公共设施、开放空间与城市空间的协调一体化发展，使得居民能有效融入城市生活；在基本居住单元内部采用封闭模式，其内部承载居住功能和邻里交往功能，可以确保单元的稳定和安全，并使邻里得到足够的交往机会。如此，在城市快速扩张的过程中，住区的适度开放与复合的住区功能可以随着城市的变化而相应做出调整，从而顺应城市的发展[1]。

4.2.1 适宜的用地规模

我国城市住区的用地规模通常是根据城市规划中的城市路网结构划定范围的，城市路网间距限定了住区的用地边界。根据我国现有的城市道路设计要求，干道道路间距可达到 700 ～ 1200 米，即使在小城市，干道网间距也在 400 ～ 500 米左右，由此形成的城市住宅区用地规模一般都在十几公顷以上。而在土地产权更单一、城市路网更稀疏的城市边缘区，住宅区用地规模一般达到 20 ～ 40 公顷，有的甚至达到 100 公顷以上。这种微观道路用地模式给城市发展和居民生活带来了诸多负面效应：

（1）过大的用地规模及相对独立的环境从外部条件上加剧了城市居住空间的分异。从住区内部结构来看，自上而下的规划设计较少考虑人的交往需求。超乎的活动范围和认知能力的大尺度住区中心（住区内部开放空间）并不能成为具有交往意义的邻里中心，这一氛围的缺失则不利于形成共同的社区感[2]。

（2）道路间距的加大及支路系统的缺失增加了城市的交通压力，同时这种街区尺度超出了人的适宜步行半径范围，无形中降低了居民日常生活中多样化出行的可能，迫使人们选择机动车交通方式，进一步增加了城市道路交通的负担。

因此，住区的用地规模必须依据居民自身的认知交往能力与适宜出行范围进行有效控制。

从居民的认知交往能力来看，根据生理学家的研究，人的视力能力在超过 130 ～ 140 米就无法分辨其他人的轮廓、衣服、年龄、性别等，因此在传统街区中通常将 130 ～ 140 米作为街与街之间的距离。F. 吉伯德指出文雅的城市空间范围不应大于 137 米[3]，亚历山大也指出人的认知邻里范围直径不超过 274 米[4]，即街区面积应在 5 公顷左右。因此可以判定以人的尺度确立的理想的住区规模是应该小于 5 公顷的。同济大学周俭教授通过研究提出我国城镇住区规模应该不超过直径 150 米

[1] 昌盛，裘知．社区型城市住区的规模及结构模式探讨 [C]// 生态文明视角下的城乡规划——2008 中国城市规划年会论文集，2008：7

[2] 刘华钢，广州城郊大型住区的形成及其影响 [J]. 城市规划汇刊，2003（5）：79

[3] F 吉伯德，著．市镇规划．程里尧，译．北京：中国建筑工业出版社，1983：28

[4] C 亚历山大，等，著．建筑模式语言——城镇、建筑、构造．王听度，等，译．北京：知识产权出版社，2002

的空间范围或者 4 公顷的用地规模，这个结论与上述国外学者的研究成果相近[1]。

这种小地块用地模式的实用性与可操作性在实践中也得到了验证，如新加坡组屋规划第二阶段的“棋盘式”布局以及第三阶段的 21 世纪新镇模式。在这样一个居民可以相互认知、相互理解的地块范围内，能够通过共同使用交往空间，鼓励有意义的社会交往活动产生[2]。

从居民的适宜出行范围来看，由于我国住宅小区普遍采用封闭式物业管理，往往十几公顷的住区平时只有 1 ～ 2 个出口，这导致居民出行绕行距离增加，尤其使绕行距离在出行距离中的比重伴随着住区规模的增加而上升（图 4-8）。当然，道路密度增大时也会因为交叉口的增加而增加城市道路的抗阻。路网密度与居民的出行效率之间存在一定的制约关系。也就是说，对于某一交通行为而言，存在着一个最佳的街区长度，这个街区长度可以使居民的某一出行达到效率最高。美国学者 Siksna 总结出 80 ～ 110 米之间的交通网格是最理想的，而在中型或者大型街区道路网格尺寸通常超过 300 米，这种尺寸被认为对于局部交通运转来说是不利的。我国学者蔡军通过对街区长度与居民出行效率之间关系的量化分析，得出满足自行车交通需求的最佳街区尺度为 200 米左右[3]。

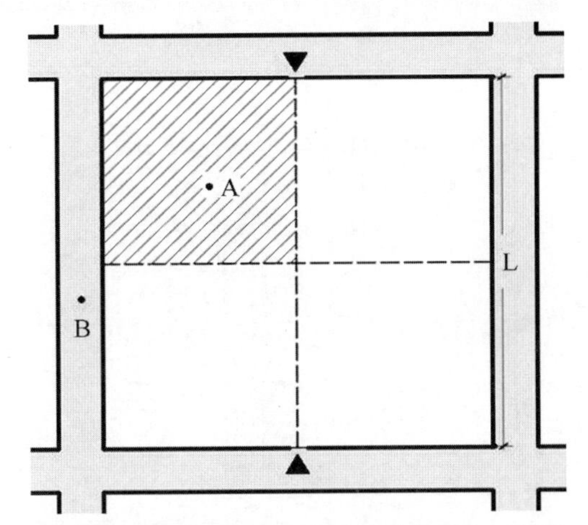

图 4-8　封闭住区中住区长度与绕行距离的关系

从以上两个方面可知，城市住区适宜的用地规模应在 4 ～ 6 公顷左右，与目前十几公顷的规模相比明显缩小，无论是对居民认知交往还是出行范围的满足都具有十分明显的优势。从城市生活考虑，住区用地规模的缩小有利于促进邻里之间的交往，增强居民与周边城市环境的互动与融合，同时可以有效降低居住分异度。从城市开发角度，小规模地块比大规模地块更加具备开发弹性。根据梁鹤年分析[4]，在市场经济条件下增加土地效益的关键是临街面的多寡和地盘大小的比例。西方城市经验表明，以 60 ～ 180 米的临街面、1 ∶ 1.5 ～ 1 ∶ 1.3 的地块临街宽度与进深比最能发挥服务设施的效率。也就是说，道路分割的地块最大可以是 180 米 ×180 米，同样接近于 4 公顷规模（图 4-9）。

图 4-9　巴塞罗那的小尺度街区

4.2.2　微观道路—用地模式转变

关于微观道路—用地模式的讨论应强调住区功能的适用性，根据城市实际用地特点和经济发展水平进行针对性设计，超越关于微观道路—用地模式构图、美学等方面的争论，避免出现刻意模仿、生搬硬套所谓经典模式。

图 4-10　上海里弄式住宅区

[1] 邹颖，卞洪滨 . 对中国城市居住小区模式的思考 [J]. 世界建筑，2000（5）：23
[2] 李琳琳，李江 . 新加坡组屋区规划结构的演变以及对我国的启示 [J]. 国际城市规划，2008，23（2）：110-111
[3] 李江 . 住区发展的新趋势——以公共活动导向的城市住区规划 [D]:［硕士学位论文］. 南京：东南大学，2006
[4] 梁鹤年 . 全球化与中国城市 [J]. 城市规划，2002（1）

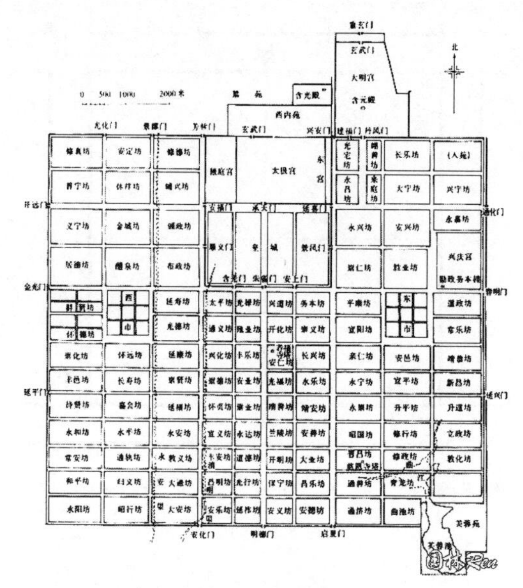

图 4–11　唐长安城的“里坊制”

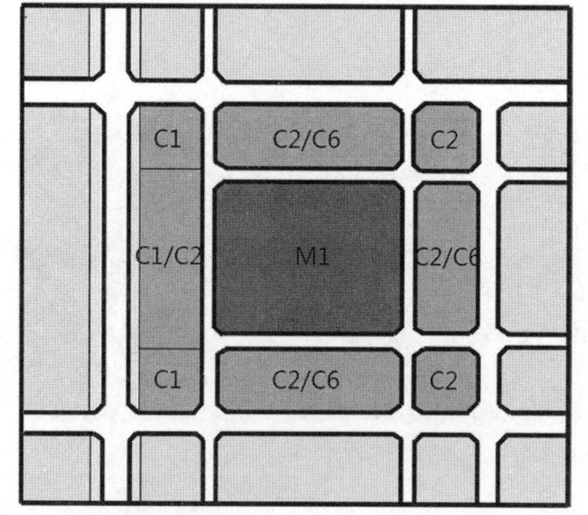

适合产业发展的模式

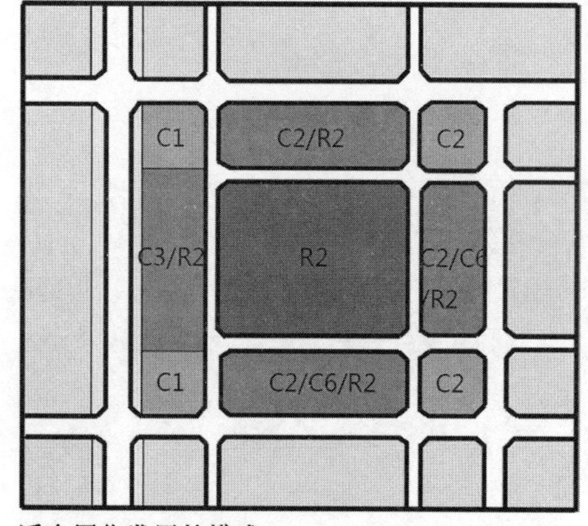

适合居住发展的模式

图 4–12　“井字形”微观道路—用地模式

在长期的计划经济体制下，我国的城市道路与土地是完全分离的城市供给，道路仅仅考虑交通需求，而土地则服务于使用功能。正是这种相互独立的土地、道路管理模式导致“宽道路—大街区—稀路网”的盛行，城市住区用地与道路形态完全背离了中国传统的城市格局，住区成为城市体系中一个个被隔离的细胞。各自为政的住区无法为城市基础设施建设做出贡献，造成了土地利用价值的低下。胡同和里弄作为中国传统的住区空间模式，不论是胡同的“四合院—胡同—大街”，还是里弄的“里—弄—街”形式（图 4–10）实质上都是由格网体系衍生而来的[1]；而且从我国唐长安城的“里坊制”（图 4–11）到元大都的北京城都是采用格网体系，这种模式自古以来符合我国传统城市生活特性，已然经过历史的考验。如今国外在“新城市主义”和“精明增长”的思潮下，重新提倡回归传统城市格局，推行适宜人居的城镇住区。作为转型期中的我国住区建设，需要对城市微观道路—用地模式进行重新审视。

鉴于传统城镇格网体系的宜居性，笔者认为可将间距在 500 ～ 600 米城市干道分隔的各个城市用地组团内部采用格网体系进行再划分，有效缩小住区规模并统筹公共设施及公共空间用地布局，激发微观地块潜能。这种规划方式具有诸多不可替代的优越性，诸如住区规模的弹性化、土地再分的标准化、土地买卖批租的公平性、临街面比例的增加、交通的可达性、街道界面的连续性、市政施工和规划管理的整齐划一等[2]。国内许多学者对适宜我国城市住区开发的微观道路—用地模式持续关注，并提出了相关的理论模型进行探讨。

根据边际效益递减规律，赵燕菁学者在实践中尝试既能兼顾已经形成的现状路网，又能满足市场发展需要的新“井字形”微观道路—用地模式，改变道路投资的分配方式，缩小断面加大路网密度，使得地块价值差异化[3]。首先，将用地划分成大约 500 米的大地块（实际中取决于城市已经形成干道网的间距），使得新的路网可以和已经形成的路网衔接。然后，沿街后退 100 米左右的位置，布置第二条次级路网系统，形成“井字形”的地块内部路网体系（图 4–12）。在微观上，将地块划分成适宜不同功能独立开发的区域，便于住区依托市场需求与城市空间融合的分期建设，同时缩小住宅本体的用地规模，便于封闭的基本居住单元的形成。

李江学者从公共活动导向的城市住区空间组织出发，结合住区开放的公共设施与公共空间体系提出“风车型”微观道路—用地模式。他通过“更密的路网”来体

[1] 孙晖，陈飞．生活性与交通性的功能平衡——住区道路体系的经典模式与新近案例的演进分析 [J]. 国际城市规划，2008，23（2）：102

[2] 梁江，沈娜．方格网城市的重新解读 [J]. 国际城市规划，2003，18（4）：29-30

[3] 赵燕菁．从计划到市场：城市微观道路 -—用地模式的转变 [J]. 规划研究，2002，26（10）：26-27

现地块不同位置的价值差异性，有利于弹性处理商业、绿地、公共空间等配套之间的配比关系，实现开放的住区网络体系。利用二级路网与三级路网形成“T”字形交叉口，三级路网互相交叉组合，形成风车状布局，并根据基本居住单元的大小进一步划分住宅用地至合理规模[1]。由二三级路网划分出的独立地块可作为独立于住区外的公共设施建设用地或公共绿地，有效地扩大了住区公共活动空间的辐射范围。三级道路作为连接住宅用地和公共设施用地的媒介，有条件形成住区“生活次街”以及向住宅组团内部的渗透。值得一提的是，三种路网体系的分工对大地块的交通组织也起到了积极的作用：城市主次干道的格网体系主要负责大的交通量压力，而第三级路网形成的“T”字形路口对引导车流、保障住区内部交通安宁十分有利（图 4-13）。

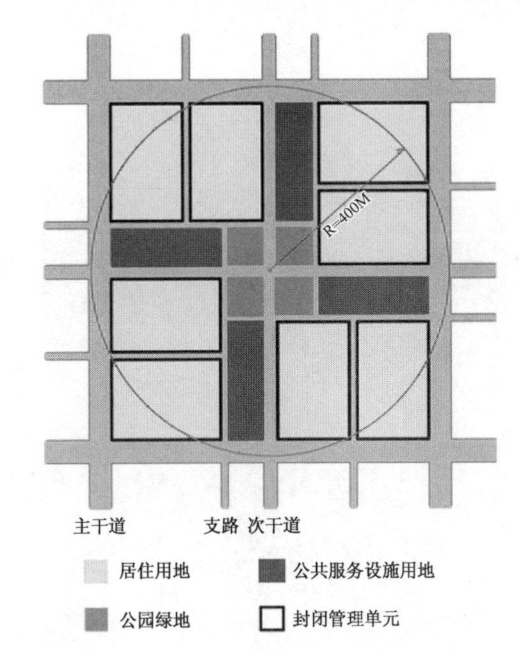

图 4-13 “风车型”微观道路—用地模式

新加坡建屋发展局在近三十年的组屋规划探索中，注重社区生活的营造，通过借鉴 TOD 模式提出的“棋盘式”布局及在其基础上发展形成的“21 世纪模式”这两种微观道路—用地模式，同样对我们有借鉴意义。“棋盘式”布局的特征是利用基础路网划分的 2 ～ 4 公顷区块（Precinct）作为规划结构的基本单元，这种模式有利于步行的联系，并按照不同的规划标准和原则将各个住区单元整合到统一的结构框架下。等级体系是相互依赖的区块——邻里——镇中心，并对应等级分明的公共空间体系，即区块绿地——邻里公园——镇中心公园。道路网被整合到结构中去并通过节点与城市相连，形成具有强烈几何形式的新城[2]。21 世纪新镇模式沿袭了“棋盘式”布局，并且更加强调公共空间与轨道交通的结合，形成环状的公共空间系统。公共绿地之间以步行联系，以建立与机动车交通分离的步行系统（见图 2-19，图 2-20）。

由以上理论模型可以得知，缩小地块尺度、功能混合布局的微观道路—用地模式摒弃了原先功能主义时期住区配套各自为政的开发模式，以市场需求为考量进行差异化配置，同时避免了不同功能间的相互干扰，使城市重新向“高密度、小尺度街坊和开放空间混合使用”[3] 的城市传统回归。

4.2.3 基本居住单元

基本居住单元作为邻里交往、交通安宁和安全控制的较为合适的范围，包含了数个住栋单元，采取周边围合和封闭式管理模式，增强了住区防卫能力并形成尺度适宜的公共院落空间，为人们提供一个舒适、安全的交往场所。这种组织方式既不影响住区与城市空间的有效衔接，又能保证基本居住单元内居民生活空间的完整性，是“小

[1] 李江 . 住区发展的新趋势——以公共活动导向的城市住区规划[D]:［硕士学位论文］. 南京：东南大学，2006：46
[2] 李琳琳，李江 . 新加坡组屋区规划结构的演变以及对我国的启示[J]. 国际城市规划，2008，23（2）：110-111
[3] 简・雅各布斯，著 . 美国大城市的生与死 . 金衡山，译 . 南京：译林出版社，2006

封闭大开放”模式中最基本且最主要的组成要素。基本居住单元的层数、建筑形态随其在住区内的位置不同而相应变化。

以深圳万科四季花城为例，其形态空间组织基本分三个层级：住宅单元（私人院落）——街区式邻里——居住社区。整个社区围绕中心的公共空间序列组织，中心公共空间为开放式布局与管理，社区外部的人可以自由进入；每个街区邻里有门禁系统，实施封闭式管理。每一个街区式邻里一般由 2～3 栋住宅组成，采用“围而不合”的空间模式，具有较亲切的空间尺度感（图 4–14）。从社区中心的公共空间序列到街区式邻里、乃至私人院落，不同程度的私密性设计力图和人与人交往及心理归属层次的多元化相适应，形成良好的生活环境氛围[1]。

图 4–14　万科四季花城的邻里庭院

无锡万科魅力之城一期继承了万科地产倡导的“小封闭大开放”住区理念，在内部实现社区中心、商业街及社区公园对城市开放，其基本居住单元采用邻里门禁及外部巡逻的二级管理，设置保安，各住栋单元采用电子防盗门方式，确保居民的私密性和安全性（图 4–15）。住区采用多种基本居住单元形式，外围布置高层，中间布置多层，利用密度变化提高居住舒适性、降低压迫感。

图 4–15　邻里单元门禁

4.2.4　开放的公共网络体系

城市的活力源自开放，住区作为城市空间结构的基本组成部分，与城市的互动关系直接影响着城市的发展与兴衰。因此，住区公共网络体系应该与城市开放空间结构形成契合统一与良好衔接的关系。通过住区道路、公共设施、开放空间与城市空间形成结构与功能形态的整合，改变目前住区公共网络体系各自为政的封闭形态，形成开放的公共网络体系。

（1）开放的住区道路网络

构建开放的住区道路网络首先需要建设与城市道路协调一体化的路网体系。根据上文分析，在合理控制住区用地规模并进一步细化为基本居住单元的同时，充分分析周边建设规模、人口、业态所引发的潜在交通量，在住区中适当规划城市道路并完善城市支路网结构，使住区道路网络不仅保证居民的交通安宁，而且适当地为城市所用。

开放的住区道路网络不仅需要为城市路网分担交通压力，而且很大程度上是城市传统生活的有机组成部分，是居民日常生活交往的大舞台。正是这种“生活次街”式[2]的城市公共空间，构筑了丰富深厚的居住文化的物质空间环境，确立了和睦的邻里关系和宜居的人文环境[3]。

---

[1] 王彦辉 . 走向新社区 . 南京：东南大学出版社，2003：213
[2] 杨靖、马进学者将这类具备公共生活职能的住区道路称之为“生活次街”。“生活次街”区别于城市干道，实质上是城市半公共空间，它最重要的功能是提供临近几个街坊内居民之间互动交往的场所。
[3] 杨靖，马进 . 与城市互动的住区规划设计 . 南京：东南大学出版社，2008：64

（2）开放的住区公共设施网络

倡导公共设施的"共享、独立、功能复合"是构建开放的住区公共设施网络的精髓所在。在处理住区公共设施与住区关系时，提倡将公共设施用地与居住用地的相对分离，公共设施用地尽量布置在独立的地块上，同时在公共设施的建设中引入园区办公、社区中心等多功能的混合开发模式，充分考虑市场经济因素与居民意愿，丰富住区公共设施的多样性。在处理住区公共设施与城市关系时，应充分考虑公共设施的布局连续性与开放性，摆脱原先"大而全、小而齐"的分等级布置模式，促进相邻住区间居民的交叉使用率。

（3）开放的住区公共空间网络

以绿地广场和"生活次街"为主构成住区的公共空间网络。"生活次街"作为线性的公共空间要素，一方面连续绿地广场，使住区公共空间形成连续性的网络；另一方面，"生活次街"也是居民商业活动、社区交往活动的场所，它与住区公共设施相得益彰，形成尺度宜人的多样化公共活动空间。

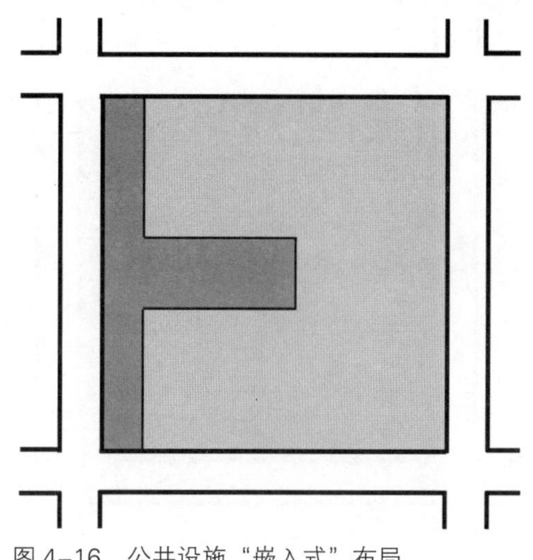

图 4–16　公共设施"嵌入式"布局

4.3　宜居住区的公共空间与设施布局

4.3.1　住区公共设施合理配置

（1）商业配套的设置

开放的住区网络中商业配套应根据居民实际需求，结合设施服务半径和城市环境特点进行分级设置，在保证服务便利性的同时，增加设施的共享性，保证商业设施成功的长期运营，满足居民不断变化的需求。因此可对不同规模的商业设施按照邻里级、社区级 2 个层次进行分级设置。邻里级商业主要聚焦于本住区居民日常生活的便利性，服务半径 200 ～ 250 米的基本住区规模，即 5 分钟步行距离，设置形式可以灵活多样，采用结合住宅或相对分散的布局形式。社区级商业不仅需要考虑本住区的需求，还要承担与周边住区及城市空间的互动，因此，在不打扰本住区居民日常使用的同时，需要具有 400 ～ 500 米的辐射范围，以综合服务中心为核心。此级别商业应充分考虑机动车动态、静态交通的协调配比以及公共交通的引入。在形态空间上，有利于促进开放的公共设施网络建设的商业布局方式可以归纳为以下三种[1]：

① 嵌入式（图 4–16）：公共服务设施沿住区主要出入口两侧向内部延伸，顺应住区人流方向，易形成良好的生活氛围。

[1] 李江．住区发展的新趋势——以公共活动导向的城市住区规划 [D]：[硕士学位论文]．南京：东南大学，2006：38-39

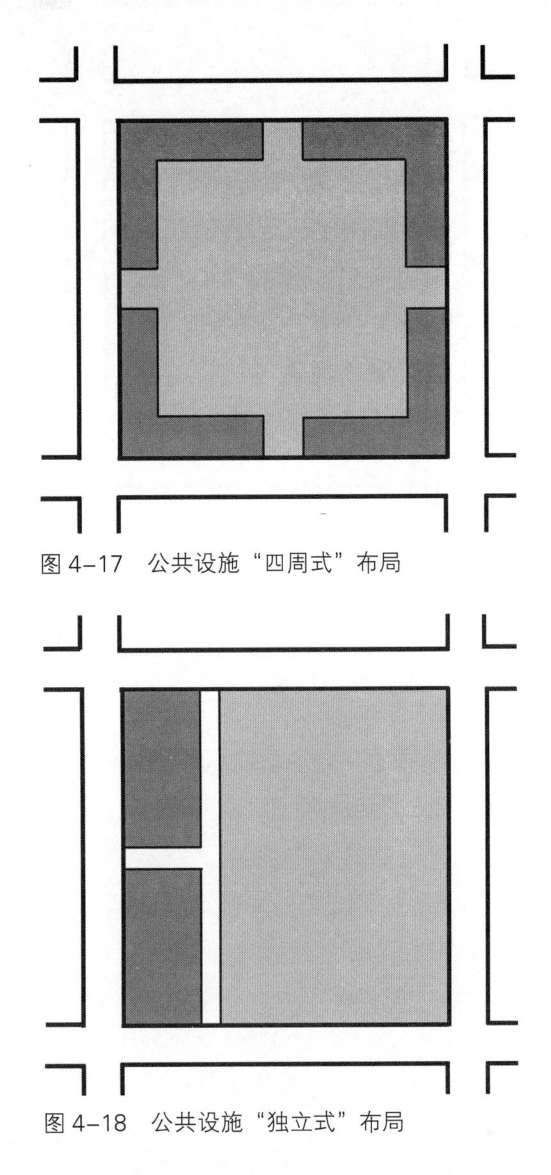
图 4-17　公共设施“四周式”布局

图 4-18　公共设施“独立式”布局

② 四周式（图 4-17）：公共服务设施面向城市道路，利用住宅底层或裙房布置。这种方式适合多个小规模住区生活次街的形成，并利于住区的封闭式管理。

③ 独立式（图 4-18）：适宜较大规模的居住片区，地块内小规模的住区无需再独立各自配置所有的配套设施，而是将部分功能从中分离出来，演变为多功能复合的社区中心。

（2）商办混合的功能结构

随着城市空间的不断扩张，城市新建住区大多位于尚未成熟的城市边缘地区或新区，这导致居住在附近的居民早晚来往于城市中心区的上班地点与新区的住处，呈现“钟摆式”效应，使得住区成为名符其实的“卧城”。这不仅激化了道路交通矛盾、影响了居民的生活品质，而且严重影响了公共配套设施的使用效率以及住区生活氛围的形成。因此，住区配套设施除了需要设置日常生活必需的商铺、超市、休闲娱乐，还应引进一定的办公乃至产业空间，其中一部分空间为居民需要的家政、医生、律师、保险代理等专业服务提供条件。这不仅可以丰富住区公共设施的多样性，提高使用率，还能为住区及周边居民提供一定的工作岗位及创业机会，使商办两种功能彼此之间形成一种相互需要、相互依赖的关系。住区的办公空间应靠近住区中心的商业空间，但它与商业空间又不完全重合，部分办公活动需要独立的办公楼或园区式集中设置。通向办公空间的道路应与主要的商业道路在社区中心处有交叉，方便居民在日常上下班的过程中，能方便地买到各种便利商品。

（3）公共设施的共享配置[1]

现有住区为了满足居住生活的要求以及彰显住区品质，多实行“大而全、小而齐”的配套设施建设。在“人无我有，人有我优”的思想下，各开发商把一些原属市政公共配套的设施也纳入住区的开发建设之中，作为住区“自给自足”的设施，进行封闭管理，致使公共设施出现了配置过剩、使用不足的局面。这种重复配置使得每个配套设施都无法吸引到足够的服务人口，这不仅加重了住区的开发成本，造成了配套设施运营艰难，也造成了社会资源的严重浪费。因此，公共配套设施的开放不仅符合其经营规律，也有利于地区资源的整合与共享。首先，公共服务设施应该适当集聚，形成明确的中心，增强吸引力，发挥规模效益。其次，为了增加公共服务设施配套的开放性，可以将部分公共配套设施（如：社区综合医院，高级中学，9 年一贯制小学等）设置在住区与周边社区的公共边界处，靠近城市主要道路、公交站点设置。开放道路会带来大量人流，将公共配套设施设置在开放道路沿线，可以

[1] 昌盛，袁知．社区型城市住区的规模及结构模式探讨 [C]// 生态文明视角下的城乡规划——2008 中国城市规划年会论文集，2008：11

保证住区内各种设施的客户数量，也有利于这些配套设施本身的经营。

（4）公共设施的适应性建构

住区公共设施的合理配置不仅仅牵涉到本住区居民的日常生活，更需要在片区乃至城市层面统筹考虑，结合地区功能布局、结构特点、人口密度等多方面因素进行适应性规划。公共设施配套首先需要考虑居民使用的便利性，即服务半径；其次对于以市场行为为主的设施要考虑一定的服务人口支撑，才能可持续的运转下去[1]。南京市河西新城区规划中根据当地新建地区社会、经济、市场等诸多因素对居住片区的配套设施配置进行重新定位，考虑地区居民需求决定设施的配套分级。依据南京市规划局制定的《南京新建地区公共设施配套标准规划指引》，居住片区的公共设施配置由原先的居住区—居住小区—组团三级修正为居住社区级—基层社区级的两级结构，并整合在市级—地区级城市公共设施体系之中（表4-1）。其中，居住社区级服务是以社

表4-1　南京市公共设施分级体系表

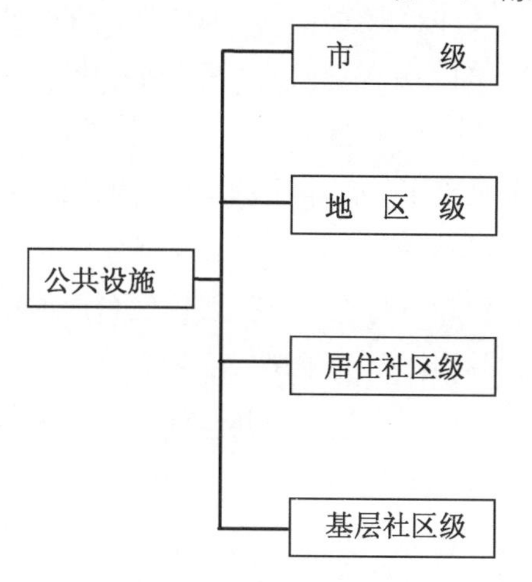

（以全市及更大区域为服务对象的公共设施）

（功能相对完整、由自然地理边界和交通干线等分割形成的、人口规模为20万～30万人左右的功能型片区）

（以社区中心为核心、服务半径400～500米、由城市干道或自然地理边界围合的以居住功能为主的片区，人口规模为3万人左右）

（由城市支路以上道路围合、规划半径200～250米的城市最小社区单元，人口规模为0.5万～1万人，3～6个基层社区构成居住社区）

区中心为核心，服务半径400～500米，由城市干道或自然地理边界围合的以居住功能为主的片区，服务人口规模为3万人左右；基层社区级服务于由城市支路以上道路围合、规划半径200～250米的城市最小社区单元，人口规模为0.5万～1万人，3～6个基层社区构成居住社区[2]。强化作为基本单元的居住社区的配套内容和功能，提供居民日常生活需要的综合全面的服务，辅以基层社区便民型服务功能设施，并适当结合社区周边居民的生活需求，提高公共设施的共享度与使用率。

我们提倡的住区公共设施分级设置并不是一成不变的死规矩，而是要在把握一

[1] 王承慧．城市新区的住区公共设施配套规划的适应性思考[C]// 规划50年——2006中国城市规划年会论文集：详细规划与住区建设，2006：97-101

[2] 南京市规划局．南京新建地区公共设施配套标准规划指引.2006

（a）社区的主题运动场地

（b）旧建筑改造成商业步行街

图 4-19　巴黎 Bercy 社区的公共空间

定的原则基础上灵活处理各层级之间的关系，才能营造良好的住区商业氛围与生活环境[1]。南京市河西新城区规划中北部地区、中部地区、南部地区分别紧密结合各自片区的住宅建设定位以及片区总体的公共设施资源条件，因地制宜进行规划。比如，北部片区由于距离市中心较远，设置了地区中心填补空缺，大大丰富了居民的日常生活；中部地区由于是新城的中心所在地，故弱化了居住社区中心，强化基层社区中心；南部地区由于定位是高档住宅，故弱化了基层社区中心。

4.3.2　住区开放空间的复合建构

（1）开放空间的功能复合

城市居民不断提高生活品质的意愿促使住区配套设施建设呈现出功能多样化特征，主要表现为休闲、旅游、购物、商务等各种相关业态与居住功能的紧密结合。住区用地规模的合理控制以及住区配套与住区关系的多样化处理方式为营造主题丰富的公共空间提供了可能性。另一方面，功能复合的开放空间为住区带来产业附加值，优化了住区投资结构与市场联动效益，提升了住区的辐射范围，从而产生良性的外部效应。开放空间呈现功能多样性与复合性特征，如各种主题公园、室外活动场所、购物休闲开放空间等塑造了综合性更强的休闲游憩场所（图 4-19），不但为居民提供了多元和丰富的活动体验，而且在一定程度上吸纳了外部市民的参与和使用，为不同居民群体提供了集聚与互动的机会，提高市场运营效应[2]。

深圳万科四季花城在开放空间的复合营造方面较具特色。与一般住区目前惯用的“中心大花园”概念不同，四季花城采用“化整为零”的手法，倡导人性化、小尺度的空间序列，同时也使得社区空间层次区域丰富[3]。这一公共空间序列由入口广场、开放式步行街、中心广场、小树林、喷泉雕塑、体育运动空间等组成（图 4-20）。中心公共空间序列通过步行街与各街区式邻里直接相连。开放空间中配套设施的设置也超越了常规的概念，不仅力图超市、银行、便利店、书店、社区俱乐部、社区诊所等功能相对齐全，而且还利用中心广场的聚集效应摆设临时商业摊点，营造小城镇式的商业氛围与生活气息。

（2）开放空间的布局方式

住区开放空间依托现有的环境资源，同时结合当地居民的日常生活与人文气息，对现有的功能业态、景观、道路进行整合，从而形成功能复合、主题鲜明、贴近生活的开放空间网络。复合功能的开放空间布局可以分为“并置”和“融合”

[1] 王承慧．城市新区的住区公共设施配套规划的适应性思考[C]// 规划 50 年——2006 中国城市规划年会论文集：详细规划与住区建设，2006：98-99

[2] 劳炳丽．规模住区开放空间整体建构策略与规划研究方法[D]：[硕士学位论文]．重庆：重庆大学，2009：40

[3] 王彦辉．走向新社区．南京：东南大学出版社，2003：213

图 4-20　万科四季花城的公共空间序列

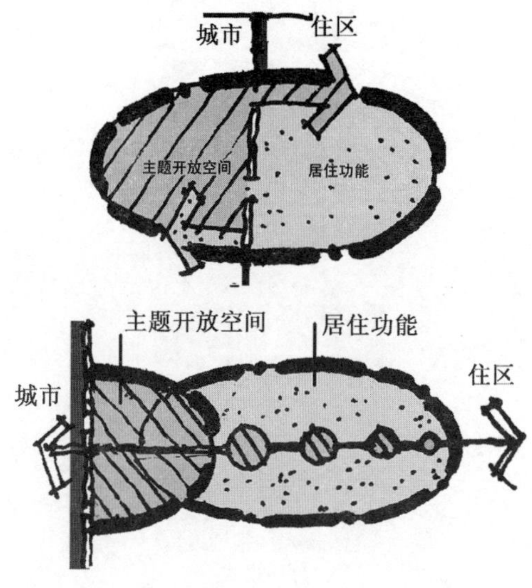

图 4-21　开放空间的“并置”与“融合”

两种（图 4-21）[1]。

“并置”是指开放空间与住区功能彼此分开，各自独立运行，开放功能以外向型服务功能为主。通过划分独立地块来为景观、休闲、商业、主题广场等功能提供用地，形成特色鲜明的主题开放空间。南京万科金域蓝湾的开放空间及商业配套布局方式是典型的“并置”，利用小区入口处沿街独立地块打造近5000平方米的主题商业广场，同时结合休闲、酒吧、会所等功能并适当向住区内部渗透。既满足了商业配套市场化运作条件下向城市开放的需要，又便于小区内部居民使用。

“融合”是指利用住宅围合的开放院落、人工地形、灰空间、底层架空等要素，以居民日常生活交往为线索，从空间塑造到小品设施等细部上组织开放空间。这种利用居住功能的融合有利于促进邻里之间的交往，拉近居民彼此之间的距离，营造出充满人文关怀的社区氛围。深圳万科四季花城的开放空间即属于此种模式。

4.4　宜居住区的道路交通体系

住区道路形态和住区空间形态具有紧密的关联性，而住区道路结构与住区交通

[1] 劳炳丽．规模住区开放空间整体建构策略与规划研究方法[D]:[硕士学位论文]．重庆：重庆大学，2009：109-110

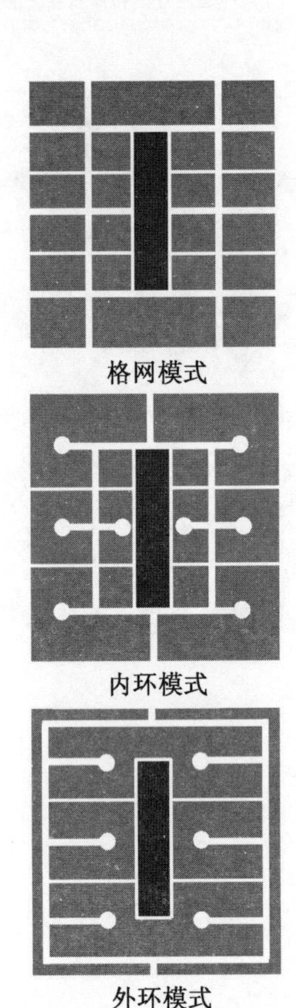

图 4-22　三种基本路网模式

组织以及两者之间的关系是影响住区宜居性最直接、最基本的要素之一。基于“开放网络”的住区道路交通体系的建构可以集中到优化道路结构模式、道路空间环境、道路交通组织三个核心问题上来，从而在物质环境的建构上改善现行住区交通所带来的一系列问题。

4.4.1　对住区道路现状的反思

1）住区道路结构现状

（1）基本道路模式的盲目套用

在市场化的推动下，我国住区空间形态设计日渐丰富，住区道路系统形态各异，但究其根源不难发现，多样化的住区道路系统实质上是由三种基本道路模式即格网模式、内环模式、外环模式，通过排列、叠加、变形等变异衍生而来（图 4-22）。然而，这三种模式在实际操作中的盲目套用使得住区道路体系表现出相应交通特性方面的弊端。

陈飞、孙晖通过比较分析发现：在交通可达性方面，格网道路系统贯通性强，容易受到过境交通的影响；一味套用格网道路，不进行适当的、有针对性的改变，将会对宁静的住区生活产生干扰。在交通效率方面，内环模式与外环模式中的尽端式道路比例较高，使得住区内部某地点到达住区内主要活动场所或其他区域的总体易达程度相应降低，不利于居民的日常生活交往。此外，现行的任何一种模式在住区交通安全与道路私密性处理上都存在着一定的现实矛盾[1]。

实际上，一个住区的道路网形态受到多方面的客观因素制约，而这些因素又具有各自的特点。这就需要我们妥善处理它们之间的关系与矛盾，盲目套用某一种模式而缺乏优化，往往得不到科学合理的结果。

（2）道路分级设计不尽合理

根据《城市居住区规划设计规范》，现行居住区道路根据交通方式、交通工具、交通量和市镇管网的敷设要求分为四级：居住区级道路、小区级道路、组团级道路、宅间小路。现行的住区内部一般包含小区级—组团级—宅间小路的三级系统。而现有封闭住区较大的规模，使得仅有居住区级道路与城市衔接。然而，《城市道路交通规划设计规范》中明确的城市次干道、城市支路分别与居住区级道路、小区级道路对应，导致封闭管理的小区级道路虽冠以“城市支路”的名号，实际上则有名无实。这种分级设计迫使外部过境交通必须绕行住区才能完成局部地区的穿越，城市支路网在住区中消失或者被住区所割裂，导致城市支路网密度偏低，无形中增加了城市干道交通量的负担。

[1] 陈飞，孙晖．基于交通特性的住区道路结构模式分析[J]．规划师，2008（8）：64

2）住区道路空间现状

（1）道路空间功能单一

长期以来，住区道路规划都以“车行导向”为指导方针，设计的前提是要保证机动车出入住区的自由与通畅，道路的功能被彻底单一化。道路仅作为人与车辆移动时所必需的通道，没有真正把人的需求与行为活动纳入到设计中来。实际上，住区道路除了交通功能以外，还承载着居民活动、交往场所等功能，打造属于居民日常生活的道路空间环境才是重中之重。

（2）道路空间消极单调

在车行功能强化的基础下，住区封闭，院墙高筑，道路空间逐渐丧失了住区特有的生活性价值，空间安全性大大降低。例如缺乏必要的生活性设施，如休憩雨篷、街边小品、过街设施；居民休闲活动空间被大量挤压，成为纯粹的通过性空间。另一方面，住区道路仅考虑“行”，未考虑“停”，路边停车和居民休息空间的缺失阻碍了沿街商业的繁荣和活动交往的展开。

3）住区道路交通组织现状

（1）动态交通

目前，我国住区规划设计普遍提倡其交通组织一定要做到人车分流，否则住区交通组织就不优秀，这种极端的设计思路忽略了“人车分流”的真正内涵，使得人与车的关系在住区走向分裂，忽略了人作为主体自身的实际需求。所带来的后果主要体现在：挤压公共活动空间；住区开放绿地受到侵占；产生大量无人活动“消极”空间；破坏住区的空间秩序和景观质量；汽车噪音及废气污染环境等方面。因此，如何在汽车介入的前提下整合住区交通体系，将步行交通、公共交通等有效组织起来，对改善居民生活品质具有十分重要的意义。

（2）静态交通

随着居民生活水平的不断提高，家庭机动车保有量存在很大的上升空间，而大部分住区未作长远考虑，导致静态交通空间严重不足。这不仅会造成住区出入口噪声与尾气污染，而且出现停车占用道路、绿地及活动场地的现象，车辆在住区的道路上或者院落内随意停放，会导致住区内部交通混乱，路段通行能力下降，出现人车争道的现象，对车辆及行人出行安全造成很大的干扰。

4.4.2 道路结构优化

1）基本道路模式的整合

上文提到的格网式、内环式、外环式这三种基本道路模式在交通特性方面各有利弊，因此处理多种客观因素的制约、进行优化整合设计势在必行。

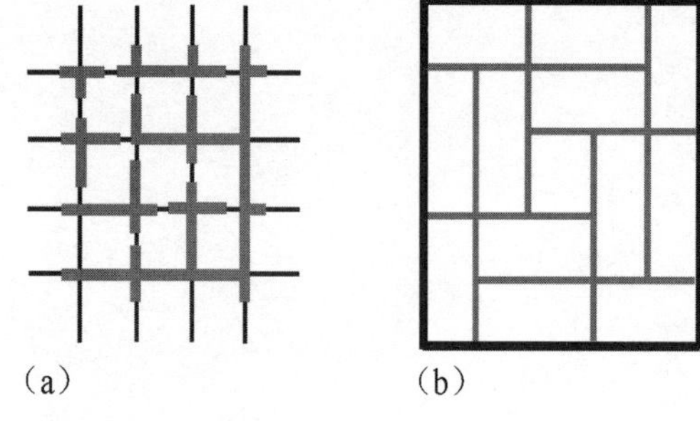

图 4-23　格网模式优化

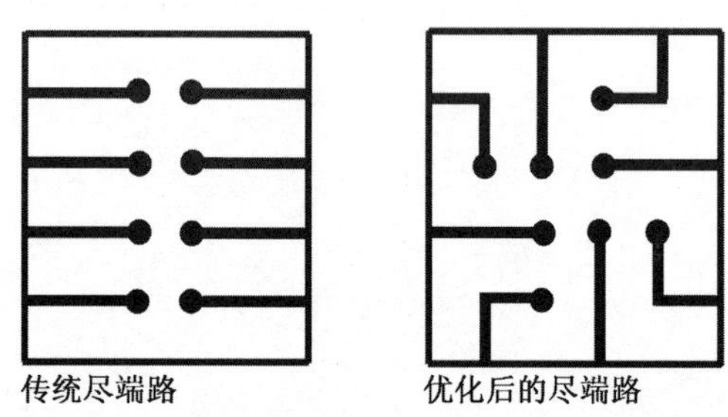

图 4-24　尽端路的优化

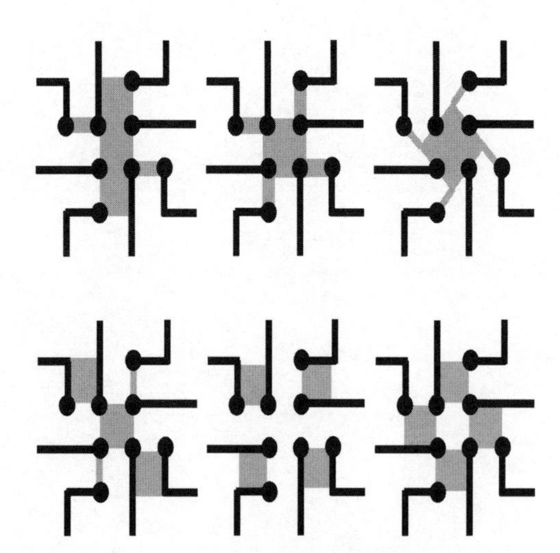
图 4-25　开放空间布置的多种可能

鉴于格网模式的贯通性降低了其交通安全性与生活私密性，因此可以通过局部路段限制通行、实行交通管制和路面改造，创造适宜居住的道路空间。针对格网模式"十"字形交叉口安全性差的问题，可以通过错位布置、缩短道路长度、改变局部格网比例等方法，改变格网特征，减少"十"字形交叉路口、增加"T"字形交叉，提高道路安全性、增加住区空间私密性和归属感（图 4-23）。在西方国家住区建设中，此种方法已属常见。

针对内环模式与外环模式的优化设计，主要集中在对其尽端式道路的重构上。由于我国住宅多为南北向，因此处于道路等级最末端的尽端路通常为东西向，尽端路的交叉口处于环路的两条边上。这样布局的空间识别性较好，但是由于广泛使用，显得僵化而缺乏特色。对尽端路的优化设计可以分解为道路走向与线型两个方面：① 将尽端路分散到环路的四个方向上，即方向变化；② 将直线形尽端路设计呈直角折线形的尽端路，即线型的变化（图 4-24）。新的布局形式并没有增加道路面积，但是改变了原有僵化的空间布局，同时也为开放空间设计提供了更多的可能性（图 4-25）。优化设计之后，开放空间服务半径内覆盖的住宅户数增加，居民可达性提高，空间使用效率提高。绿地之间相互毗邻，空间连贯而不失变化，实现规划设计的多样性，避免了设计手法的呆板单调[1]。

在设计实践中，一些规划设计师尝试提出创新理念，推动住区道路体系的不断发展：

（1）合成格网模式（Fused Grid）[2]

加拿大抵押贷款住房协会（CMHC）在对前人提出的道路模式进行分析总结的基础上，提出合成格网模式（图 4-26）。这种模式具有以下特征：

① 住区单元使用变形方格网道路布局，限制汽车穿行，排斥非居住交通；住区单元用地周围为城市道路，机动车不能穿越住区。

② 使用环状道路、减小道路宽度的方法降低车速，设计连续步行道系统连接公园、公交站点、商店、服务点等用地，并提供多条选择路径。

③ 步行交通覆盖整个用地开放空间，以散点方式布置于对角线位置并且连为一体，这种布置方式缩短步行者的出行距离。

对比三种基本道路模式可以发现合成网格模式具有以下优势：

① 常规模式下的道路空间，呈现出单一化空间特征，合成格网模式则创造出一种新型的住区道路体系，为居民提供了丰富多样的外部交往空间。

---

[1] 陈飞，孙晖．基于交通特性的住区道路结构模式分析 [J]. 规划师，2008（8）:65
[2] 孙晖，陈飞．生活性与交通性的功能平衡——住区道路体系的经典模式与新近案例的演进分析 [J]. 国际城市规划，2008，23（2）：104

② 合成格网模式整合了格网、环路、尽端路等道路型制的优点，增加了大量步行道路，提高了T形交叉口的比重，从而提高了道路安全性及交通效率。在更高层次上寻求到一种交通性与生活性的功能平衡。

合成格网模式已经在欧美住区规划设计实践中有很多较好的运用，但其在空间均质性、交往空间建构、机动车出行便捷性方面还存在不足。

2）蜂窝模式（Honey Comb）[1]

尽端式道路由于具有私密性强且交通安全性高的特点，在住区道路设计中备受关注。2007年，马来西亚建筑师Mazlin Ghazali在吉隆坡的Sungei Petani城市次中心项目设计时，采用了蜂窝式尽端路的设计概念（图4-27）。扩大尽端路的回车路径尺度，在回车道路中心设置组团式宅前绿地，然后围绕宅前绿地布置住宅。这样可以保证每一块居住用地都与两个尽端路的开放空间相连。这种模式虽然特色鲜明，起到了很好的借鉴作用，但是缺乏对步行交通的考虑，同时在道路空间均质性、可识别性差等问题上都有待改善。

3）道路分级设计调整

前文已论述了我国现行城市道路分级设计中城市支路作为小区级道路所产生的弊端。依据笔者提倡的开放的住区道路网络原则，应改变目前封闭小区内部“小区级路—组团级路—宅间小路”的道路分级策略，形成“居住环境区道路—基本封闭单元道路—宅间小路”的结构。居住环境区道路对城市开放，允许外来车辆减速通行和短暂停留。居住环境区内部由基本封闭单元道路和宅间小路组成。为维护住区安宁，基本封闭单元道路限制外来车辆进入，行人可以随意出入；宅间小路限制外来人流出入。这种道路结构将城市交通引入住区，并对居住环境区和基本封闭单元实行不同程度的管理，在将城市活力注入住区的同时，兼顾了住区安宁的要求。

另一方面，既然倡导现住区道路系统对城市开放，笔者认为道路分级设计中需要对城市支路性质的界定进一步明确和细分。按照住区交通出行性质可分为交通性支路、生活性支路、混合性支路三种。交通性支路注重“道”的功能，主要承担住区交通流输送，并有分流城市干路作用；生活性支路注重“街”的功能，为住区居民提供生活交流空间，是住区最具活力的场所；混合性支路注重交通性与生活性的平衡，具有“道”与“街”的双重功能。在住区道路规划过程中，结合住区内部交通与生活需求及周边区域的潜在交通压力量，合理分配交通性支路、生活性支路、混合性支路三者比例及各自宽度的设置。

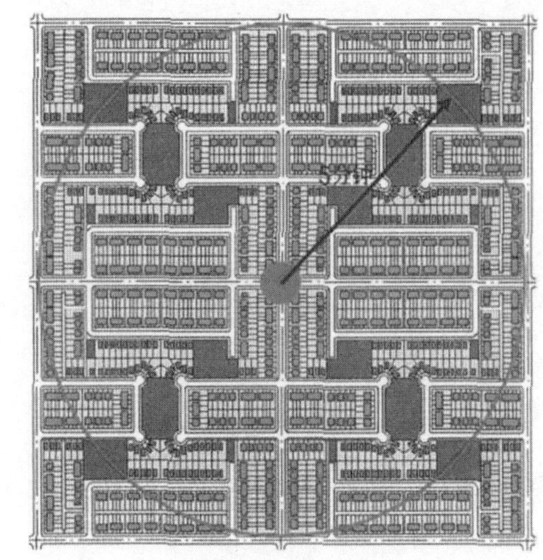

图4-26 “合成格网”模式

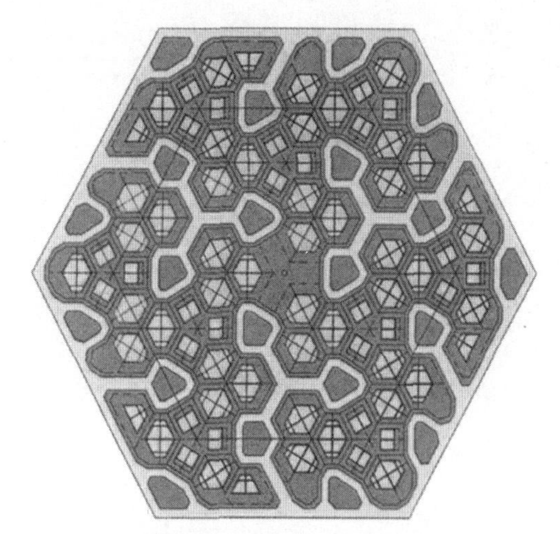

图4-27 “蜂窝”模式

[1] 陈飞，孙晖．基于交通特性的住区道路结构模式分析[J]．规划师，2008(8):65

4.4.3 道路空间优化

1）道路空间的功能复合

合理引入住区公共设施、开放空间，营造充满传统生活气息的街道，是改善道路空间单一交通功能的必要措施。合理的公共设施布局能够引导居民积极自然地进入相应的道路空间，并在其公共区域形成聚集，促进住区街道活力的形成。自古以来，我国的街道文化就十分发达，有着很好的利用街道进行邻里交往的传统，“大街小巷”上的生活气息非常浓厚，城市住区的现代化永远不能泯灭居民对传统生活的向往之心。因此，在合理规划的基础上将尽可能多的其他日常活动与道路综合起来，让游戏的儿童、购物的情侣、休憩的老人、路过的人群真正感受到城市大家庭所带来的温暖。

在无锡万科魅力之城项目中，根据“小封闭大开放”的规划理念，设计师将公共活动集中设置在面向城市开放的“生活次街”上，通向商业店铺、餐饮、娱乐、银行等公共设施的出入口空间都自然地镶嵌在其中，引导居民方便地使用，并使公共设施的室内空间与街道空间共同构建住区活力，丰富的街道生活也成为城市活力的载体。

2）道路空间的景观优化

住区道路不仅承载着居民对外交通的重任，而且是居民使用率最高、最重要的公共空间之一。因此，在复合道路空间功能的基础上，有效地结合道路人文气息与住区景观资源，丰富道路的空间序列，让居民在体会传统街道气息的同时，感受大自然带来的魅力。

道路空间的景观优化首先要针对道路绿化和人行道景观设计，这对改善道路空间本体的单调十分有效。比如，利用绿化带和路边花池、行道树分隔车道和人行道，在道路的交汇处扩大处理为路心花圃或小型节点，或者利用花池的设置对机动车交通进行一定的限行。人行道往往通过铺装的变化、小品的安排，为居民提供休闲活动的场所。地面铺装在道路的交叉口可以采用不同的样式或铺法，丰富空间层次；在沿街店铺要进行拓宽处理，必要时设置停车位，为购物居民提供便利。

其次，苏州园林中的“借景”手法也值得借鉴。设计不能只将精心打造的湖面、小山、溪流等人工自然景观作为远观的“盆景”，还应当结合道路空间让居民可以近身解读、细细品味。

3）道路空间的界面丰富[1]

首先，虽然道路的宽度是根据住区的密度不同规划的，但是道路空间的高宽比可以通过两边建筑的设计进行调节。最佳的街道空间比例是1 ∶ 1，最大不超过1 ∶ 6。沿生活性道路的住宅一般为5～6层，高度为15～18米；如果为高层住宅，可以

[1] 杨靖，马进 . 与城市互动的住区规划设计 . 南京：东南大学出版社，2008：74

在宅前设置1～2层裙房，改善住宅沿街尺度。

其次，城市开放的道路两边的建筑有助于塑造城市空间，特别应在街角、轴线尽端等处设置标志物加强引导。清晰明了的道路空间可以帮助我们了解城市内部各个区域的位置，防止走失或迷路，使人们感受到身处一个可以由自己有效控制的城市环境中。

第三，为聚集生活性道路的人气，两边的建筑出入口应面向道路。我国住区多采用组团院落管理模式，因此建立院落与道路的沟通尤为关键。出于管理的考虑，住宅的出入口不便直接面向道路，可以将院落出入口面向道路；或者通过设置通透式过街楼或底层灰空间，将封闭的院落景观延伸到道路上去，增加道路景观的趣味性。

4.4.4 交通组织优化

1）国外住区交通整合模式借鉴

（1）“人车共存”模式

荷兰的Woonerf改造规划提出了一种新的人车混行方式：在限制车速和流量的前提下的人车共存方式，1963年，在荷兰进行新城埃门规划设计时，埃门大学城市规划设计系教授波尔开始探讨在生活性街道上小汽车使用与儿童游戏之间冲突的解决办法。采用的方法不是交通分流，而是重新设计街道使两种行为得以共存（图4-28）。他设计的尽端式道路取消了人行道，行人可以自由地使用全部道路空间，而其平面布置又使得小汽车司机感到在自家花园内行驶。在行人、儿童游戏、小汽车交通混杂的交通条件下，通过别具匠心的设计，迫使汽车减速，从而使行人安全与环境质量均得到保障。这种模式不仅解决了居住区道路的安全问题，同时通过合乎环境行为学的景观环境设计，重新使街道空间充满人性的魅力[1]。

（2）“交通安宁”理论

“交通安宁”概念的出现应当追溯到20世纪60年代欧洲，它以一种自下而上的“草根运动”（Grassroots Movement）形式出现。时至今日，安宁交通已成为一种规划政策，其目标是：减少建成区交通事故的严重性和数量，加强道路的安全性；减少空气和噪声污染；归还步行和骑车空间及其他非交通活动空间；加强步行者、骑车者和其他非交通活动参与者的安全性；改善环境，促进地方经济发展等。从广义角度安宁交通可理解为一种综合的交通政策，它并不是反对小汽车交通，而是对步行交通的一种解放和保护，对公共交通和自行车交通的鼓励[2]。

交通安宁主要通过政策性措施和工程性措施来实现。交通安宁政策工程措施的实质是通过在路边、路中设置各种设施来控制车流、限制车速、管制路边停车等。

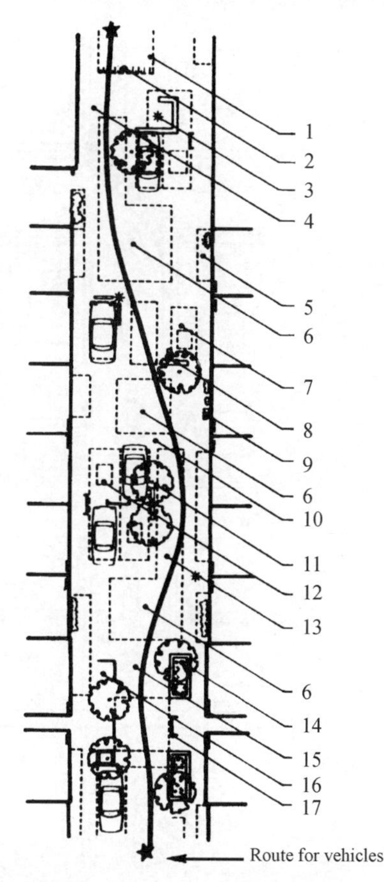

1. 无连续侧石　2. 私人通道　3. 低灯柱周围坐凳
4. 使用各种不同铺面材料　5. 私人步道　6. 道路转弯处
7. 停车场，空闲时可憩坐　8. 长凳，游戏设施
9. 按设计要求建筑立面前有种植　10. 地面无连续路面标志
11. 树木　12. 停车车位标记明显　13. 瓶颈
14. 植物栽种处　15. 内立面到里面之间的游戏空间
16. 有障碍阻隔避免停车处　17. 加围篱以停放自行车处等

图4-28 “人车共存”模式

[1] 许建和，严钧. 对当前住区人车交通组织模式的思考[J]. 华中建筑，2008（10）：179
[2] 马强. 走向“精明增长”：从“小汽车城市”到“公共交通城市”. 北京：中国建筑工业出版社，2007

对角线封闭

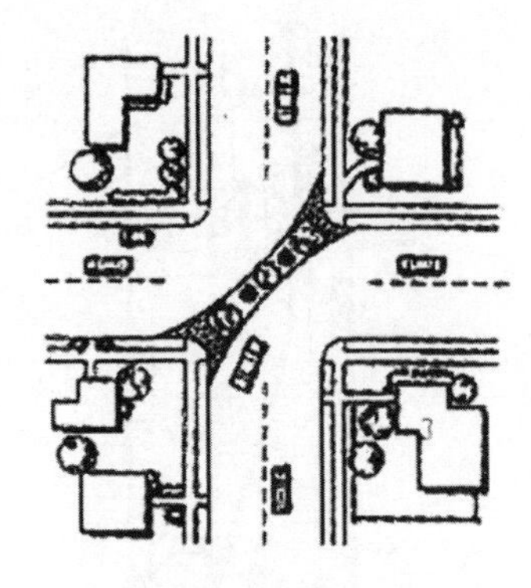

中央分隔带

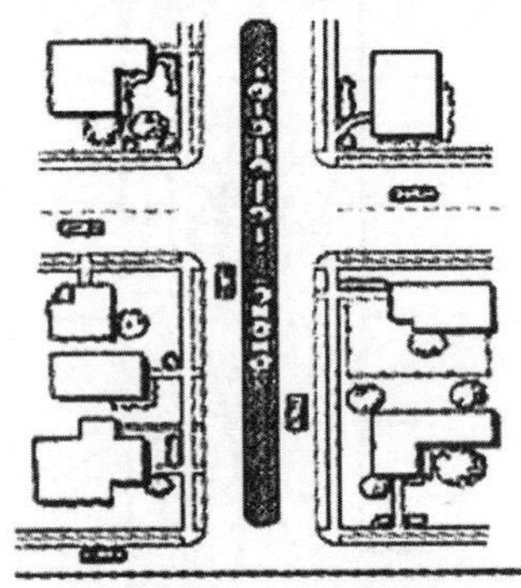

强制转向岛

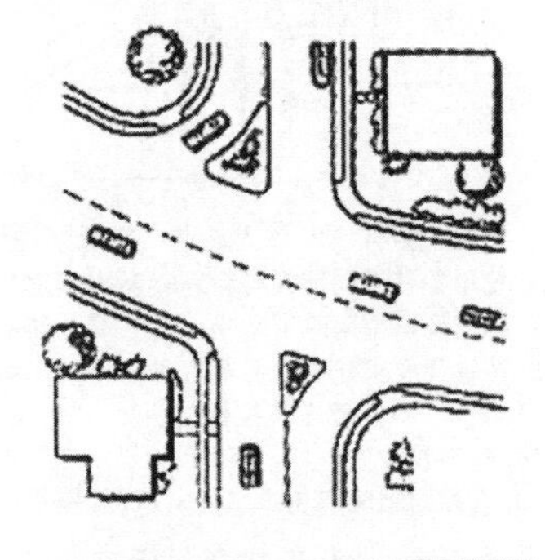

其他流量
控制措施

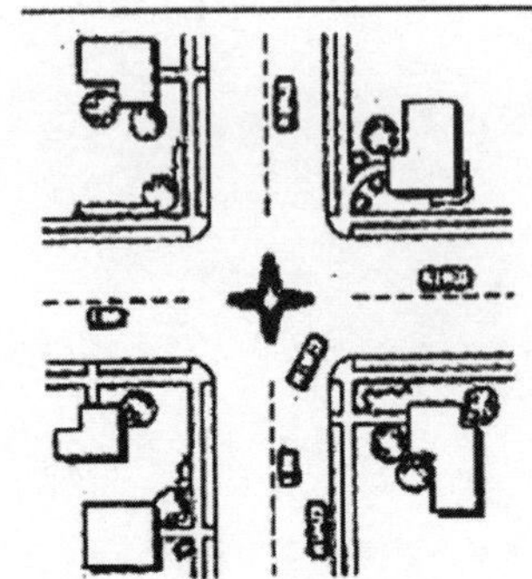

图 4–29　交通安宁的“流量控制措施”

这些设施主要包括：

① 将道路的平面线形设计成蛇形或锯齿形，迫使进入道路的车辆降低车速，也使外来车辆因路线曲折而不愿进入，从而达到控制车流的目的，同时曲线形道路能够提升道路景观。

② 在道路的边缘或中间左右交错种植树木，从而产生不易进入的氛围，以减少不必要车辆的驶入，同时道路上种植的树木改善了道路景观，美化了环境。

③ 在道路交叉口处将道路设计成凹凸状，即将路面部分抬高或降低，使车辆驶过车身颠簸，给驾驶者以警示。

④ 在确保车辆可以通过的前提下间断性地缩小车行道的宽度，从而造成不易通过的视觉效果。

⑤ 在道路铺设上采用不同的颜色和材质，在视觉上形成印象驼峰、印象槽化岛，从而引起驾驶员的注意，减速行驶。

⑥ 通过在交叉口设置斜路障、在路端上设置行路障来限制车辆的转弯或前行。

⑦ 在入口或道路交叉口设置形象的交通标志传达限速、禁转等交通信息。

国外安宁交通的控制措施主要可以分为两类：流量控制措施和速度控制措施[1]。流量控制措施主要通过削减、疏导交通流量来达到保护交通安宁的社区环境的目的（图 4–29）。速度控制措施主要通过对道路几何线型进行调整来限制车速，以达到交通安宁的目的（图 4–30）。

2）宜居住区交通组织优化

倡导在开放的道路网络基础上实行“多样化出行”与“人车适度分离”的住区交通组织模式，通过技术手段解决住区车对行人造成的不安全性，实现人车和谐共处，加强居民间的日常交往，增强居民的安全感和归属感。

要想改变现在“车行导向”带来的种种不利因素，应该丰富居民对出行方式的选择，对住区道路不同交通方式线路进行合理规划，鼓励和保护步行、骑自行车等生态环保的交通出行方式和乘坐公共交通的出行方式。通过多样化的出行方式，逐步降低对机动车交通的依赖程度，可以有效缓解住区乃至城市的交通压力。具体措施如下[2]：

（1）将公交站点有条件引入到住区开放道路上，方便居民就近乘坐公交车，并制定合理的公交出行线路。

[1] 许建和，严钧 . 对当前住区人车交通组织模式的思考 [J]. 华中建筑，2008（10）：179
[2] 张海明 . 城市居住片区交通微循环系统研究 [D]：[硕士学位论文] . 西安：西安建筑科技大学，2011：123

（2）考虑利用住区部分道路，打造开放、畅通的居民步行道路系统、自行车专用道路系统。

（3）确保住区周边机动车道、人行道合理的横断面宽度，保障不同出行方式合理路权，以保证住区居民多样性出行方式的衔接。

为了保障“人车共存”模式的实现，需要建立在对不同区域各种交通量分析的基础上，对住区道路网络进行有针对性的改造。例如，对于穿越性交通量比例偏高的住区道路，采用交通静化措施对其进行调整，通过设置花池、减速拱、植树或改变道路宽度等方式，实现对需要改造路段的流量控制和速度控制[1]。

在静态交通方面，随着机动车数量的不断增加和住区用地的紧张，应充分发挥土地使用效率，采用立体式交通分流，在为居民提供方便、快捷、安全的出行方式的同时，走集约化开发路线：

（1）对人车进行立体分流；利用住宅地下空间、场地地形高差等有利条件将人行和机动车在垂直方向上分开，结合住区基本居住单元入口分流机动车停车，地面恢复后可以开辟绿地和室外活动用地，有利于改善住区小环境；针对住区内的基本居住单元数量采取片区式管理模式。

（2）在住区公共设施或商业店铺前可以适当扩大道路断面或结合建筑局部架空，有条件的设置路边停车位，方便居民的购物休闲。如若住区交通量或停车需求较为集中，可以在地块上单独设置社会停车场。

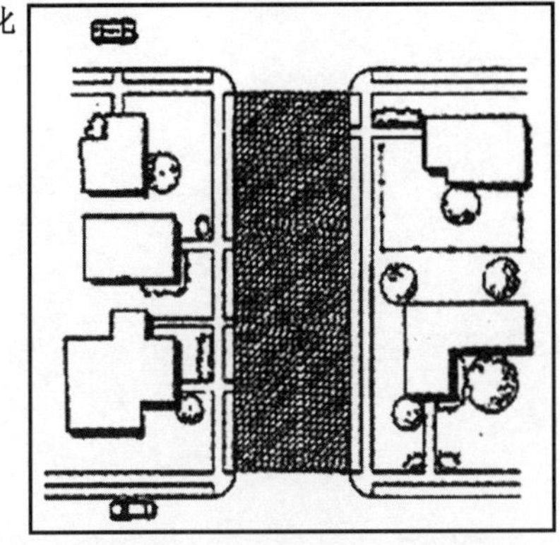

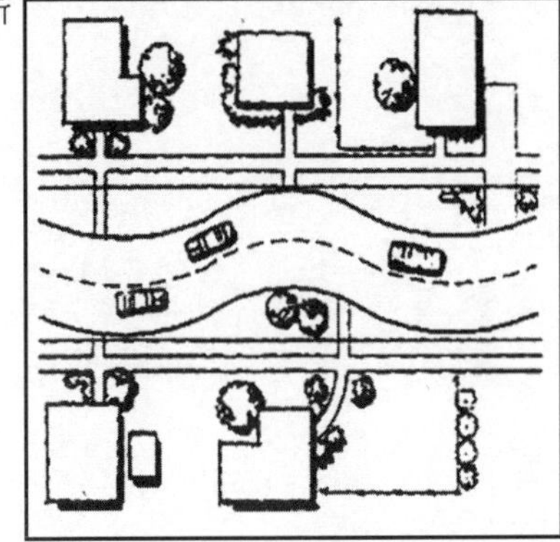

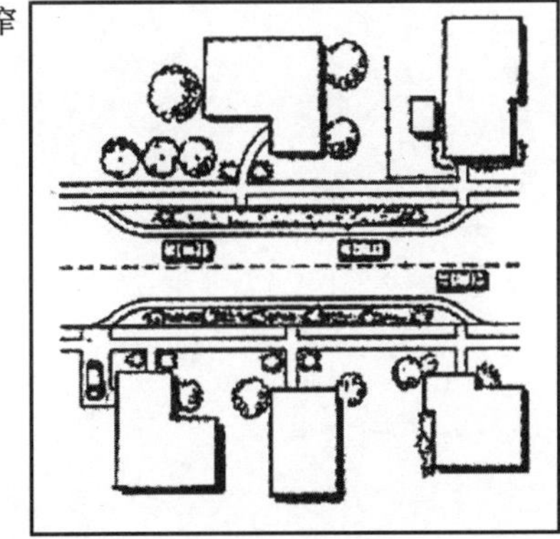

图 4-30　交通安宁的“速度控制措施”

4.5　宜居住区的建筑体系

住区的建筑体系作为住区形态空间最基本的组成要素之一，不仅会对住区整体形象及其内部空间产生影响，也促进住区及城市公共空间和街道空间的形成。因此，我们所提的住区建筑体系并不仅仅是单纯意义上的一栋栋独立的住宅，而更关注这些单体建构的形态空间及其所表现的住区精神层面的意义。从前文的论述中我们知道，宜居住区以基本居住单元作为基本组成要素，而数栋住宅单体的围合与组织构成了基本居住单元。居民对住区的认知和日常活动交往是从住宅单体围合的院落空间开始的，这些微环境的妥善处理对形成住区整体空间、塑造良好的居住生活氛围起到十分积极的作用。因此，完善这一层级的空间形态建构将作为住区建筑体系研究的重点，而对住宅套型的分析此处不做过多探讨。

[1] 详见马强. 走向“精明增长”：从“小汽车城市”到“公共交通城市”. 北京：中国建筑工业出版社，2007：214-218 中有关交通安宁措施的论述。

4.5.1 院落空间设计

1）围合感的营造

一般来说，人们对院落空间的理解是基于空间限定的方式而形成的，以空间限定定义的院落空间是以“围合”为本质特征的。围合的形式多种多样，通过围合避免外界干扰，人为地创造出具有一定领域感的小环境。这种围合具有一定的内向性特征。

首先，围合不等于封闭。人在一个空间获得领域感的同时，还希望能够与外界保持一定的联系，尤其是视觉联系，借此来确定并彰显自己在社会空间中的存在和位置。过于封闭的空间完全隔离于外界空间的连续性，使人的日常活动和交往受到限制，使生态自然要素不能渗透。亚历山大在他的《建筑的永恒之道》一书中指出“完全封闭的庭院没有生气”[1]。因此，住宅体系中的院落空间应既有一定的围合，同时又是非封闭的，具有一定的开放性、渗透性，是与更大、更公共的城市空间领域相衔接的空间[2]。

其次，住区建筑群要处理好“围合”与朝向、日照之间的关系。一方面，我国《城市居住区规划设计规范》规定，城市居住区的有效日照大寒日不应小于2小时，这就限定了住宅单体之间间距的最小值。而纬度越高的地区太阳高度角越小，要想达到满足规定的日照时长就需要更大的间距。开发商为提高容积率常常利用退台、高低配置、平面错位等方式控制最小的日照间距，这些方式同样可以应用到院落空间的塑造中来。将明媚的阳光引入户外院落，减少院落内的阴影面与日照死角，将提升居民在此空间停留的可能，增加室外庭院的活力。由于控制间距的关系，宅间院落空间尺度往往较小，这就需要我们把握建筑与院落的尺度关系以及通透开敞方向。因此，在处理两者之间关系时可考虑适当的平面错位、南侧单体高度控制，同时利用住宅的组合形成东南向或西南向的院落通透，达到“亮化”空间的效果。另一方面，由于我国气候与生活习惯的制约，国内住区的住宅单体一般为南北朝向，这就容易形成一排排体量松散的板式住宅，与院落空间围合感的营造有一定的矛盾之处。然而，我们倡导的宜居住区建筑体系不仅需要考虑住宅套型内部空间的使用，还应利用建筑单体创造积极的外部空间，因此，除了采取一些技术手段（如建筑平面处理、遮阳措施、墙体保温隔热、双层玻璃窗等），以及功能的转化（如沿街商业、办公以及服务设施等）外，也应根据不同朝向住宅的优劣进行差异化设计，增加住区建筑的多样性。针对这一点，笔者将在后文中做进一步论述。

第三，院落空间应在开口的处理方式上仔细斟酌，正是由于这些开口的存在使得住区外部公共空间能够渗透其中，即保证各层次空间的完整性，又丰富了空间视线、

[1] C 亚历山大，著．建筑的永恒之道．赵冰，译．北京：知识产权出版社，2002
[2] 于泳．街区型城市住宅区设计模式研究[D]：[硕士学位论文]．南京：东南大学，2006：39

景观的多样性。在处理开口关系时应控制开口数量，保持围合感；同时开口的方式应力求多样化，增加可识别性。

2） 空间尺度控制

院落空间的形态塑造不仅需要在感性认识上强调围合感的存在，而且对三维空间尺度的控制同样重要。通过适宜的尺度营造一种亲切怡人的院落空间是住宅设计中不可忽视的一个问题。

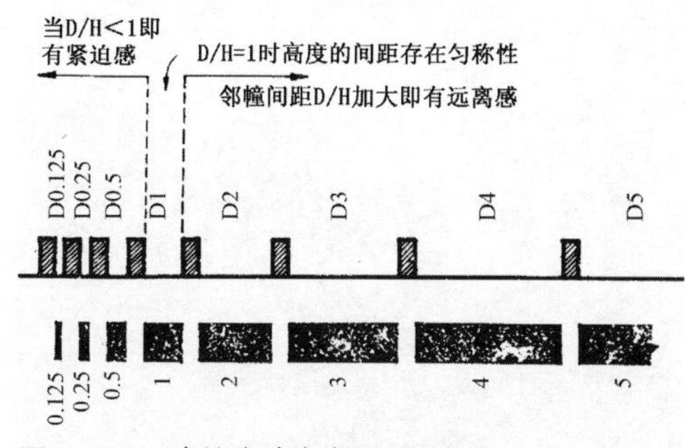

图 4–31　建筑高度与间距的关系

根据芦原义信在《外部空间设计》一书中关于两建筑之间的距离 *D* 与建筑高度 *H* 之间关系的论述（图 4–31），有学者提出住宅户外院落空间的 *D*/*H* 应在 1 ～ 4 之间。然而严格地说这样大范围的空间还有待于继续划分，因为这样的空间也有相对疏远与相对亲近之感受。当 *D*/*H* 在 1 ～ 1.5 之间时常常是控制多层及中高层住宅的最小间距，也是人视觉不受干扰的最低条件。当 *D*/*H* 在 1.5 ～ 2.5 之间时亲情感与人情味之感受较理想，且又不感到压抑，它较适合于基本居住单元的户外院落公共空间的尺度，邻里交往空间更易体现。当 *D*/*H* 在 2.5 ～ 4 之间时，不宜形成内向性的交往空间，不适合在基本居住单元院落中采用。

例如一般 6 层住宅高度通常在 18 m 左右，如果按照 *D*/*H* 在 1.5 ～ 2.5 之间计算，围合的院落空间的广度则在 27 ～ 45 m 之间，这个距离正好使人们可以互相看清对方的脸部，所以空间具有舒适亲切感。芦原义信在《外部空间设计》中提出 1/10 理论，即外部空间尺度规模采用有亲近感的内部空间大小的 8 ～ 10 倍。按这个理论设想，我们住宅中的卧室应属最具亲近感的空间，其尺寸通常在 3 ～ 4 m 左右。以人们喜爱的 3.6 m 空间为据，将其尺寸扩大 8 ～ 10 倍，即边长为 3.6 ×（8 ～ 10）= 28.8 ～ 36 m 的外部空间，其尺度与上述数据大体相当。以上所谈的建筑高度 *H* 是指两建筑高度相同时所围合的空间，在实际设计中往往有高层建筑与多层建筑结合布置或互相穿插布置，这就不可避免地出现高低不同的建筑围合成的院落空间，从视觉而言这样的空间其 *D*/*H* 之比的 *H* 应取两建筑高度的平均值较为合适，即 $(H_1+H_2)/2 = H$ 来确定住宅的平均高度[1]。

3）空间层次设计

住宅单元及其围合的院落空间是居民日常生活的必经场所，打造“以人为本”的住宅院落不仅需要空间尺度的把握，而且应顺应居民的认知规律塑造丰富的空间层次。院落空间好比住宅套型中的“室外客厅”，过于单板的空间层次势必造成视觉疲劳，极大地影响居民的生活品质。

同济大学田宝江教授将住区外部空间分为三个层次[2]。其中第二层次即空间的内

[1] 于泳．街区型城市住宅区设计模式研究 [D]：[硕士学位论文]．南京：东南大学，2006：42-43
[2] 田宝江．居住区外部空间设计层次论 [J]．城市建筑，2005（3）：5-6

图 4-32　建筑的围合与小品、绿化共同塑造院落空间

部界面特征的介入（建筑的材质、色彩、细部构造、体量穿插、光影变化等），使空间成为了具有某种精神和意义的场所，并且由于其与空间中人的活动紧密相关，对人的空间感受的影响十分强烈。第三层次是指植物、小品、铺装、灯具等环境要素。一般而言，它们是最接近人的空间元素，人们对其可触、可闻、可观、可感，因而它们所形成的空间感受也更加强烈。相比于宏观层面的第一层次，这两个层次由外至内、由远及近，从不同的视线高度、空间效果来塑造微观院落空间的丰富表情（图 4-32）。因此，强调了第二、三层次限定的设计，丰富了空间界面的特征，强化空间细部与近人尺度小环境的处理，住区整体居住环境能使人感到亲切、宜人，同时也在细微处体现出住区的整体品位。

4.5.2　居住类型多样化

前文已论述了我们倡导的住区空间模式的建筑体系并不是拘泥于住宅套型内部空间的使用，还应利用建筑单体创造积极的外部空间，这就需要我们对住宅的使用功能、使用人群及使用方式进行进一步的思考。

现行的《住宅建筑设计规范》在这方面缺乏弹性。规范规定，住宅必须成套设计，应包括起居室、卧室、厨房、卫生间、储藏空间和阳台六个部分，而且不允许出现纯北向住宅。实际上，除了套型完整的住宅外，城市居住建筑还存在大量的公寓类型。随着新经济以及信息时代的来临以及城市人群的多样性，城市住宅正从单一类型家庭为基本单位向着多样化的居住主体转变，如“空巢”家庭、“丁克”族、“两代居”、老年公寓、单身公寓以及投资型购房等，此外，将住宅与工作空间合并设置，即所谓的“SOHO”公寓，在许多大城市也有一定的需求[1]。多元化的居住主体有着各不相同的住房要求，例如公寓的住户一般为年轻人，白天上班在外，因此在功能上（朝向、间距、成套率等）可以放宽标准，这使得住区在建筑形象的塑造上有了多样化的选择。巴黎 Bercy 社区在建筑类型的处理上就采用多样化的选择，开发商邀请不同的建筑师在独立地块内设计住宅，力图贯彻现时城市文化特征与自身思想理念，运用多种设计手法与符号，丰富了住区建筑形态（图 4-33）。

此外，有学者认为住宅开发不应将出售作为唯一的形式，可以与我国保障房建设相结合，实行租售并举。与今天中国城市住宅高达 80% 以上的私房拥有率相比，欧洲、日本、新加坡等国城市住宅的私有化程度一般在 50%～60% 左右甚至更低，出租住宅在市场上占有很大的比例。1990 年代以来，日本城市的住宅开发多为租赁性质；欧洲许多城市的住宅也是出租（分为市场出租房和福利出租房等多种形式）与出售结合，德国首都柏林的私房拥有率仅为 10%，80% 为各类出租房[2]。出租住

图 4-33　巴黎 Bercy 社区的多样化住宅形式

[1] 朱怿 . 从“居住小区”到“居住街区”——城市内部住区规划设计模式探析 [D]: [博士学位论文]. 天津: 天津大学, 2006: 92

[2] 同 [1]

宅由于住户的流动性，在功能要求上（朝向、间距、成套率等）可以放宽标准，以适应不同人群、不同阶段的需求。现有规范也应在这方面做出一定的调整，赋予出租住宅在规划及建筑性质上一定的独立地位，丰富城市住宅的构成体系，不必所有的住宅都是面面俱到。

4.5.3 住宅界面空间处理

1） 底层空间处理

住宅底层空间在面向开放街道和广场设置便利店、餐饮、休闲等公共设施时，可以结合街道进行空间拓展（图 4-34），将路边的小品、花坛、铺装等纳入底层空间的一体化设计中，结合一些底层架空停车，便于吸引人流。在自身空间处理的同时，要防止底层商业对上层居民的干扰，而且要处理好流线关系，保持内部庭院的安静。

图 4-34　住宅底层空间利用

住宅底层空间在面向内部院落时，可以从居民休憩、交往、健身等日常活动需求着手，设置各种主题的微观公共空间，促进各单元间居民的互动。院落空间的绿化景观也是可以借用来塑造底层空间的要素之一，在微环境中形成“借景”的效果，进一步提升空间的品质。

2） 转角搭接处理

住宅单元在组合形成院落围合的时候往往需要思索转折关系与转角的搭接，转角空间最能体现住宅单体的形态与结构特性，是衔接内外空间的重要节点。在转角空间的处理上一方面可以采取错动搭接突出重点的方式，丰富空间的进退关系，使住宅主要形体更加凸显出来；另一方面，单元与单元间的衔接还可以进行弱化处理如转角透空、设置空中连廊等，增强空间的通透性。

3） 组团入口处理

由住区外部开放空间过渡到院落空间需要空间边界的界定，这就涉及以入口的提示限定空间领域的问题。在这里入口的概念远超过具象的门，本质上是一种能唤起人们空间变换感的手段，对居民形成归属感、领域感及场所感有重要意义。连接外部开放空间和院落空间的入口的设计，在强化住区基本居住单元的主题个性方面很有功效，目前常用的入口处理方式有以下几种[1]：

（1）过街楼

采用过街楼的方式是在住宅的底部开辟开口，使繁华的城市生活与安静的居住生活相互贯通。多数设在街道“边”的部分，也有的设计把它放在角部，使街角富有生气。

（2）门楼

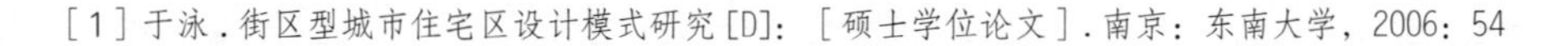

[1] 于泳．街区型城市住宅区设计模式研究[D]：[硕士学位论文]．南京：东南大学，2006：54

图 4-35　包赞巴克设计的巴黎住区门楼透视

门楼通常设在两住宅之间，其往往是形体处理的重点部位。它吸取了过街楼的特点加以发展变化，成为一种象征性的标志，利用光与影、装饰构架等手法，突出了入口的含义，给人以明确的信息（图 4-35）。

（3）升起或降低地坪

如内外高差较大，可采用升高或降低地平的方法来强调街坊的入口，目前有不少街坊采用半地下停车的方式，用车库的顶层作为街坊的内院，这样内外往往有半层左右的高差，采用这种方式来处理可增加景观层次。

4.6　宜居住区的景观体系

随着居民对生活品质要求的不断提高，住区的景观环境成为影响购房选择的重要因素，开发商也投其所好地在景观设计上大做文章，花样百出。然而在景观体系的整体建构中过于注重景观物质空间的形式化，纠结于美学原则、构图要素，忽视了人们亲近自然、放松身心的渴望，很多居民只是“住区入口—自家单元入口”一条线上的匆匆过客，却无法真正享受住区景观。因此，我们提倡的宜居住区的景观体系必须回馈给居民一种“家园”所具备的地域认同感，通过景观环境的塑造来影响参与者或使用者的心态和行为模式，强调“人”为主体的互动交流，增强住区景观的开放度与感染力。

当今社会，人类更加渴望回归自然，怀念富有自然气息与人文关怀的社区生活，“以人为本”的住区景观“互动”建构是衡量住区景观建设成功与否的关键，也是住区景观设计不同于其他景观规划设计的重要特征。“以人为本”中的人包括不同地域的人、不同阶层的人、不同年龄的人等。景观设计只有在充分尊重自然、地域、文化的基础上，结合不同类型人的需求，才能体现“以人为本”的真正内涵[1]。而住区景观的“互动”这一概念，旨在针对当下住区人际之间冷漠、住区景观流于形式的现状，调动人与各种景观要素的互动性、共享性、层次性。不仅是狭义上住区内人与人、人与环境之间的互动，更需强调住区各层次景观之间的渗透与协调，促进住区环境与城市空间的协调一体化，营造面向城市开放、生态关系调和、社会关系融合的“互动”景观。

4.6.1　景观空间的互动性

“人类本来就和绿地有着共生的命运[2]。”

[1] 张国忠，邢强．“以人为本”的住区环境景观设计 [J]. 景观设计，2006（9）：18
[2] 芦原义信，著．街道的美学．尹培桐，译．天津：百花文艺出版社，2006

住区景观环境的塑造，应能传达给居民适宜的景观感受，使其在欣赏美景的同时，希望加入这样的场景，并乐意与不同地域、不同年龄的邻居们共同分享景观和在这样的场所交互活动。景观环境不应是摆放在住区内供人观赏的盆景，而应能引发人们关于心目中理想家园和谐氛围的共鸣，使人们在这样的景观环境中既能暂避外界烦扰，又能在与人互动的景观中愉悦和充实个人的精神世界。

图 4–36　建外 SOHO 多层次的景观塑造

首先，住区内居民结构丰富、层次多样，但对于选择同一片区购房居住的居民而言，他们的价值观、经济状况、消费水平、生活习性、审美倾向等方面一定具有某种程度的相似之处。因此创造“以人为本”的互动景观，需要了解住区内居住人群的生活喜好与对环境的特殊需求。年龄差异是导致居民日常交往活动的主要因素之一，我们不妨将居民按照年龄分类，根据从儿童到老人各年龄段人群的景观需求及活动内容进行差异化设计，综合提高各人群互动的可能。

其次，目前大多住区内的植物只是作为点缀空间的装饰品，与居民的日常生活毫不相干。这种漠视带来的是对周围一草一木的无动于衷，随时间的增加更显生活的平淡无趣。因此，景观设计的互动性可以延伸到人与植物的互动中来，提倡居民参与住区植物保育工作，鼓励居民认养植物，或号召居民集体参加住区的植树绿化日活动，促使居民在日常生活中主动关注住区内的花草树木，并与这些自己接触频繁的植物建立感情。

第三，住区景观环境作为居民交往互动的场所之一，需将其视为整体空间系统考虑，避免“各自为政、各行其是”的低效率运作。住区景观体系的互动性营造，事实上是将不同功能和景观特征的户外空间加以有机组合和交互渗透，有意营造住区的整体家园归属感，而非将住区内部划分为若干不通往来的封闭空间[1]。不仅在基本居住单元内的院落空间具有宜人的休闲场所，不同单元、区域之间也能通过各具特色的景观环境互相串联，居民在欣赏自家窗前美景的同时也可经由景观廊或步行道，舒适、惬意、安全地漫步于各具特色的景观区域，促进与其他区域居民的互动。在营造景观空间时，可以结合乡土人情、地域文化、商业氛围、运动休闲等赋予这些特色景观区域某些特定的主题，在不同主题的营造下形成特色鲜明的景观风貌。比如，北京建外 SOHO 中设置了音乐喷泉广场、商业空中步道、幼儿嬉戏乐园等多种主题开放空间（图 4–36）来迎合不同居民的需求，对于居民社区归属感的培养十分有益。

4.6.2　景观空间的共享性

强调景观空间的共享性亦是从“以人为本”的建构原则出发，从内与外两个方面加强空间与空间、人与人的互动效应。对外致力于寻求各局部环境与大环境之间的有

［1］姚雪艳．我国城市住区互动景观营造研究[D]：［博士学位论文］．上海：同济大学，2007：21

机联系与融合，将保证城市公共空间的连续性与完整性。对内的共享体现在各组团、单元、群体对环境资源利用的充分与均好，充分发挥各层次景观的辐射影响与空间效果。

1） 景观空间与城市共享

当下许多住区配套的中心绿地面积相当可观，但大多数都被“束之高阁”，封闭于住区的中心区域，对改善城市景观与公共空间毫无意义。构建开放的住区公共空间网络体系需要我们打破原有界限，一定程度上开放的住区景观与公共活动空间，不仅可以丰富城市开放空间的多样性，而且可以通过改善周边城市环境品质，提升自身的社会价值。

要想打开原先封闭于住区内部的中心绿地为城市所用，应改变现有住区公共景观的开发布局模式。从前文可知，进一步细分住区地块让住区主要公共绿地结合城市路网独立开发，可以促进住区多元化景观的均衡发展，也将为周边城市提供具有相当吸引力的公共空间。有学者在借鉴美国卓越的城市公园开发经验基础上提出将住区公共景观活动空间设计成开放的城市公园，认为这有助于城市公共绿地系统的完善，并能提升住区沿景观带商业店铺的价值。为使景观空间与城市共享，重要的手段是增强其“可见性”与“可游性”[1]。

（1）可见性

住区景观的“可见性”是指与城市景观的视觉互动。将精心打造的中心景观赋予城市的“可见性”，既对改善城市面貌大有好处，还有助于住区品质的提升，不失为一种双赢的选择。

（2）可游性

住区景观不仅要在视觉上协调互动，还应注重人在其中的动态感知。住区内街道与广场的结合、开放空间的收放、轴线与对景、转折与节点共同构成丰富的城市空间序列。促进住区景观的“可游性”是保证城市空间丰富而连续的必备条件。无锡万科魅力之城各个片区均采用住区景观开放使用原则，以公园绿地为核心，加上保存与再现地块水系，明确区分各个公园与绿地的不同性格，布置各种户外运动与休闲活动主题，丰富了居民的生活。

2）住区内景观空间的共享

住区内景观空间的共享应以每个单元都获得良好的景观环境效果为设计出发点，避免出现“楼王”一家独大的严重差异性。景观营造中应强调住区环境资源的均好性，这里是指住区内不同区域的居民都能就近欣赏或体验到程度相似的景观。因此，在基本居住单元内应强调围合功能较强、环境要素丰富、主题丰富的院落空间，达

[1] 杨靖，马进．与城市互动的住区规划设计，南京：东南大学出版社，2008：165-169

到归属领域良好的效果，从而创造温馨、多元、安静的生活场所。尤其是在设置环境要素时应重点考虑老人与儿童的使用习惯，增加步行活动空间，创造各种亲近自然地机会，丰富环境亲和力。

4.6.3 景观空间的层次性

住区微环境作为完善城市公共空间体系完整性与连续性的保障，我们需考虑在不同层面与不同类别的人或空间进行互动，构建一个多层次开放有序的景观空间体系，满足人们对不同层次空间的多重需求。景观空间的层次因服务于不同等级的对象而引发开放程度、空间形态建构的差异，不可等同视之。

1） 建立有序的层次

从居民的心理与审美出发，住区景观空间可以分为社区领域、邻里领域、家庭领域等三个层面，由此呈现公共的、半公共的、半私密的特征，形成由外而内、由动至静、从公共向私密渐进的空间序列[1]。住区景观空间应该明确各层次空间的特点与形态，不同层级应当对应不同类型的活动与交往行为，才能促进景观的互动与共享（图4–37）。首先是住区中心绿地、社区公园，属于社区领域；通常设置在住区主要开放道路两侧或数个组团的几何中心，面向城市居民开放。它是居民集体休闲活动的重要场所，主题设置时应兼顾各类人群需求。其次是单元围合的院落空间，属于邻里领域，仅对组团内居民开放。对居民来说具有较强的领域感和归属感，在营造空间氛围时应注重景观的亲和力和内聚力，有助于促进邻里关系的和谐。最后是单元底层的绿地空间，属于家庭领域，主要服务于住宅单体本身的居民。它旨在创造自然与个人的亲密接触，在花花草草间体会“足不出户”的自然之美。三个层面的空间之间应注重层级衔接从而形成递进的关系，通过各种过渡等手段将各层次空间有机地联系起来，从公共到私密，大规模到小规模逐层分支和过渡形成整体而连续的空间序列。

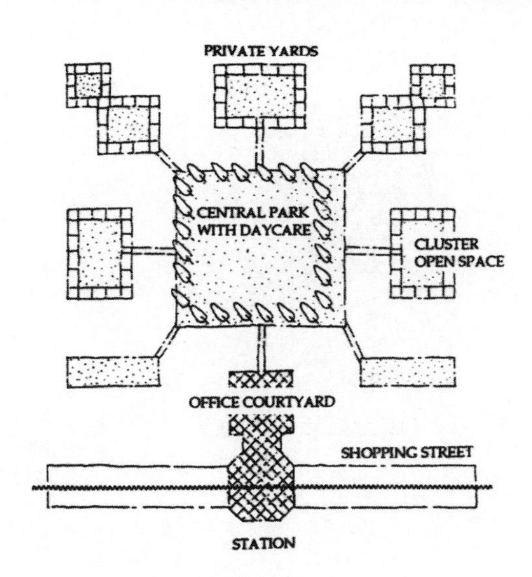

图 4–37 景观空间的层次性

2）建立层次间的递进关系

住区景观空间形成大尺度对城市开放与小尺度供内部使用的整体空间格局。根据上文对景观空间的层次划分，集中设置的大尺度空间结合大型公园等与公共设施、公共交通形成与城市共享的外向型空间，而小范围的邻里与家庭层面应保证必要的安全性与私密性，根据公共活动需求逐层开放。这种层层递进的层级开放与衔接方式，在开放空间上能很好地融入城市肌理和生活，形成良好的衔接与多层次的开放特征。各层级开放空间之间并非通过围墙来进行隔断，而是通过各种空间的暗示、转折、递进、引导等手法实现开放空间的自然过渡[2]。

[1] 张国忠，邢强．“以人为本”的住区环境景观设计[J].景观设计，2006（9）：18
[2] 劳炳丽．规模住区开放空间建构策略与规划方法研究[D]：［硕士学位论文］．重庆：重庆大学，2009：28

4.7　宜居住区的边界空间

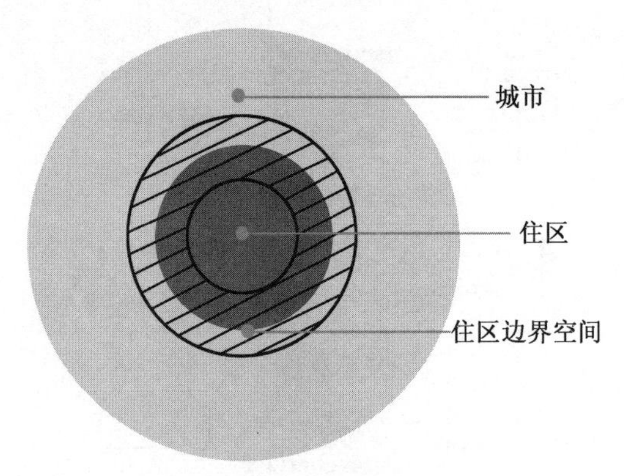

图 4-38　住区边界空间示意图

边界是界定不同事物之间关系的空间介质，通常由体现对象空间关系的分界面构成。对城市而言，边界是伴随着空间环境的产生而存在的。它不仅有效区分界定了各种类型的城市空间，而且成为促进各空间之间相互联系的重要媒介。在此过程中，边界地带产生了具有融合相邻异质空间特点而又不失其个别特性的特殊空间[1]。

本书讨论的住区边界空间是区分和联系城市空间与住区内部空间的过渡区域，集“公共性”与“私密性”于一体，城市空间可以由此渗透入住区内部，而住区空间通过它与城市公共空间进行协调(图 4-38)。正如格式塔心理学中“图形”与“背景”之间体现的轮廓线反转关系（图 4-39），住区边界空间在承担住区内部微环境界限划分的同时具有城市公共空间的属性。住区边界对于住区整体空间的形成和使用状况具有十分重要的意义。许多研究表明，活动是从内部和朝向公共空间中心的边界发展起来的，“如果边界不复存在，那么空间就决不会富有生气”[2]。住区边界空间的活跃程度对城市环境质量以及住区内部公共空间的活力都有着重要的影响。因此，如何处理边界空间在内外之间的协调关系，保持边界的日常生活属性，激发住区生活空间与城市公共活动空间的互动，对宜居住区的营造具有十分重要的意义。

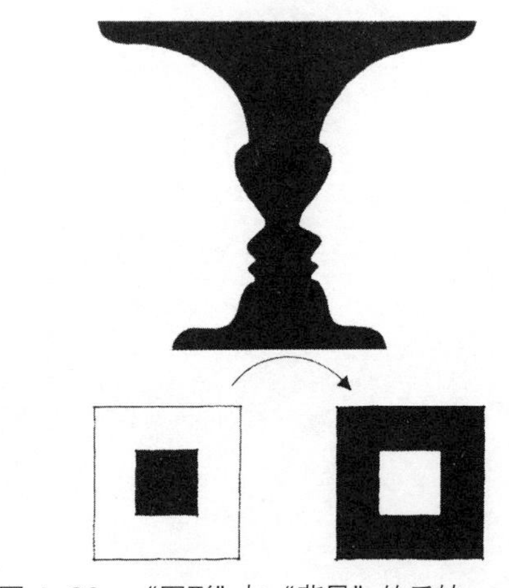
图 4-39　“图形”与“背景”的反转

4.7.1　对当前住区边界空间的反思

随着人们对生活品质要求的提升，开发商不惜重金打造花样百出的住区内部环境，却忽略了外部环境的设计，使得住区边界缺乏与城市的互动，呈现出僵硬冷漠的表情。出现这种问题的症结主要体现在以下三个方面：

1）结构的封闭

当今的城市住区为了打造所谓的高品质，将所在区域完全包围起来，使得该区域自身的体系独立于其周围的环境而自成一体，导致其封闭的结构与城市的整体结构完全脱节。这样，住区边界就单纯体现出线性特征，将空间明确的划分为内部领域和外部领域，内部秩序可以独立存在，而不必考虑外部秩序，这样住区内部就是有限结构，而外部则处于无秩序的状态，与内部结构完全没有关系[3]（图 4-40）。这种结构的封闭不仅仅体现在用围墙建立牢固的边界，而且完全自我封闭的模式使住区成为城市中的“死结”，无法融入城市生活环境中去。

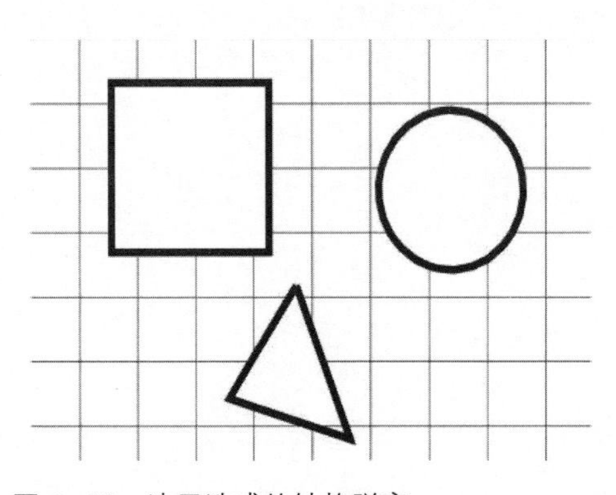
图 4-40　边界造成的结构脱离

近年来，陆续出现一些住区如北京的当代 MOMA 城，以“开放界线、融入城市”

[1] 王江萍，曾建萍．城市住区边界空间设计初探[C]// 生态文明视角下的城乡规划——2008 中国城市规划年会论文集，2008：1
[2] 罗伯特·文丘里，著．建筑的复杂性与矛盾性．北京：中国水利水电出版社，2006
[3] 袁野．城市住区的边界问题研究[D]：[博士学位论文]．北京：清华大学，2010：102-103

为噱头，在空间形态的塑造上表现出“开放”的姿态。然而，这些开放的住区依然无法摆脱作为产品、商品和作品的特征，以自成一体的结构彰显出其独特的个性，营造了更具封闭性的场所空间（图 4–41）。边界空间的所谓开放只是流于对外展示的一层皮，并没有真正打破封闭组织的框架，让这种过渡性区域成为无人问津的场所。

2）空间停留性差

我国城市住区建设普遍遵循“退线”的做法，这就形成了建筑控制线与用地红线之间一个较为含糊的边界空间地带。由于退线建设的限制，开发商只管自己建筑控制线范围内的住宅开发，对待这片权属属于自己而又无法建设的区域采取种树、植草、建围墙等方式草草了事，使得原本担负内外互动的开放空间成为“飞地”。一方面，边界空间的营造无法跟上住区核心景观的建设层次，偏居一隅使得管理上存在难度，并不能成为住区内部居民休憩、活动的理想场所。另一方面，单调冗长的绿化隔离带如同大马路边的行道树并不能带给住区外居民停留的意愿与理由，这个地带往往被人们忽视，利用效率低下，成为城市尴尬的“残余空间”或无人使用的“失落空间”。

3）配套的缺失

我国城市居住区设计规范中对服务设施的配套是通过“千人指标”进行分配的。每个住区配套建设都尽量满足内部住户需求，以住区中心为辐射核心，这样即使是有条件的开放也因区位限制而很难提高使用效率。人流过于密集的边界空间除住宅底层商业店面外，一般不会设置可以让人驻留、活动交往的配套设施，人们到此除单纯的购物目的之外，绝大部分成为匆匆的过客。由带状绿化、围栏构成的空间单调乏味，缺乏自身特色与人性化设计，无法支撑边界空间作为城市生活场所一部分的作用。

凯文·林奇认识到“边界不仅仅是隔离的屏障，也是有效的缝合线[1]”。因此，我们应该对住区边界空间加以重视，改善住区边界空间，培养和强化“边界域”，诱发住区边界空间的边界效应，以此来营造城市空间场所感，为人们丰富的城市生活提供场所从而激发城市街道活力，促进住区边界空间与城市的交流互动，使其对城市做出应有的积极的贡献[2]。

图 4–41　当代 MOMA 城的内部园林庭院

4.7.2　住区边界空间的规划策略

1）边界模糊化

凯文·林奇在对其提出的城市五要素的论述中，认为边界（edge）的可识别性在城市空间形态的建构中具有十分重要的意义，这种边界清晰的思想一直扎根在绝大多数规划师的脑海中。然而，凯文·林奇式的边界是建立在对城市尺度的思考下

[1] 凯文·林奇，著．城市意象．方益萍，何晓军，译．北京：华夏出版社，2001

[2] 王江萍，曾建萍，城市住区边界空间设计初探 [C]// 生态文明视角下的城乡规划——2008 中国城市规划年会论文集，2008：2

所作的探讨，在更细微的尺度层面上，城市住区不仅仅需要有与城市总体形象配合的清晰界限，更需要有“以人为本”、关注住区居民日常生活交往的小尺度边界空间场所。“由于场所——存在空间都是以‘人’为中心的‘主体性空间’，人虽然对边界有一定‘清晰性’的要求，但也能够感知一种模糊的边界状态，换言之，模糊的边界对于人类而言是有意义的[1]”。

作为日常空间体验的重要特征，人们对于这种模糊化一直都存在着一种青睐。中国传统建筑的柱廊、日本的木格子、意大利室内外的铺装都体现着模糊的空间限定。正是这种明确存在而又难以划分的模糊产生了丰富多彩的空间体验，并激发人们互动交往的活力。

边界的模糊化对住区开放的促进以及与城市空间的协调都有着十分重要的意义。现行的封闭式住区利用围墙将内与外明确的区分开的同时，也将住区的活力与开放扼杀在自给自足的“方块”[2]里。通过模糊边界，我们可以改变现状，使住区边界与城市的接触面增大，提供尽可能多的交往渗透的机会，让城市与住区产生对话和交流。培根在《城市设计》中阐述对“方块”的介入时提到，在保持“方块”面积不变的情况下增大境界线长度表明“介入倾向与溶解内部与外部的明显界限”[3]（图4-42）。这种介入正是外部环境与住区内部的适当接触，所产生的模糊边界形成了大大小小的凹空间，为边界空间的利用提供了无限可能性。

形成模糊边界的关键在于处理这些可供人们活动停留的凹凸空间，这些看似无用的空间正是在人们日常生活中不可缺少的空间。因此，规划者要建立模糊边界和日常生活空间的概念，有意识地设计模糊的边界，克服对待边界的粗放式态度，精心、精细地规划边界空间，并能从人体尺度出发，挖掘土地的潜力，充分利用每一寸土地，经营小空间，力图使边界地带成为人可以和愿意驻留的场所，让边界效应真正发生作用，则可以为城市公共生活做出贡献。

2）边界中心化

我国住区受邻里单位、功能主义以及前苏联住宅小区规划的影响，长期采用配套设施集中于住区中心设置的单中心模式。随着城市生活的多样和交通的便利，使用率低下的邻里中心渐渐失去其不可或缺的价值，丧失了其凝聚社区功能和精神的枢纽作用。中心价值的降低必然导致边界价值的提升。边界空间作为住区与住区之间、住区与城市之间的纽带为促进居民交往、接轨城市生活提供了巨大的发展空间。

图 4-42　“方块”的介入与边界模糊进程

[1] 单军．建筑与城市的地区性——一种人居环境理念的地区建筑学研究．北京：中国建筑工业出版社，2010
[2] 详见《城市设计》第 49 页中关于方块的“介入”的阐述，埃德蒙·N 培根，著．城市设计．北京：中国建筑工业出版社，2003
[3] 埃德蒙·N 培根，著．城市设计，北京：中国建筑工业出版社，2003：50

边界价值的重新思考可以追溯到对邻里单位思想的批判。凯文·林奇和洛依·罗德温在上世纪六十年代对未来的城市提出了一个建议模型即“多重中心网”（multiple center net）。他们认为大都市有很多的焦点，这些焦点借由基础设施与绿带来作有机的联结。他们提出所有的地方都是中心，同时也都是边缘的新都市愿景。这种边界城市模型虽然是理想化的，但一针见血地指出了未来形成城市活力的形态空间，具有很好的借鉴意义。

当代城市的生活早已不是局限于小区之内，而是融入整个城市的网络之中。社会交往也不需要限制在社区中心进行。人的行为边界和心理边界的范围大大超出住区围墙所限定的范围。这个范围是不可量度的，也是不断变化的。功能的混合，人们对于领域感的变化都要求我们的住区结构更加开放，这样才能适应多变和流动的社会发展，并为今后的变化留出足够的弹性空间。边界的城市空间观使得开放的住区结构系统成为可能，这就需要住区的结构根据这种变化进行调整[1]（图4–43）。我们所提倡的“小封闭大开放”住区空间结构在建构开放路网、复合功能等方面为边界空间“中心化”的营造提供了良好的建设条件。将原先封闭于小区中心的生活性广场、生活性街道等开放空间移植到边界区域，有效利用边界的开放性，增加其公共性与生活性。

3）边界面域化

“如果边界不复存在，那么空间就决不会富有生气[2]”。对于住区乃至城市的公共空间而言，自发性的活动往往是一种产生公共社会性活动的基础，是评价一个空间公共性的关键。营造充满城市活力的边界空间需要的就是这种自发性的活动，仅仅有必要性或通过性的活动对产生空间活力毫无意义。通过观察不难发现，自发性的活动通常集中于公共空间的边缘地带或空间之间的过渡区域，这种青睐是因为空间边缘具有的多种可能性以及模糊性导致的。想要打破边界封闭的空间结构形成“内与外”空间互动效果，边界需要带动周边地带发生的活动并引入其中。

在微观尺度层面，既然我们模糊了清晰的边界限定使得住区内部与城市外部空间关系形成相对性，那么住区边界应该由单纯的线性向四周扩散形成面域化发展，增加边界的“厚度”将必然增加容纳各类空间与活动的可能。在边界模糊化中我们已经提到了周边介入形成了大大小小的凹空间，提供这些空间或间隙会使边界的摩擦力增大。“生活会如同河流遇到阻碍而沉淀下来，而不是如平滑的围墙所导致的拒绝和流失”[3]。

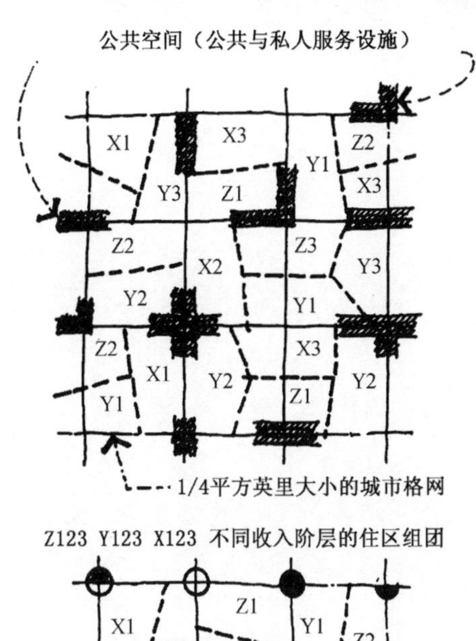

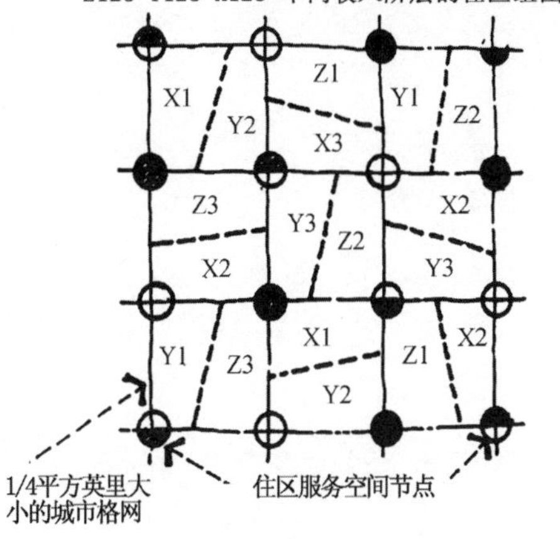

图4–43　边界模式的住区规划

[1] 袁野.城市住区的边界问题研究[D]:[博士学位论文].北京：清华大学，2010：188
[2] C亚历山大，著.建筑模式语言.北京：知识产权出版社，2002
[3] 袁野.城市住区的边界问题研究[D]:[博士学位论文].北京：清华大学，2010：200-205

将线转变成面并不是简单增加一堵墙进深的“圈地运动”，而是应在空间规划中更注重于从整体的角度组织空间，把握城市尺度结构与住区微环境之间的平衡，塑造积极空间。对于原先单层无厚度的边界，例如围墙、绿化带，其本体周边自发产生受其辐射影响的区域，需要关注的不仅是在平面上的拓展，还包括多层次空间的关系。袁野学者从广义的角度将边界空间分为三种含义：一是边界自身的空间，也可以称之为“凹空间”或边界“缝隙”；二是边界与边界之间的空间；三是边界的“层”，即边界自身的层次关系和多重边界形成的空间层次性。对于营造住区边界的开放性与公共性而言，首先，处理边界及其周边辐射形成的“凹空间”或“缝隙”，可用类似绿地、小型广场、活动场地等手段代替围墙、栏杆等明显的界定，同时将一些公共服务设施如商业设施、休憩空间等布置在住区边界，使其对外开放使用，增加使用人群的多样性。通过这种面域空间的功能化、人性化处理，增加居民停留活动的可能，精彩的城市生活才能在此上演。其次，多重边界的空间层次也是协调开放性、公共性与住区自身领域感的关键。中国传统的居住空间十分重视边界由私密到公共的过渡，作为边界的墙体也以多重形式存在，边界在这个层次递进过程中扮演关键的角色。我们倡导的“小封闭大开放”的宜居住区模式也是由封闭的基本居住单元逐渐过渡到与城市衔接的开放空间网络，这其中各部分边界的开放程度与融合方式各有不同。在处理不同开放度的边界时，应通过巧妙空间的设置，依靠层次的变化来创造适合特定活动的场所，而不需要明确的告示或通过人为的限制来告诉人们这是什么空间。如此营造出的边界空间体系不仅满足住区及周边居民的日常生活，而且以一种“起承转合”的多样性模式将各个空间串联起来，充分融入城市空间的整体结构中来。

4.8 结论

4.8.1 小结

本章从当前住区空间模式的反思出发，分析住区形态空间建构中存在的现实矛盾与问题，提出“适度开放”的宜居住区结构理念，倡导“小封闭大开放”的住区空间模式。借鉴国内外理论与实践经验，对宜居住区形态空间进行了系统阐述。

在空间结构上，倡导“小封闭大开放”的住区空间模式，将住区单元规模控制在合理范围内，转变微观道路—用地模式，构建开放的网络体系，促进住区道路、公共设施、开放空间与城市空间的协调一体化；在基本居住单元内部采用封闭模式，保持单元的稳定和安全，并使邻里得到足够的交往机会。

在功能布局上，依托微观道路—用地模式的转变，形成高密度、小尺度的地块功能混合利用方式；商业配套采用开放型设置，并应根据居民实际需求和城市环境特点，对服务设施的配置半径及模式进行优化，在保证服务便利性的同时，增加设施的共享性。

在道路交通体系上，对住区的基本道路模式进行适应性整合，并根据道路的不同性质调整分级策略，倡导道路功能的复合性与多样性。交通组织的优化引入“交通安宁”理念，提倡人车和谐共处并鼓励多样化出行方式。

在建筑体系上，一方面强调基本居住单元内住宅单元围合的院落空间的尺度控制与围合感的营造，并丰富院落空间的层次感；另一方面，处理底层空间、转角、入口等住宅单体节点空间的关系，在微环境中提升住宅自身的品质。

在景观体系上，提倡“以人为本”的景观“互动”理念，强化住区各层次景观之间的渗透与协调，调动人与各种景观要素的互动性、共享性、层次性，促进住区环境与城市空间的协调一体化。

在边界空间上，倡导打破现行封闭的边界空间结构，利用边界模糊化、边界中心化、边界面域化等策略诱发住区边界空间的边界效应，以此来营造城市空间场所感，激发住区空间的边界活力。

4.8.2　探索新的住区空间模式

针对本章节论述的“适度开放”理念下宜居住区的形态空间建构，笔者尝试提出两种住区空间模式的理想化模型（统一采用 1000 米 ×1000 米的地块进行说明）供大家探讨。

（1）模式一：城市新开发地区之基本居住片区（图 4–44）

这种模式主要是针对城市新建地区的一般性居住片区而言。根据城市现有的干道路网（为方便说明，统一采用 500 米间距的干道路网）将大地块划分为 500×500 米的 4 个地块，使得新的路网可以和已经形成的路网衔接。利用双“井”字微观道路—用地模式中布置下一层级的城市支路系统将每个大地块进一步划分至 3 ～ 4 公顷左右的居住用地合理规模范围内。在道路交通组织上，将居住片区内工整的格网系统部分优化为“T”字形交叉口形式，形成“步行优先、车流缓行”的安宁交通。在功能布局上，一个方向的干道沿线布置景观绿化带，干道与支路形成的片区中心地块布置公共绿地等共享的开放空间；片区级商业配套设施根据其 500 ～ 1000 米的辐射范围主要设置在另一方向的干道沿线，可根据后续发展需求作进一步扩张；住区地块间的城市支路依据各自居民需求打造生活性街道，并可考虑与片区级商业配套的一体化规划；幼儿园、学校等基础公共设施按照辐射区域最优化划分独立地块配置。

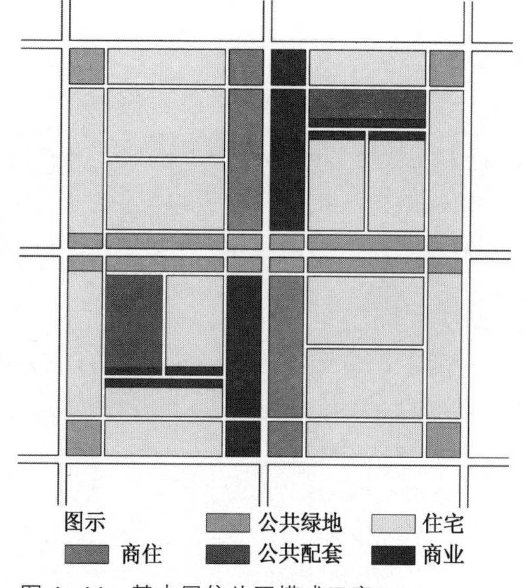

图 4–44　基本居住片区模式示意

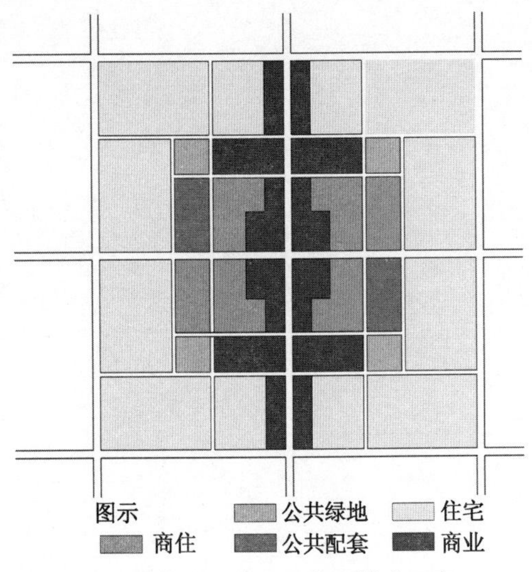

图 4-45　居住片区中心孕育区模式示意

基层居住片区空间模式在建设发展到一定成熟度，人气聚集到一定程度时，可考虑将靠近片区级商业周边地块功能置换为商住混合用地，形成功能复合、形态丰富的基本居住片区。

（2）模式二：城市新开发地区之居住片区中心孕育区（图 4-45）

这种模式主要是针对城市新建地区几个居住片区之间可能形成的片区中心而言。与前一种模式类似设置城市干道路网，将大地块划分为 500 米 × 500 米的 4 个地块。在每个地块内布置城市支路网，将地块进一步划分形成 2 ～ 4 公顷大小的类似向心风车状布局。在道路交通组织上，将 500 米 ×500 米的地块内工整的格网系统部分优化为“T”字形交叉口形式，并适当延伸部分城市支路与周边区域道路衔接为有机整体。在功能布局上，每个 500 米 × 500 米地块内形成的中心独立区域设置周边几个住区共享的开放空间或公共绿地，并利用沿住区地块间的城市支路空间完善基本的生活性商业配套及基础社区公共服务设施；城市干道交叉口划分独立地块孕育居住片区商业中心，并根据后期城市空间增长需求及区域居民入住率的提升，考虑沿城市干道向四周延伸，形成与住区基础社区级配套协调发展的商业配套体系。居住片区商业中心的逐步扩张，可带动周边地块复合功能的混合设置和置换，形成以多功能复合的共享型片区商业中心为辐射核心，辅以居住区域开放空间的居住片区中心孕育区。

5　宜居住区与城市的协调一体化

住区作为城市系统的重要子系统，其与周边环境及城市整体空间系统之间具有紧密的关联性，住区与城市的协调关系也是影响城市宜居住区建设与城市可持续发展的最直接、最基本的关系。从前文的论述中可以发现，我们倡导的宜居住区形态空间建构是建立在“适度开放”的基础上，遵循与区域空间结构及人的日常生活相契合的原则，促进以人为本的城镇住区整体建构。在这一过程中，住区形态空间组织的各个要素都对城镇整体空间形态的形成起到至关重要的作用，也是实现住区与城市协调一体化发展的重要手段。住区与城市之间的区域整合可以分解为构建“协调一体化”的道路交通、公共服务设施、公共空间等一系列子系统的问题上来，从而在物质空间层面解决快速城市化发展所带来的一系列现实问题，优化城市住区空间布局与规划，促进住区与城市整体的融合协调发展。

5.1　住区与城市道路交通体系的协调发展

5.1.1　道路网形态

1）现行城市道路网布局形式

住区是城市的一部分，因而住区交通也是城市交通的一部分。Stephen Marshall 在《Streets & Patterns》一书中，将城市道路划分成宏观和微观两个层面：宏观层面的道路就是承担城区交通道路，微观层面的交通则主要是承担住区交通的道路。宏观层面的道路网按其形态特征分成带状（Linear）、树型（Tree）、格网（Grid）三种基本类型，其中树型又分成枝状（Tributary）和放射状（Radial）两类；微观层面的道路网按其形态特征分成树型和格网状两种类型。宏观层面与微观层面的道路网相叠加，产生 8 种城市道路网的形态（表 5-1）。

宏观系统与微观系统叠加而成的 8 种基本道路网形态具有不同的交通特性。比如，在网格状的道路系统中，假设使用者从 A 点到 B 点，其间的道路对于使用者来

表 5-1 道路网形式

宏观 / 微观	带状	枝干状、放射状	格网
树型			
格网			

说具有均等的被选择机会，也就是说，有很多的可选择路径，路网具有较大的弹性。而在树形的道路网中，次道路与干道的“阶梯”关系，使得两点间的交通需要更多地依赖干道完成，在可选择的路径上也要比格网状路网少得多，同时也使“尽端路”尽量减少了外界交通对内部区域带来的干扰。这种“格网腐蚀”现象正是城市传统道路网络逐步向“小汽车时代”的超级街区转变的过程[1]（图 5-1）。

从近现代城市发展沿革来看，欧洲传统城市的道路网规划以格网为基底、广场为核心，强调在狭窄、密集、均质的城市街巷之间修建宽阔的大街连接广场，形成轴线放射；美国城市早期规划为尽量增加地块临街面，以很密的方格网道路来组织，道路不分主次、功能，交叉口间距很小，后来在芝加哥等规划中明确了市中心和城市分区，增设了通往各类中心的快速干道。随着小汽车时代的到来，小汽车的普及直接导致了低密度土地利用形式的盛行，这种以干道网络连接的低密度社区的形态使得“尽端路”的树型布局成为最主要的路网形态特征。此时，城市住区建设深受“邻里单位”（Neighborhood Unit）概念的影响而进行大规模扩张，提倡住区内部避免或尽量减少过境交通，强调大尺度、内向型、无外部交通干扰的空间特性，使得住区道路与城市道路交通体系的关系极为松散。这种树型布局的道路形态将自成一体的住区空间独立于城市系统之外，对住区与城市空间的协调发展形成结构性的限制。

2）我国城市道路网形态特征

由于长期计划经济体制对城市规划领域的影响，我国城市道路网呈现“大街区、宽马路、稀路网”的形态特征。然而，市场经济体制的深度改革使得长期沿袭的城市道路——用地利用模式已无法适应新经济环境下城市的发展。在计划经济条件下，

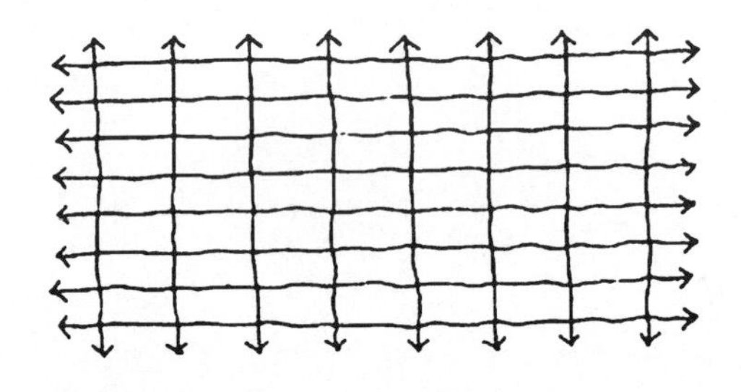
格网道路系统

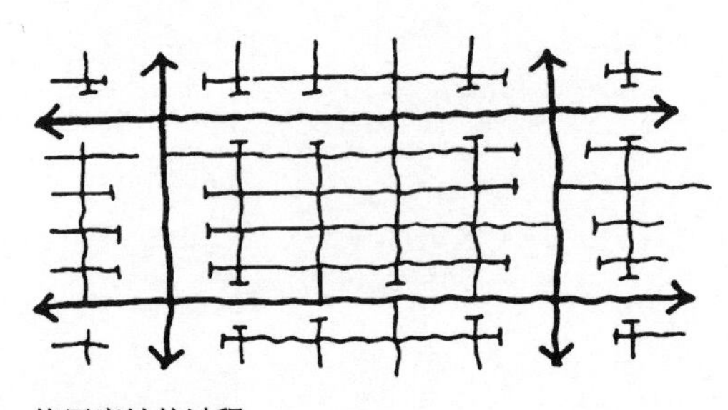
格网腐蚀的过程

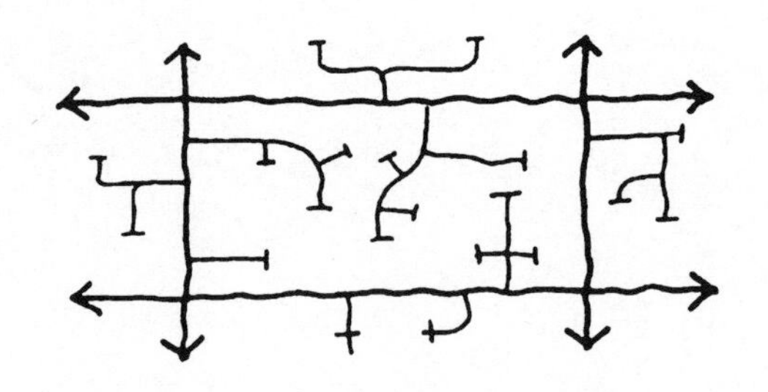
梯状道路系统

图 5-1　传统格网向超级街区的演变

[1] 李江．住区发展的新趋势——以公共活动导向的城市住区规划[D]：[硕士学位论文]．南京：东南大学，2006：24

道路与土地是两种完全独立的城市供给，满足不同的需求目标：前者唯一的目标就是满足交通需求，后者则是服务于土地的使用功能。对于交通需求来说，道路上的阻抗越小、通行能力越大越好。因此，道路要尽可能宽，交叉口要尽可能少；对于土地需求来说，内部选择越大外部干扰越小越好，故街区要尽可能大，穿越要尽可能小。根据这一原则，我国微观道路——用地结构采用大街区、宽马路的做法。这是因为在计划经济条件下，土地是没有价值的，道路的功能不是带动土地的最大限度升值，而是解决交通问题[1]。而现阶段城市中蔓延的大型封闭住区建设，更加强化了这种路网体系。

其次，根据我国现有的城市道路设计要求，干道道路间距可以达到 700 ～ 1200 米，即使在小城市，干道网间距也要达到 500 米左右，这样的道路网形态特征是与“单位大院”制度下的土地划拨方式息息相关的。由于城市被严格的划分为多个单一功能的功能区块（党政机关、国有企业、军区大院、高等院校等），每个单位大院的内部自成一体，内部路网一般受到相关限制，造成了城市支路不断被大型区块封闭，这样内部产生的交通压力全部由稀疏的城市路网承担，实际上形成了单一的干道网系统构成的城市道路网（图 5-2）。在这样的土地模式下形成的城市路网无法有效消化交通的快速发展带来的潜在压力，可供公共使用的有效道路密度难以提升，这也是我国城市难以实现“加密路网”和进行“支路网规划”的症结所在[2]。

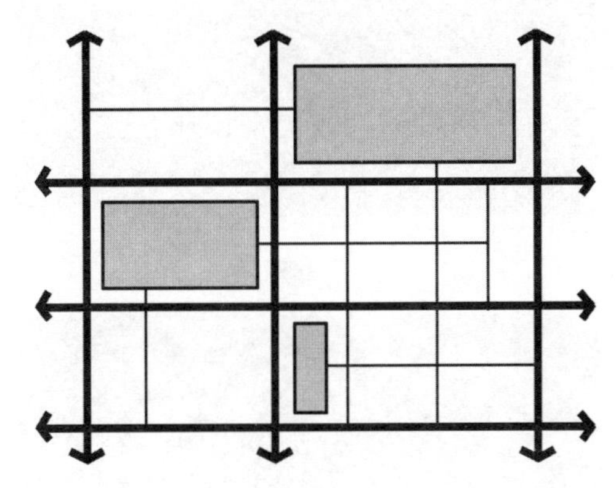
图 5-2 “单位大院”对道路网的影响

第三，随着住房市场化改革的深入，房地产业逐步摆脱了单纯依赖政府供给土地的局面，以功能配套齐全的“住区”模式作为商品住宅的主要开发和经营方式。为了实现规模效益，新建住区的占地规模一般达到 20 ～ 40 公顷，有的甚至达到 100 公顷以上[3]，位于城市干道的包裹之中。为了满足市场的需求，开发商通常以“人车分流”作为吸引顾客的噱头，强调禁止外部车辆随意进出住区内部，使得每个住区交通独立于城市路网系统之外。这种类似“超级街区”的封闭模式缺乏与周边城市道路交通的衔接，内部道路不能被城市所利用，公共交通无法深入住区内部，而且每个住区产生的巨大交通量直接传导给周边干道，进一步增加了城市交通的负担。

3）“格网上的城市”

历史的经验和教训告诉我们，依赖汽车出行的“树型”干道式城市路网系统隔离了城市各区块之间的空间联系，无法提供适应宜居准则的良性发展；并且这种模式主导的住区建设导致了交通阻塞、城市文化丧失、生活品质下降等一系列社会问

[1] 赵燕菁. 从计划到市场：城市微观道路—用地模式的转变 [J]. 城市规划，2002，26（10）：25
[2] 马强. 走向“精明增长”：从“小汽车城市”到“公共交通城市”. 北京：中国建筑工业出版社，2007：195
[3] 由于城市中心土地产权复杂且用地紧张，住区的规模不大，而在土地产权单一且路网稀疏的城市边缘区或城市新区，住区用地一般以城市干道划分，规模明显增大。

题。20 世纪 90 年代以来，国内外正试图通过借鉴传统城市规划并结合环保与节能理念来阻止这种趋势的蔓延。而从我国唐长安的“里坊制”到元大都的北京城，方格网模式一直是我国传统造城的主要方式，并经过历史验证符合传统城市“步行交通”的特点。因此，我们提倡的“格网上的城市”采用格网状的城市道路网形态，借鉴适宜人居的传统城市格局，并构建适度开放的住区道路网络，建设与城市道路协调一体化的路网体系。

城市道路形态的网格化适应我国当下的城市发展。在市场经济体制下，城市道路并不是以解决交通为最终目的，其核心目标是满足土地上的各类功能的需要[1]。由于存在着土地市场，道路与交通作为统一的供给要素提供给使用者，其评价标准就不再是相互独立的，道路和区块不是越大越好，而是通过土地的升值提供效益。根据梁鹤年先生的分析[2]，在市场经济条件下增加土地效益的关键是临街面的多寡和地盘大小的比例。任何经济活动都需要临街面。无论是货物的运输、人员的出入、橱窗的设置等等莫不如此。格网状道路提供最多的临街面和最大的弹性。大地盘比小地盘缺少开发弹性。西方城市经验以 60 m 到 180 m 的临街面，和 1 ∶ 1.5 ～ 1.3 的地块临街宽度和进深比例，最能发挥基础设施的效率和最容易裁剪以配合不同的项目需要。也就是说，道路分割的土地（四面临街）最小的可以是 60 m × 90 m，最大的可以是 180 m × 180 m。大的可以拆成小的，小的可以拼成大的（必要时还可以越过马路去合并，这是格网状道路的优点）。巴塞罗那的规划被认为是欧洲成功的规划范例，其街道几乎完全由 130 m × 130 m 的街道组成（图 5–3）。曼哈顿密集的路网结合狭小的街道所表现出的巨大弹性，也已经成为规划的经典。事实上，上海外滩、广州沙面等早期市场经济阶段形成的城市地区已经形成这种“窄道路—高密度—小街区”的城市形态[3]。

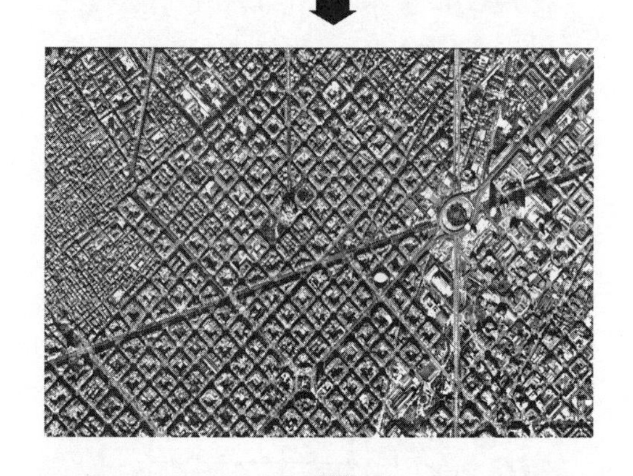

图 5–3　巴塞罗那街区尺度

通过第四章的分析可知，城市道路形态的网格化不仅符合市场化的需要，而且可以带动城市住区微观道路—用地模式的转变，进而促进住区与城市空间协调一体化发展，扭转“小汽车交通”导致的“尽端式”郊区无序蔓延，建造具有人文关怀、用地集约、适合步行的居住环境。在区域层面上，引导空间开发采用 TOD 模式，沿区域性公交干线或者换乘方便的公交支线呈节点状布局居住用地，形成整体有序的网格状结构。许多国内学者也相继提出了适应用地的市场效应以及住区功能复合原则的“双井字”“向心十字”等模型，为重塑“高密度、小尺度街坊和开放空间混合使用”的城市空间进行了有益的探索。

[1] 赵燕菁 . 从计划到市场：城市微观道路—用地模式的转变 [J]. 城市规划，2002，（10）：25
[2] 梁鹤年 . 全球化与中国城市 [J]. 城市规划，2002，1
[3] 谢庆晖 . 城市道路与用地关系的探讨 [J]. 现代城市研究，2003（S2）：24

5.1.2 道路网密度

我国多数城市采用的是以城市干道为核心的路网体系，强调干道及快速路的通行能力，限制低等级的道路接入以减少道路交叉口；同时封闭住区以及“单位大院”的存在使得部分城市支路完全丧失交通疏导功能，无形中加大了城市基础道路的间距。这种次道路与干道之间形成的“阶梯”关系导致城市支路系统被逐步腐蚀，微观层面的路网数量减少很大程度上降低了整体城市路网的通行能力。

按照我国《城市道路交通规划设计规范》中的规定，大城市的城市道路网密度大约为 6 km/km^2，那么被城市道路分割的地块面积平均为 10 公顷左右。在实际中，我国的城市道路网密度往往低于 6 km/km^2。2000 年南京城市道路网密度仅为 4.4 km/km^2，其中快速路、主干道、次干道、支路的网络密度分别为 0.5 km/km^2、0.91 km/km^2、0.98 km/km^2、2.02 km/km^2[1]。而这个密度与发达国家城市相比相差甚远。“宽马路—稀路网”的道路网中支路的缺乏导致地区内交通可达性下降，短距离交通过多地依赖城市干道，使干道的交通压力上升。

为消除这种干道式单一路网体系带来的种种弊端，实现“格网”模式下的城市道路网系统，一个必不可少的过程就是确定合理的道路网密度。而道路网密度的控制问题实质上等同于道路网间距控制问题，因此如何控制不同等级道路之间的合理间距成为我们需要关心的问题。

1）合理的道路间距

我国《城市道路交通规划设计规范》将城市道路分为快速路、主干路、次干路、支路 4 个等级，下面针对各个等级道路间距进行分析。

首先，快速路的间距应考虑城市大的组团区块划分，由于快速路的封闭性和通过性，所以不宜进入城市建成区。北京的二环路、三环路都是城市快速路，由于城市的扩张使得道路完全陷于城区之中，加上规划和建设中没能很好地控制两侧的用地开发建设，大型公共建筑在二环、三环路两侧处处可见，其结果是不得不以设置辅路来解决两侧建筑进出和快速路进出，导致快速路速度提不上来，这是造成北京交通阻塞的根源之一。根据《城市道路交通规划设计规范》中的规定：“规划人口在 200 万以上的大城市和长度超过 30 km 的带形城市应设置快速路”，所以快速路针对的城市用地一般超过 200 km^2。根据这样的城市规模，可将城市组团划分为 10 km^2/ 个，组团的平均半径为 1800 m，那么快速路的间距就必须控制在 3600 m 以上，与此相应的快速路密度为 0.5 ～ 0.6 km/km^2。而按照国标中的数值算出的间距为 4000 ～ 5000 m，组团规模控制在 13 ～ 20 km^2。所以，快速路间距的设置应根据城市组团的划分来确定。

[1] 李江 . 住区发展的新趋势——以公共活动导向的城市住区规划 [D]：[硕士学位论文] . 南京：东南大学，2006：25

其次，城市主干道应当作为各个城市组团内部的干道，起接驳快速路的作用，同时作为联系相邻组团的辅助性道路，不应存在“全市性的主干道”[1]。主干道和次干道除承担组团内部主要交通流量外，应当考虑步行和区内公共交通的因素，所以主干道、次干道间距应当根据合理的公共交通站距和步行可接受距离确定。根据人适宜的步行距离 5 min 为参考，辐射半径约为 400 ～ 500 m，与城市公交站点的服务范围接近，因此主干道间距可确定为 800 ～ 1000 m，次干道可依据主干道划分的地块内部需要进行布置。

城市支路的间距应充分考虑居民步行交通、日常生活的便利，尤其是本书所关注的与住区内部道路体系的衔接，提倡开放的住区道路与城市支路系统统筹规划。由于城市住区用地根据城市路网结构划定范围，优化城市支路的间距必须将住区的用地规模控制在合理范围内，这取决于居民适宜的出行范围和土地开发效益。从前文可知，城市住区的适宜规模为 4 公顷，相关研究表明满足自行车交通需求的最佳街区尺度为 200 米左右；西方城市经验以 60 ～ 180 米的临街面和 1 ：1.5 ～ 1 ：1.3 最能发挥基础设施的效率，也就是说，道路分割的土地最大的可以是 180×180米，同样接近于4公顷规模[2]。因此，城市支路的间距应控制在 200 m，居住片区的商业中心或公共空间区域的支路间距可以适当缩小，路网密度可提升至 10 ～ 15 km/km^2。国内许多城市的新区规划中，已经开始对城市支路网的布局进行加密，对居住用地的地块划分正在逐步细化。南京在河西地区的控制性详细规划中，住区内城市道路间距缩小至 200 ～ 300 米，与此相对应的住宅小区规模缩小至 4 ～ 6 公顷左右。

2）“基础路网”[3]

实质上城市道路系统最终的控制指标是道路网密度，也就是要在合理的范围内创造尽可能多的通行选择，而对道路系统的分级概念只不过是在满足通行选择的基础上进一步划分通行条件。为强化这一观点，有学者提出了城市的“基础路网”概念。所谓“基础路网”就是在满足城市道路网整体密度的条件下所具备的道路系统，淡化了其等级体系概念，强调的是道路的通行路径选择。

在规划技术操作过程中，重要的是控制基础路网（不分等级的路网）的合理间距和密度，在保证这一基本条件的基础上，在基础路网的布局结果上筛选组织“快速路—主干路—次干路—支路”4 级体系。

从国外的实例中可以看出，在历史街区、城市中心区、商业区和一般性居住区，

[1] 马强．走向“精明增长”：从“小汽车城市”到“公共交通城市”．北京：中国建筑工业出版社，2007：199

[2] 赵燕菁．从计划到市场：城市微观道路—用地模式的转变[J].城市规划，2002，26（10）：25

[3] 李江．住区发展的新趋势——以公共活动导向的城市住区规划[D]：［硕士学位论文］．南京：东南大学，2006：45

城市的基础路网呈现出“均质性、高密度、窄路幅”的特点。例如美国 AASHTO(American Association of State Highway and Transportation Officials)推荐的城镇干路网密度为 2.5～5.0 km/km^2，城镇道路网总密度为 10～15 km/km^2。巴塞罗那几乎由 130 m×130 m 的路网覆盖，路网密度高达 15～20 km/km^2[1]。

当然，也不能机械套地用道路网间距的控制指标，应当根据用地布局的需求特征合理确定最小用地尺度，以决定最小“公共”道路的空间限定尺度。

5.1.3 道路网结构

1）加强支路网建设

在我国道路等级划分体系中容易被忽视又特别重要的是支路网规划和界定，我国《城市道路交通规划设计规范》对支路的定义是“支路是次干路与居住区、工业区、市中心区、市政公用设施用地、对外交通设施用地等内部道路相联系的道路”。支路作为最低等级的城市道路，并未包含居住区等用地的内部道路。由于我国长期计划经济下城市道路—用地模式造成的“宽马路，稀路网”以及住区封闭规模过大导致的内部道路不能公用，城市路网体系形成以干道网为单一系统的道路布局形态，使得支路网系统被严重忽视。另一方面，根据目前的城市道路等级分类标准，导致对支路界定十分模糊，《城市居住区规划设计规范》中定义的居住区级道路（居住区内的主干道，要考虑城市公共电、汽车的通行）承担部分支路与次干道的功能，但在实际操作中又无法明确区分，所以在城市中很难认定支路的存在。

我国城市规划编制体系特别是总体规划阶段对低等级道路规划不够重视也是造成新建城区路网密度偏低的主要原因。我国“城市规划编制办法”只是在“分区规划的编制”中提出“确定支路的走向、宽度”，但是城市分区规划并不是法定规划阶段，实际中很多城市也确实是直接由总体规划转向详细规划阶段。由于总体规划对下一级规划的编制具有法定指导作用，在只确定了主次干道的总体规划基础上很难在下一级规划中为支路网规划找到直接依据。所以，城市路网继承的主要是总体规划阶段确定的形态，也就是“干道网”直接转变成“道路网”，也造成了支路网密度低于干道网的怪现象[2]。

因此，在实际道路规划中增加支路网的密度迫在眉睫。首先需要从观念上改变对城市道路规划和建设的一些不正确的认识，改变对城市主干道体系的“过度偏好”，将注意力放到真正能够解决城市交通问题的方面——增加城市支路网密度到合理的程度。

[1] 梁鹤年．全球化与中国城市[J]．城市规划，2002（1）
[2] 马强．走向“精明增长”：从“小汽车城市”到“公共交通城市”．北京：中国建筑工业出版社，2007：203

其次在总体规划阶段就开始进行支路网的规划，主要偏重于划分地块和遵照相关指标，避免地块用地规模过大，为下一层次的规划提供依据。在城市详细规划和住区规划阶段，应切实改变住区封闭式的道路规划，实现内部道路网络的“适度开放”。同时，将居住片区内居住区道路与城市支路网系统统筹规划，并结合周边地区的交通特性，在保护必要的环境要求和便捷安全的步行体系基础上，使地块内部道路成为城市路网的一部分。

在实际建设过程中，要摆脱单纯通过拓宽道路宽度，增加车行道的方式来解决交通问题，尽量增加支路网密度。赵燕菁学者曾分析过，“随着车道的增加，边际的通行能力的增加会逐步减少，当车道增加到一定程度时，通行量就不再增加，相反由于过宽的道路带来的人行和管线穿越的成本则会急剧上升。此时，最好的解决办法就是建第二条路，而不是加宽第一条路”。在增加支路网密度的同时，可以组织单向交通，增加起讫点的路径选择，极大地提高路网容量。

2）对道路功能分类的思考

城市道路的功能分类是城市用地规划和住区、商业、工业等功能区建设中必须面对的实际问题，在道路网结构规划中存在“交通性道路”和“生活性道路”的提法。但是目前对城市道路系统的功能划分存在争论，例如有学者认为不应有“交通性主干道”和“生活性主干道”的提法。城市干路就应该是“交通性”的，而“生活性”应该在低等级道路（如支路）中体现。规划中可能遇到一些特殊性的道路，如景观道路或步行街等，这些特殊性道路无法承担过大的交通量，应按“生活性”道路处理，但不能用“生活性”道路来组织全市性交通[1]。

我国的《城市道路交通规划设计规范》明文规定“主干路两侧不宜设置公共建筑出入口”。国外的城市道路分类对主要干路两侧用地开发的限制更为严格，将道路两侧用地开发作为道路等级分类的一个重要前提条件，干道两侧严格控制交通进出，通过道路分流系统，逐级将交通量由高等级道路疏解到低等级道路，各类建筑物出入口应设在低等级道路上，这样才能保证城市道路系统的畅通，避免城市道路与城市用地的矛盾冲突。

当然，现行的这些思路都是建立在如何缓解“小汽车时代”带来的种种交通压力的前提下提出的，有较为明显的“机动车优先”倾向。考虑到城市道路空间的使用公平性与城市宜居性原则，道路网规划同样不能忽视或限制步行交通与非机动车交通在城市中的流动自由，所以城市道路应当既保障“交通性”又保障“生活性”。针对城市干道的交通管制与周边用地的出入口限制，我们也不能完全漠视其生活特

[1] 闫军．城市道路分类与城市用地关系[J].城市规划，1997（4）：24-26

性，形成缺乏人情味的汽车化城市。基于此，有学者提出在城市快速路和主干道之间加入交通性主干道这一层级的道路[1]，以此来保证城市主干道既是城市主要公共空间的依托又是主要机动交通的骨架，不失为一种新颖的探索。

5.2 住区与城市公共服务设施配置的协调发展

5.2.1 分类配置优化

1）属性的分化

现行我国城市住区的公共服务设施配置主要参照《城市用地分类与规划建设用地标准》（GB 50137—2011）所规定的用地分类模式（包括“教育、医疗卫生、文化体育、商业服务、金融邮电、社区服务、市政公用和行政管理及其他等八大类”[2]）进行开发、建设与管理。虽然住建部针对现阶段的与实际发展不相适应的一些问题对原规范进行了相应的调整[3]，但是《城市用地分类与规划建设用地标准》中主要以功能划分用地的分类标准，难以反映公共服务设施建设管理的机制差异和经营主体的职能分配，也无法对城市规划干预土地使用方式和用地开发机制进行有效指导。随着我国市场经济体制改革的不断深入，城市住区建设面临城市土地使用制度改革、公共服务设施服务界限模糊化及实际使用功能的再定义等一系列实际问题。因此，我们需要重新审视有关公共服务设施的分类和规划职能界定。

（1）按市场盈利分类

为明确住区公共服务设施的规划建设方式与管理机制，我们可以依据在市场中的盈利情况将其进一步细分为公益性公共服务设施与盈利性公共服务设施两大类。

① 公益性公共服务设施

公益性公共服务设施涉及城市整体生活水平和公共利益，是城市规划对土地使用发挥公共干预核心作用的重要体现。规划中应依据用地的城市职能、人口规模和发展需求等，对设施的职能级别、用地规模和选址布局予以明确规定，并在各级规划中予以贯彻执行和深入落实。规划期内原则上禁止变更用地性质，保持严格刚性管理[4]。

一般说来，公益性服务设施拥有政府提供的较为稳定的用地、政策和资金保障，当前迫切需要加强的是，对所提供服务的便捷度和舒适度的人性化关注以及控制强

[1] 文国纬．城市交通与道路系统规划．北京：清华大学出版社，2001
[2] GB 50137—2011，城市用地分类与规划建设用地标准[S]
[3] 注：新规范将居住用地小类调整为“住宅用地”和“服务设施用地”两类，中小学用地划入“教育科研用地”；并将公共设施用地拆分为公共管理与公共服务用地、商业服务业设施用地两类。
[4] 姜芸．大城市边缘社区公共服务设施发展研究[D]：[硕士学位论文]．成都：西南交通大学，2007：77

制建设、重复建设，依据政策引导实现运行主体多样化，故应借鉴和探索市场机制下对于社会需求和经营模式的研究。

公益性公共服务设施根据服务对象的不同可以分为基础性公益设施和福利性公益设施。

基础性公益设施是保障社会全体成员基本生活需求的设施，如教育、医疗卫生、文化体育、社区服务、市政公用等。作为体现社会公平的重要内容，要求在空间布局和服务质量上都较为均衡，不应有明显差异。政府是投资建设和经营的主体，同时鼓励在政府统一宏观管理下发展私立医院和学校等作为有益补充。

福利性公益设施主要是面向老人、儿童、残疾人等社会弱势群体的公共服务设施，设施规模主要取决于规划区域内特定群体规模。服务具有特殊的准入机制和福利性特征，以前主要由政府供给，现在供给主体不断多元化。近年来，在党的十七大会议精神的指引下社会福利社会化进程不断加快，同时社会福利社会化也为热衷于慈善、公益的民间力量提供了一个良好的平台。2003 年，民政部起草了关于“社会福利机构民办公助和公办民营”的指导意见，将经营主体从政府向市场和非政府组织以及多种民间力量过渡，通过改制、承包、租赁等形式，将国办福利机构逐步推向市场[1]。

② 盈利性公共服务设施

盈利性公共服务设施主要由市场配给，提供生活、休闲和旅游等各种活动服务的设施，例如商业零售业、经营性文体设施等。作为公益性公共设施的有益补充，提供更为细分和完善的服务种类。为了应对当前市场逐步完善和用地混合布局的发展趋势，规划应保持一定弹性和灵活度，主要确定复合用地的总量规模和分类控制指标，允许基于市场需求发展和收益最大化原则进行同一大类下用地的功能转换，但必须保障在上一级区域范围内整体用地结构、设施配套种类和容量以及与周边地区功能协调，避免外部负效应的产生。

盈利性服务设施基于市场供应机制已能较好地实现设施使用的便捷和舒适，而缺乏的往往是用地、政策和资金的稳定保障，因而需要政府从城市整体需求的角度控制用地总量和配置比例，并基于整体服务网络规划的设施建设制定政策引导[2]。

虽然以上两类住区公共服务设施的建设是基于不同的运作出发点来考虑的，但是无论是否盈利，市场需求都是两者不可忽略的重要因素。尤其是公益性公共服务设施不能仅限于完成规定的指标，成为逐步受市场侵蚀的摆设，而是需要在相关政

[1] http://www.china.com.cn/chinese/zhuanti/minzheng04/594448.htm
[2] 姜芸 . 大城市边缘社区公共服务设施发展研究 [D]：[硕士学位论文] . 成都：西南交通大学，2007：78

策的引导下，依托社区体系，完成由政府转向民营为主导的运作机制。

为调控公共设施的市场运行状态，南京市出台的《南京新建地区公共设施配套标准规划指引》将公共设施按照用地控制的难易分为两类进行管理。一类公共设施为易受市场力侵蚀的公共设施；二类公共设施为易受市场力推动的公共设施。一类公共设施包括教育、医疗卫生、文化、体育、社会福利、行政管理、社区服务、邮政电信等设施；二类公共设施包括各类商业服务业设施、金融设施等[1]。政策鼓励同一类别、功能或服务方式的设施集中组合设置，形成市场规模效益，并通过相关政策倾斜，保障易受市场力侵蚀的公共设施能够正常运作，这种做法值得推广。

（2）按产品属性分类

现行的公共服务设施开发模式是笼统的将所有设施均交予开发商建设，实质扭曲了不同产品属性与提供者的对应关系。要构建合理的建设方式需要对不同设施的产品属性进行分类，从经济学角度明确设施的服务主体及范围。

伊利尔·沙里宁在《城市：它的发展、衰败与未来》中将人类社会需要各式各样的物品和服务分为两大类：一类是以个人或家庭为单位分别提出的需要，如服装、食品和住房；另一类是以整体社会为单位共同提出的需要，如国防和社区服务。前一类称之为“私人个别需要”，后一类称作“社会公共需要”，相应地用于满足个别需要的物品或服务称之为私人产品；用于满足社会公共需要的物品或服务称之为公共产品[2]。

布雷顿（Breton）根据公共产品提供的地理区域将公共产品分为地方性公共产品、区域性公共产品和国家公共产品。地方性公共产品（Local Public Goods）是覆盖整个地方的公共产品。现实中有一些公共产品如公园、教育、交通等都是由地方提供的。在市场条件下，人们选择不同的区位居住，实际上就如同在市场上选择私人产品。我们将城市住区内的公共产品按照地方性公共产品的观点进行进一步的细分，城市住区内的公共服务设施其服务的对象具有较强的地域性，也就是说具有很强的在地域范围上的排他性。比如中小学校的明确地按照学区的范围进行排他；小区的封闭管理使其内部的公共设施不存在“利益外溢”的问题，因而从这一点来说，住区公共设施的公用范围是有限的，而且是明确的。但是，当空间的概念引入到公共产品中，其实地区性的公共产品对于地区内的单个消费者来说是公共产品，那么对于公共产品覆盖的整个地区来说，公共产品具有某些私人产品的特征。小区的公共绿地只要

[1] 南京市规划局编制的《南京新建地区公共设施配套标准规划指引》
[2] [美]伊利尔·沙里宁，著.城市：它的发展、衰败与未来.顾启源，译.北京：中国建筑工业出版社，1986

能在空间上有效地排他，通过围墙和门卫排除其他小区居民使用，那么开发商就可以将小区的公共绿地平摊给购房的居民，成为在空间上排他的可以定价的一般产品。

基于上述的经济学关于公共产品的分析，李江学者将我国居住区规划设计规范中的八大类公共设施进行重新分类[1]，分成地区公共产品、地区混合产品和私人产品（表5-2）。

表5-2　居住区规划配套设施的经济属性及其分类

经济属性	类别	项目名称
地区公共产品	公共空间	公园
		广场
	义务教育	幼儿园
		小学
		普通中学
	行政管理	街道办事处
		市政管理机构
		派出所
		其他管理用房
	市政公用	开闭所
		路灯配电室
		燃气调压站
		高压水泵房
		公共厕所
		垃圾运转站
		公交始末站
		消防站
	社区服务	社区服务中心
		治安联防站
		居委会
		养老院
		残疾人托管所
地区混合产品	医疗卫生	医院
		社区医疗服务中心
		综合小门诊
	文化体育	文化活动中心
		文化活动站
		居民运动场馆
私人产品	商业服务设施	
	金融邮电设施	

2）资源的整合与共享

城市住区公共服务设施配置中包含的文化体育、商业服务、金融邮电、社区服

[1] 李江．住区发展的新趋势——以公共活动导向的城市住区规划[D]:[硕士学位论文]．南京：东南大学，2006：30

务、市政公用和行政管理及其他等八大类设施涉及了各个行业及政府部门。而各个行业及部门均有其独立的设施配置及运行管理标准，其中不少还有行业的规范或地方的规定作为参照依据。这些标准和要求独立来看十分合理，但是在公共服务设施开发建设的过程中极易造成不同行业及管理规定的重叠或冲突。例如，民政部门也涉及对文体活动设施的要求，而文化和教育部门又各自有行业的规定；环卫部门对于早餐点有特定的要求，它与商贸部门提出的便民商业服务设施在内容上是重叠的；根据南京市农贸市场建设管理实施办法，新建小区住宅建筑面积每 5 万 m^2 应配建面积不低于 1000 m^2、服务半径在 500 m 的净菜副食品中心（农贸市场），这一规定同《居住区规划设计规范》的指标要求存在相当大的差距；此外，还有一些行业性的规定需要整合进来，比如国家国内贸易局零售业态分类规范意见（1998 年试行）提出超市服务范围是步行 10 分钟左右（营业面积 1000 m^2 左右），便利店的服务范围是步行 5 分钟左右（营业面积 100 m^2 左右）。这种冲突的根源在于各类公共服务设施配置缺乏系统间的调节与内容上的整合。因此，城市住区特别是新城区内的开发建设，需要对各专业部门的意见和要求进行有效的梳理和归纳总结，并及时与相关居住区设计规范进行对比研究汲取合理的要求，补充完善新增的要求，对于明显不合理的意见则需通过深入的分析以及与专业部门的说明、沟通和协商，取得专业部门的认同[1]。通过如此途径才能将住区公共服务设施资源进行有效的整合与共享，避免不必要的行业冲突与重复建设，使得各类设施在规划建设与服务范围内发挥最大的市场与社会效益。

近年来，各级地方政府开始逐渐重视对住区公共服务设施资源的整合与利用，并出台了相关规定及技术标准。其中，南京市出台的《南京新建地区配套公共设施标准规划指引》在征求意见的过程中，积极听取了教育、文化、体育、民政、卫生、商贸、公安、园林、市容、邮政、电信等各个行业及部门的修改意见，并根据相关合理建议提出了淡化行业条例色彩，强调各类公共设施的共享，并鼓励空间的复合利用的基本思路。例如，小学、中学内的体育设施可考虑与居住社区中心或公共绿地结合布局；为了增加公共服务设施配套的开放性，将部分公共配套设施（如：社区综合医院、高级中学、9 年一贯制小学等）设置在住区与周边社区的公共边界处，靠近城市主要道路、公交站点设置；公共服务设施的管理运行以基层社区机构为主体，各部门则着重从行业角度指导和监管[2]。

[1] 周岚，叶斌，徐明尧 . 探索住区公共设施配套规划新思路——《南京城市新建地区配套公共设施规划指引》介绍 [J]. 城市规划，2006（4）：35

[2] 南京市规划局 . 南京新建地区公共设施配套标准规划指引，2006

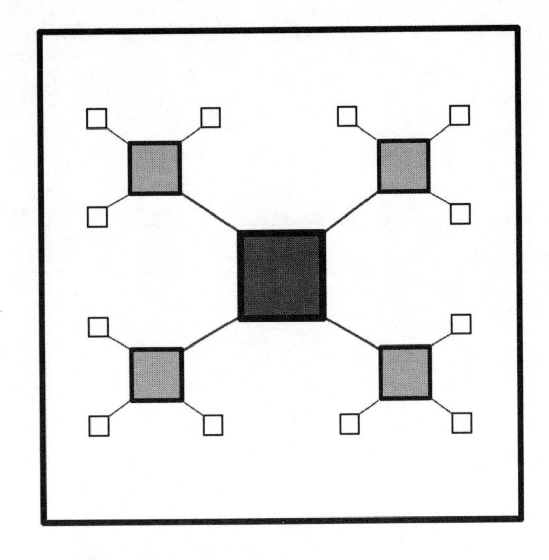

居住区级公共服务设施
小区级公共服务设施
组团级公共服务设施

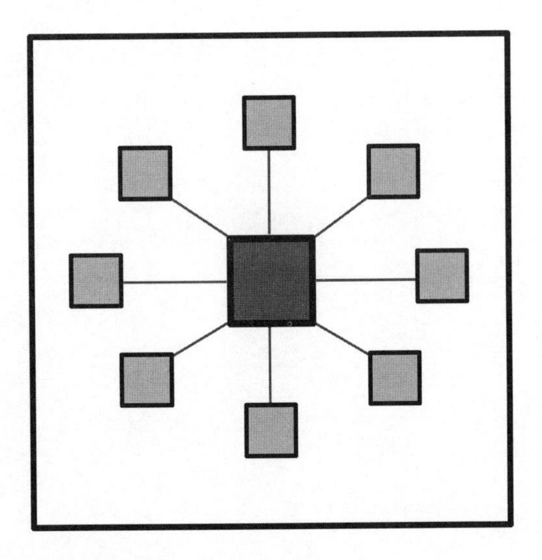

居住社区级公共服务设施
基础社区级公共服务设施

图 5-4　传统的居住区公共设施“三级”配套模式

5.2.2　空间布局优化

1）配建层级的调整与简化

长期以来，我国城市各层级公共设施配建存在“双轨制”，由政府主导的城市公共设施建设与开发商配建的居住区配套相互独立，互不干扰。《居住区规划设计规范》中规定了住区公共服务设施三级配置标准“居住区级—小区级—组团级”，而居住区级的配建与城市地区级标准相互重叠，从住区与城市的关系来看，就经常出现居住区内公共设施配套项目、建设规模与城市级的公共设施配套重叠、规划布局不合理的现象。针对这一现象，住区建设势必要调整公共服务设施的配建层级，使之能够与城市公共设施体系协调一体化发展。考虑到当今住区规划建设管理的趋势，我们可以取消对组团级配套的建设，因为其无法适应行政管理的需要，并且无法满足市场经济的集聚效应。可以将原先的三级配建简化为两级，同时根据各个城市、地区具体的规划片区条件，对各配套等级的服务人口、服务半径进行相应的调整。比如，住区的人口密度小、建设档次高，可以适当缩减小区级设施标准，并适当提高上一层级的规模和集聚程度，反之亦然。在调整配建比例的同时，需要保障公益性设施的有效运作，并考虑与市级、地区级各类中心的布局关系，为住区的公共设施与城市的公共设施进行一体化的统筹规划提供了前提条件。

国内一些大城市根据自身发展需要，开始相继探索适应市场化需求的住区公共设施配置模式。

如南京市出台的《南京新建地区公共设施配套标准规划指引》正是在这一趋势下的有益尝试。《指引》对国家原有的三级配套模式进行了一定程度的改革，简化合并了公共设施分级，提出形成功能明确、分级清晰的居住社区—基层社区两级体系（图 5-4），强化作为基本单元的居住社区的配套内容和功能，提供居民日常生活需要的综合全面的服务，辅以基层社区便民型服务功能设施。其中居住社区是以大约 400 ～ 500 m 服务半径为范围、以城市主次干道或自然地形为边界、服务人口在 3 万人左右的基本用地单元，在基本用地单元内，结合公共绿地布置居住社区综合服务中心，保证实现居民在步行 7 ～ 8 分钟、骑自行车 4 分钟左右可达居住社区服务中心，享受较综合全面的日常生活和休闲服务。基层社区的组织与社区居委会管理单元衔接，顺应社区居委会规模扩大、职能完备的趋势，以 200 ～ 250 m 服务半径为范围，以城市支路以上道路或自然地形为边界，服务人口在 5000 ～ 10000 人，结合公共绿地布置基层社区中心，设置便民型公共服务设施和社委会，保证居民步行 3 ～ 4 分钟即可得到最基本的生活服务 [1]。

[1] 周岚，叶斌，徐明尧.探索住区公共设施配套规划新思路——南京城市新建地区配套公共设施规划指引介绍[J].城市规划，2006（4）：35

我们提倡的住区公共设施分级设置并不是一成不变的教条，其落实不单单是套用出台的相关新标准、新规定，更需要在把握一定原则的基础上灵活变通，才能营造良好的住区商业氛围与生活环境。如第四章 4.3.1 节中提到的南京和河西新区规划中针对北部地区、中部地区、南部地区的不同情况采取因地制宜的公共设施布局策略。不仅如此，南京市对河西新城区在规划过程中出现的问题进行及时总结和调整，始终保持与城市总体建设的协调一体化。例如，中部地区规划针对北部地区建设中设施配套不足且标准得不到保障的情况提出了政府主导公益性设施建设模式并在规划中予以配合，南部地区在继承中部地区的经验基础上进行了适应本地区发展的改进[1]。

2）空间布局形态的协调

住区的活力很大程度上源自住区内居民的日常生活质量，而日常生活的展开又与公共服务设施（尤其是商业、服务业等盈利性设施）的空间布局密切相关。仅仅考虑其量的配置和服务半径的满足已无法保证其为居民提供优质的服务。这里的服务不仅与运营主体的服务质量有关，还包括良好的外部环境和空间氛围，而外部环境可以通过空间布局形态的规划加以控制[2]，使得公共服务设施的布局形态与促进市场集聚效应、增强区域活力的目标相适应，从而形成与城市的良好互动。

从第四章的分析中可以看出，我们倡导的宜居住区公共服务设施的配置是建立在开放属性的基础上。换言之，其公共服务设施在物质空间构成、经济供需平衡和社会生活交往等方面都与城市具有不可分割的关联性。公共服务设施的空间布局形态应充分考虑提供足够的与城市空间的接触面，成为传递城市活力的良性媒介。从与住区的空间关系角度，其布局分为独立式、四周式、嵌入式等三种模式（图 5-5）。

（1）独立式

在住区的一侧辟出相对独立的地块，形成街区型或综合体式的住区公共设施布局方式。这种布局方式规模较大，可以形成具有一定规模的城市街区或综合商业中心。其开放性使公共设施能较好地融入城市，街区内能形成良好的步行环境，街道空间环境与休闲活动设施相结合，作为居民的休闲活动空间。

《南京城市新建地区配套公共设施规划指引》倡导这种独立地块的集中布局模式，其突出强调同一级别、功能和服务方式类似的公共设施集中组合设置，建立商业、社区管理和服务、中心绿地合一的居住社区公共中心，提供多样化服务内容，并与

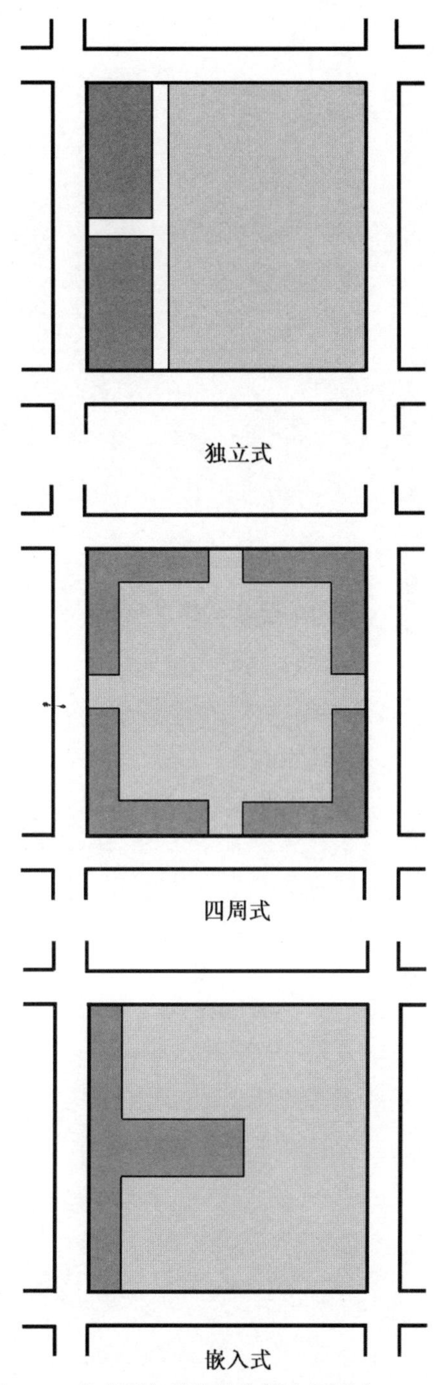

图 5-5　公共服务设施的空间布局形态

[1] 王承慧．城市新区的住区公共设施配套规划适应性思考[C]//规划 50 年——2006 中国城市规划年会论文集，2006：97-101

[2] 劳炳丽．规模住区开放空间整体建构策略与规划研究方法[D]：[硕士学位论文]．重庆：重庆大学，2009：109-110

主要交通出行结合，方便居民生活。在组合设置的中心以外地区则严格控制建设商业服务业等设施用房，以保证居民拥有一个安静的居住环境，实现住区的动静分离和各得其所。

苏州工业园区通过借鉴新加坡组屋规划的“邻里中心模式”，将住区配套以邻里中心的模式集中建设，将所有商业服务、社会服务设施集中于单体建筑中，数个“区块”共同使用一个邻里中心。这种过于集中的布局在日后的经营中也存在明显的缺点：处于服务半径边缘的居民接近邻里中心的日常步行距离过大，购物、休闲较为不便，同时过于集中的配套导致住区内部生活单调乏味，缺乏生活气息。

（2）四周式

利用沿街住宅的底层布置公共设施，是住区公共设施最为常见的布局方式。公共设施面向城市道路，使公共设施具有开放性，同时又不影响小区的日常管理。在小区规模较小的情况下，沿城市支路的住区临街面能形成富有活力的生活内街。这种布局方式在许多情况下通过演替、扩散、集聚等自发组织的形式，形成的一个整体有序、有活力的城市住区公共设施的布局形态。

（3）嵌入式

一般是以住区的主要入口为节点，沿主要入口两侧向住区内部延伸设置公共设施。这种布局方式较周边型布局方式来说相对集中。并且这种布局方式与住区结合比较紧密，顺应住区主要人流，并且将住区内部空间面向城市开放，较易形成良好的商业氛围。如深圳万科四季花城、无锡万科魅力之城一期等沿用了“小封闭大开放”理念，公共设施沿住区主轴线延伸，在内部实现社区中心、商业街及社区公园对城市开放。嵌入型公共设施布局方式将街道空间引入到住区内部，从促发居民多样的活动来看，是具有积极的意义的。

随着居民对生活品质要求的提高以及对充分融入城市公共生活的渴望，住区公共服务设施的布局形态逐步由内向型转向外向型。前文论述的“适度开放”原则正是需要我们通过住区开放的公共设施网络体系与城市空间融合，形成相互协调发展的统一体。在这种基础上，我们倡导独立地块的集中布局与四周式分散布局相结合的模式，既能发挥综合中心的市场集聚效应，又能让住区内部居民体会到富有活力的市井氛围。

3）配建标准的适当调节

国内现行的住区配建标准总体上是基于《城市居住区规划设计规范》中进行开发建设的，分别针对八大类主要公共服务设施的建筑面积及用地面积按照“千人指标”划分规定范围。这种“一刀切”式的配建标准是建立在政府监督下开发商“大包大揽”

机制上，在短时间内对城市特别是新区基础建设能起到一定的促进作用。然而随着市场化经济推动下城市生活水平的提高，某些基本配建标准（如休闲、文体、社区服务等）已无法满足居民日常生活需求，特别是中国老龄化进程的加快所带来的针对老年人及弱势群体的需求不断加大，这些问题与矛盾的出现需要我们对原先规范中不合理的地方进行适当调节，有意识地提高相关标准满足人们生活需要。

目前，一些城市已经开始着手进行探索和实践。南京市出台的《南京城市新建地区配套公共设施规划指引》在三个方面提高了配建标准。一是提高了文化体育休闲设施标准；二是强化了老年设施设置内容；三是提高了社区管理和服务的内容和标准[1]。北京市新城公共设施规划提出"强化公共资源属性，在设施布局中坚持人文关怀和社会公正原则，切实保障公益性公共设施的建设用地和服务供给；发挥新城反磁力作用，适度提升新城品质，公共设施配置标准要高于北京市平均水平，部分超过中心城区[2]"的规划原则，并强调"以人为本"，重视满足不同阶层群体的需要，促进新城群体的社会融合和凝聚力，从而推动新城健康快速地发展。

5.2.3 供给模式多元化

1）"谁开发、谁配套"的困惑

依据"受益者出资"的惯例，居住区公共服务设施采取"谁开发、谁配套、谁建设"的建设方式，设施以实物形式分摊到各个地块由开发商结合住宅建设一起完成。一般来讲，根据建设完成后管理使用主体的不同，设施配套可大致分为以下三类[3]：

（1）开发商建成后无偿交与相关部门接受使用的项目，一般包括：行政管理设施如街道办事处、派出所等、市政公用设施。

（2）开发商无偿提供土地，建筑物建成后由政府相关部门按成本价回购的项目，一般包括：教育设施、医疗卫生设施、金融邮电设施、文化体育设施中的活动中心、商业服务设施中的菜市场。

（3）开发商建成后自行经营或以市场价格出让的项目：其他各类商业设施。

这种做法虽然在短期内能够解决城市居住区尤其是不成熟地区政府供给不足问题，但是随着市场化经济的深入，一系列弊病和矛盾逐渐凸显，主要体现在以下两个方面：

（1）公益性设施建设无法保障

这种建设模式笼统的将公共服务设施的所有建设责任都转嫁开发商头上，这实

[1] 南京市规划局．南京新建地区公共设施配套标准规划指引，2006
[2] 刘佳燕，陈振华，王鹏，等．北京新城公共设施规划中的思考[J]．城市规划，2006（4）：39
[3] 刘方．市场经济体制下城市居住区公共服务设施发展及对策探析[D]：［硕士学位论文］．重庆：重庆大学，2004：82-83

质上是混淆了不同属性产品的供给特点和潜在的利益关系。由于开发商是盈利性企业，以商业利益最大化为原则，对政府强制规定的建设项目必然敷衍了事、达标即可，导致服务社会公众的诸多公益性设施的建设标准降低，后续管理和运营也得不到足够的重视，实质上降低了住区居民的生活品质。

（2）重复建设带来的资源浪费

国内住区配套一般按照《城市居住区规划设计规范》中规定的“千人指标”进行建设，呈现出“小而全”的现象，每个具有一定规模的住区必然具备所有需要建设的公共服务设施。然而封闭式的管理使得许多本可以服务更大范围的设施如学校、商业、医疗设施等被禁锢在住区自身范围内，无法形成有效规模，发挥集聚效应。这种重复建设导致公共资源利用率低下，过小的规模还会引起后期运营困难等问题。

因此，我们需要改变现行单一的配套供给模式，充分融入政府、民间团体等多种力量，发挥各自的优势，从建设主体到管理机制等方面优化住区公共设施的供给模式。

2）供给主体多样化

随着城市建设的规范化和市场化，政府、开发商、市民在住区开发中扮演的角色正在发生着变化。对于城市的公共开发决策，政府是直接和决定性的主体，对于私有开发决策，开发商是直接主体。由于公共设施的属性不同，各类公共设施在开发建设和维护运营过程中，需要住区建设中不同主体来供给。

（1）在前面的产品属性中可知，类似商业设施、私人会所式的服务设施等这些盈利性住区设施，具有私人属性，因此这类公共设施在开发和运行过程中，完全可以由私人开发者来完成。当然，政府在这个过程中有必要通过法律法规、开发许可制度等手段对私人开发行为进行干预和引导。

（2） 具有公共属性的公共服务设施从对应关系角度看，应由代表群众利益的政府建设才能保证公众利益的最大化，同时通过对由设施建设所产生的外部效益向开发商征收相应费用也可获取一定的回报，增加公众收益[1]。但由于受到资金、管理等一系列因素制约，这一类公共服务设施全部交由政府开发建设并不现实。因此，政府提供产品的方式可以分为直接提供和间接提供。前者可以由各级政府直接出资兴建；后者可以通过授权私营企业经营，与私营企业签订合同，政府参股，经济资助等[2]，完成建筑主体角色转换。另一方面，由于一些服务设施建设规模不大，从用地节约和服务半径角度，一般采取用住宅底层公建用房来承接此类功能，这使得

[1] 杨靖，马进．与城市互动的住区规划设计．南京：东南大学出版社，2008:74

[2] 李江．住区发展的新趋势——以公共活动导向的城市住区规划[D]：[硕士学位论文]．南京：东南大学，2006：35

这些设施无法从住宅建设中剥离出来，政府无从插手，因此在设施中选取可以单独地块建设的设施，对建设的可行性至关重要（表 5–3）。

表 5–3　居住区公共服务设施政府建设项目推荐

	具体项目
教育设施	幼儿园（与开发商共建）
	小学（与开发商共建）
	普通中学
文化体育设施	体育场馆
	综合文化活动中心
社区服务设施	社区服务中心
	养老院
	残疾人康复中心
	托老所
	具体项目
医疗卫生设施	综合医院
	护理康复中心
	卫生服务中心
市政公用设施	社会车辆停放场
	消防站
	公交站场
商业服务设施	菜市场
行政管理设施	各类行政管理设施（治安点除外）

随着住宅市场化的推进，国内一些城市开始摆脱“谁开发、谁配套”配置方式，尝试和探索住区公共服务设施的建设新思路。

在北京市新城规划中明确提出基础性社会服务设施例如基础教育、医疗卫生等，政府是投资建设和经营的主体；同时，鼓励在政府统一宏观管理下发展私立医院和学校作为有益补充。福利性社会服务设施——面向老人、儿童、残疾人等特殊群体的设施，主要由政府供给，并重视发挥民间机构作用，强调“社会福利社会化”。

南京市出台的《南京城市新建地区配套公共设施规划指引》中规定：结合南京具体情况，非福利性的老年公寓设施可不由政府投资经营，作为居住用地鼓励采用市场化的方式开发建设；并倡导通过社区与行政体制相结合的管理模式取代以往单一的小区管理和开发模式。

苏州工业园区的邻里中心体制是基于成立邻里中心管理有限公司负责邻里中心开发和运行的。邻里中心大厦的经营权和管理权归政府投资成立的苏州工业园区邻里中心管理有限公司，而不是开发商。由公司统筹、协调政府、各个开发商和居民之间的利益，对邻里中心进行统一规划、统一管理。

3）政策与机制转变

公共经济学认为，具有正外部效应的混合产品不应由政府财政全部包揽，而应该采取政府提供与市场提供相结合的方式，引入企业生产，增加竞争机制，这样更有利于公共产品的有效供给。因此，政府与开发商在公共设施的开发过程中应转变原先独立经营、自负盈亏的方式，通过市场调控与政策引导促进二者之间的互动，逐步形成共同开发机制：

首先，通过各种优惠与奖励政策引导，采取一定弹性的规划措施，鼓励开发商积极参与公益性公共服务设施的开发，并获得正当的经济利益。比如，奖励容积率或降低相关税率等，《重庆市城市规划管理技术规定》对增加公共开放空间的开发商制定了相关优惠奖励政策[1]。

其次，政府在建设区域性综合公共服务设施中可以寻求与市场合作的方式，通过市场运作各方资本，以使各参与主体都能从中获益，从而实现城市整体效用最大化。

第三，由数个住区组成的居住片区内规模性公共服务设施在通过政府的统筹规划和引导下，各开发商之间进行合作共同开发，避免各自为政的重复建设，有助于形成一个有机互补、布局合理的成熟住区板块。

5.3　住区开放空间与城市空间的协同建构

宜居住区在创造高品质开放空间的同时，还应当实现自身开放空间与城市空间在视觉形态和使用功能上的连贯性，从而维护健康的居住生活与城市生活的稳定有序、发展。因此，住区开放空间应该保持与城市的积极联系，纳入城市开放空间与绿地布局中进行总体考虑，丰富和完善城市空间与功能，形成连续和共享的开放空间网络，提升住区和区域板块价值。通过住区开放空间与上层级的城市空间形成空间结构、功能活动及形态的整合与协同，改变目前住区开放空间各自为政的单向度关系，促进城市空间的协调一体化发展。

5.3.1　开放空间结构延续

住区开放空间应该与城市空间结构、肌理形成协调统一与良性互动的关系。目前，住区封闭形成的“超级街区”通过对城市用地和路网的归并，对城市的肌理结构和公共空间体系带来了破坏和肢解，导致丰富的城市生活赖于存在的城市脉络消失了。当代城市住区一方面面临着公共领域的扩张，另一方面，城市公共领域与住区的联系日益受到肢解与隔离[2]。

---

[1]《重庆市城市规划管理技术规定》核定建筑容积率小于2时，每提供1平方米开放空间，允许增加建筑面积1.2平方米。容积率大于等于2小于4时，每提供1平方米开放空间，允许增加建筑面积1.5平方米。容积率大于等于4时，每提供1平方米开放空间，允许增加建筑面积2平方米。

[2] 李麟学，吴杰．可持续城市住区的理论探讨[J]．建筑学报，2005（7）：43

因此住区开放空间应该充分考虑与城市的开放空间结构与肌理的整合与统一。国内相关学者经过系统研究提出通过住区开放空间的外拓和城市开放空间的内延两种方式的合力作用[1]，分解规模住区封闭的空间形态与体块对城市空间肌理的阻隔与破坏，促进住区与城市开放空间的互动与融合。

1）住区开放空间的外拓[2]

住区开放空间与其他城市功能的空间叠加从而产生开放空间量与质上的扩展，通过在功能上与城市功能以及人的活动需求耦合，产生系统性外溢价值。另一方面是指，住区开放空间的存在，相当于住区与周边城市用地的连接空间与“出气口”，是住区与周边土地呈现良好互动关系的载体，各种生活交往、经济关系、功能共享等相互的输入与输出都是通过开放空间来完成。因此，住区开放空间的外拓与延展，承担周边城市的部分功能，实现与城市周边开放空间互动与空间肌理的整合。

（1）边界空间的渗透

通过对城市界面和住区边界的协同控制，促使边界空间相互渗透构成积极的共享地带。边界空间作为两种不同性质地块的交界地带，具有分割和联系的双重功能。

住区与城市的交织边界根据用地的不同而呈现不同的边界空间特性，交接的边界空间既是城市生活与交往活动最活跃的场所，也是住区融入城市空间与生活的黏合剂。因此，保持住区开放空间与城市街道空间的连续与良好衔接，能促使住区生活、交往活动与城市生活的良性互动。目前，很多住区的封闭管理导致了住区与城市相邻边界空间沦落成为冷漠的“边缘化空间”。由此，住区开放空间应该打破围墙，实现空间向城市空间的外溢与外延发展，关注红线以外的这部分边界空间，将紧邻用地红线外的空间与用地进行统一设计，使住区开放空间与城市空间形成自然的过渡。如住区临街的边界空间应该控制足够的建筑红线退让，形成连续的城市界面和步行系统，促进周边居民与住区居民的社会交往与互动。

其次，形成多样的边界空间处理方式，最常见的是通过商业配套与公共服务设施的设置来形成与城市的过渡边界空间，对边界空间的活动诱发起到非常积极的作用，同时，也可以通过将围墙改为与绿化、小品和交往场地构成的复合边界，内外之间构成缓冲地带，形成多种活动与交往形成交织的场所（图 5–6）。

图 5–6　建外 SOHO 社区边界的交往空间

（2）空间范围的外拓

开放空间规划建设可以通过对住区红线范围外各种城市开放空间的塑造来形成

[1] 劳炳丽. 规模住区开放空间建构策略与规划方法研究[D]：[硕士学位论文]. 重庆：重庆大学，2009：92

[2] 详见马强. 走向“精明增长”：从“小汽车城市”到“公共交通城市”. 北京：中国建筑工业出版社，2007：214–218 中有关交通安宁措施的论述。

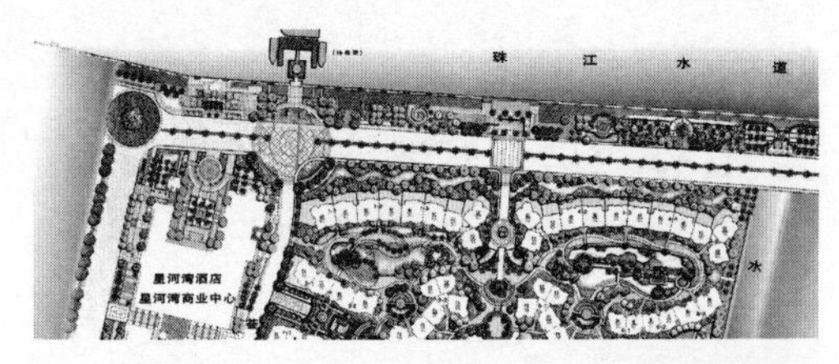

图 5-7　广州星河湾滨水空间处理

与城市的"无缝对接"，实现城市与居民都能共享的开放空间。这需要政府对开发商进行一定的奖励机制和协商来引导开发商对住区周边的城市开放空间进行规划设计。广州星河湾通过对周边红线范围外的城市滨水空间与城市道路景观的建设与美化，同时注重住区内外开放空间在铺地材质、植被等空间元素上的呼应与联系，形成了连绵不断的空间体验效果与内外部空间的良好渗透，带动了住区本身乃至周边整个地段价值的提升，实现了双赢的开放空间的外溢效应（图 5-7）。

2）城市开放空间的内延

加强城市开放空间向规模住区内部的延展，将城市开放空间引入规模住区内部，形成城市生活向住区内部渗透与交融，扩大住区城市结合的空间界面，加强住区与城市的联系。另一方面，通过交通空间、商业和公共开放空间的引入，吸引周边居民和市民共同享用，有利于公共服务设施的经营和市场化，提升住区活力，促使规模住区很好地融入城市空间结构与肌理当中。

（1）街道、公共交通空间的引入

正如张永和所描述的："家不仅仅是住宅，还应该是社区，是所处的城市，应该打破小区的堡垒，让街道伸入小区。"城市支路与街道作为线性的开放空间承载着交通与生活功能，既能形成多元生活的载体，也是促进城市与住区交流的积极媒介。因此住区布局采用将城市街道、公共交通系统引入或者住区内部交通空间开放的方式，不但使住区的微循环与整个城市的循环系统协调一体化，最重要的是利于住区活力的创造和城市生活的引入，其实际价值是满足人的心理需求，获得一种开放的心态和接纳、包容的感觉。无锡万科魅力之城提出"封闭组团 + 开放道路"的理念，将住区内部主要道路与城市生活性街道形成一体，沿道布置公园、广场、店铺、学校、幼儿园等设施，并且在空间上尽可能保持与城市空间的连续性。在道路设计上倡导"人车共融"，并将一部分道路贡献于小市场或小活动，使其成为不受车束缚，安全舒适的日常步行及交流空间[1]。

（2）城市公共设施的引入

住区可以充分利用周边城市商业、服务设施、公园等公共资源，居民与城市人群通过对这些设施与空间的使用获得相互对话和交流的可能性，从而加强住区居民与周围居民的交往。

5.3.2　开放空间层级衔接

国内现行的大规模"全封闭住区"开发所带来的城市交通负担加重、城市空间活力丧失等诸多问题的根源并非来自封闭式的管理机制本身，而是不合理的道路用

[1] 无锡万科魅力之城规划设计文本，万科内部资料

地模式形成的过大封闭尺度导致的。在这种尺度下，住区与城市公共空间被完全分化成公共与私密两个对立的极端状态，住区内部居民的日常生活无法与外部城市生活保持顺畅的交流与互动，从而导致多样化的城市公共活动的缺失。从第四章的分析来看，由于城市区域建设成熟度以及城市整体治安环境的限制，住区的完全开放在短时期内较难实现，因此，住区本身及其所在区域应构建一个适度开放、各层级有序衔接的多层次开放空间系统，使得住区内部生活与城市空间有效沟通与互动，同时满足居民对开放尺度与空间层级的多重需求。分级和分层次的开放空间衔接是实现住区与城市有效互动，同时又保持住区在一定程度上的私密与领域感的一种有效方式。

1）建立有序的空间层级

住区公共空间的建设应摒弃原先“小区独享中心花园”的思路，着重建立从单元组团的围合院落到与城市空间衔接的引导性公共空间，形成“开放—适度开放—封闭”的开放空间层级，并根据每个层级的尺度、规模与空间领域感划分明确的空间功能和清晰的层次界限。我们应当明确基本封闭单元、居住组团、住区、城市居住板块等各层级的空间特点与形态，并依据不同类型的日常活动与交往行为，完善各层级开放空间的功能特性与领域特征，打造特点鲜明、开放适度、有机过渡的空间形象，为住区整体公共空间序列的形成埋下伏笔。

图 5–8　南京万科金域蓝湾

2）注重层级衔接方式

宜居住区开放空间形成大区域对城市开放与小尺度封闭的“适度开放”整体空间格局。宏观尺度开放有利于住区与城市空间的衔接与沟通，增加居民与不同类型人交往的机会，而微观尺度适当封闭，有利于居民对领域的认可与对空间私密性的需求，促进适度规模的交往人群之间交往活动的发生和接触的频率，符合邻里塑造和领域感、归属感的建立。

首先，住区可以通过独立地块集中布置对外服务功能区，并结合大型公园开放空间与公共设施、公共交通形成集中外向型开放空间。对外的功能区需要与城市有较好的衔接与联系，街道、公共设施、商业、主题休闲开放空间集中设置对城市开放共享。南京万科金域蓝湾在小区的主入口处集中设置近 5000 平方米的商业广场并结合城市景观、公交站点，打造服务于小区所在整体社区居民的休闲活动空间，既满足了公共设施是市场化运作条件下向城市开放需要，同时又便于居民的使用（图 5–8）。

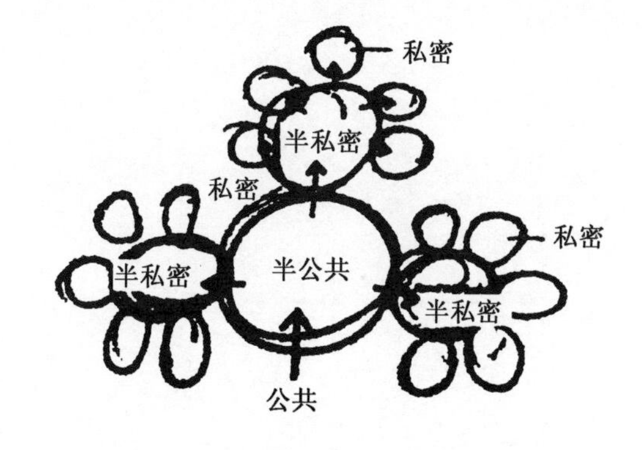

图 5–9　开放空间序列结构

其次，根据活动与功能的公共开放程度来逐层开放，实行公共—半公共—半私密—私密（图 5–9）的完整空间序列与结构模式，在保证区域开放必要的安全性和私密感的基础上，进行小范围的邻里单元的封闭式管理。层层递进的层级开放与衔接方式，在开放空间上能很好地融入城市肌理和生活，形成良好的衔接与多层次的开放特征。各层级开放空间之间并非通过围墙来进行隔断，而是通过各种空间的暗示、转折、递进、引导等手法实现开放空间的自然过渡。深圳万科四季花城将公共空间的组织分为 3 个层次：私人院落—街区式邻里—居住社区，从社区中心的公共空间序列到街区式邻里、乃至私人院落，不同程度的私密性设计力图和人与人的交往及心理归属层次的多元化相适应。中心公共空间为开放式布局与管理，使其真正体现了公共空间特质，并结合功能相对齐全的服务设施，营造小城镇式的商业繁华气氛与生活气息，成为社区居民交往、休闲活动、社区与城市向融合渗透的场所[1]。

5.3.3 开放空间功能协同

住区开放空间与城市周边区域特别是周边住区之间的功能协同、资源共享，可以避免不必要的重复建设，带来区域市场价值的显著提升。“自成一体、各自为政”的做法永远是把住区限制在自己所属的“一亩三分地”中，无法发挥城市系统的统筹效应，只有协同开发、合力拓展才能有效促进城市空间的一体化发展。

1）区域统筹布局与协同发展

住区开放空间的统筹布局首先需要政府相关部门在城市总体布局和控制性详细规划层面进行有效控制与规划，明确各个层级的开放空间以及与之对应的公共配套设施的建设空间、建设时序、建设主体，并以政府为主导开展土地资源的优化配置，确保纵向系统的各环节建设满足区域居民日常生活多样化需求的完整性。同时，各层级开放空间的协同发展需要城市居民的日常参与与监督，在区域布局时有效吸纳居民的合理诉求，保证建设公共空间的使用效率，避免资源的重复浪费。南京市在河西新城区的建设中通过编写《南京新建地区公共设施配套标准规划指引》，对城市公共空间的规划建设进行了合理化的引导。其中明确了市级、地区级、居住社区级、基本社区级等四级公共空间的配置准则[2]，依据不同层级的发展定位，制定了相应的开发规模与内容。这种系统化的建设章程是我国快速城市化时期实现城市公共空间区域统筹布局与规范管理的一次有益尝试。

2）功能互补发展

在着力完善本住区开放空间层级的构建与营造的基础上，政府部门与开发商要协同规划与布局进行必要的差异化建设，使得区域地块内不同住区内部的开放空间与配套设施形成互补。开放空间与配套设施的差异化不仅有效填补了单个住区公共设施建设品种无法满足居民日常需求的缺憾，而且促进不同住区居民的日常交流与互动，实

[1] 王彦辉．走向新社区．南京：东南大学出版社，2003：212

[2] 市级、地区级、居住社区级、基本社区级等四个层级的配置准则详细指标请参见《南京新建地区公共设施配套标准规划指引》

现了多元化的开放空间和生活配套的共享，避免了同质化社区建设带来的公共资源使用率低下、空间乏味等问题，同时增加的社区人气为商业设施的市场化运作带来福音。

5.3.4 开放空间界面协调[1]

目前的城市住区规划主要的依据是城市控制性详细规划所确定的设计要点和有关的居住区规范，使得住区规划只关心红线范围内的空间形态与关系，对周边的城市界面缺乏整体的协调与考虑。然而，住区作为组成城市空间中规模与尺度较大的单元，其延续的空间界面对城市空间界面与形态有着重要的影响。因此，必须从塑造城市整体空间形态出发，对住区开放空间的空间界面、空间引导等要素进行控制和引导，从而与城市或周边的空间形态形成和谐与整体协调的空间关系。

1）多要素整体控制

住区临城市的空间界面在楼群高度、立面尺度、色彩与材料等等都对城市空间界面形态起到至关重要的作用。因此，应该从城市的角度出发对住区的界面空间进行整体的控制与引导，通过引入城市设计的导则来对住区界面进行控制，充分发挥城市设计在空间环境整体控制方面的优势，避免开发商以局部利益为出发点的规划设计形式。

首先可以对住区界面的构成要素制定设计导则，对形成界面的主要设计要素如建筑色彩、材质、尺度、建筑群体组合与空间形态等方面进行总体的把控。其次，要对重要地段的界面和节点性空间进行形态的重点分段控制。在保持界面的连续性的基础上，通过对居住片区界面空间的分段控制来保持界面节奏性，一定长度的界面需要形成空间形态上的开合变化，如重要的商业、入口或者制高点等节点进行重点考虑，形成既统一又有变化的空间界面。

2）灵活多变的空间形态

住区开放空间界面不仅在限定空间与形态上起着重要作用，同时也反映在人的切身体验与空间感知上，连续的空间引导是开放空间被感知的重要物质基础。因此，空间上的连续性与整体性是塑造良好开放空间界面的关键。不同的开发理念、设计手法、开发周期的住区，由于市场的变化、消费者的喜好等，也使得住宅建筑的风格与类型都不尽相同，这同样也影响了开放空间界面形态的整体协调。因此，不同区块的住区单元界面既要在形态、色彩上彼此呼应和衔接，同时，在轮廓、尺度、形式、素材与韵律上也要体现整体又呈现各自的特点，在统一中求变化，反映时间上的连续性与动态性特征。避免大片同质与雷同的界面，连绵分布过长，带来枯燥和千篇一律的空间界面，破坏城市空间的多样性。

[1] 劳炳丽.规模住区开放空间建构策略与规划方法研究[D]：[硕士学位论文].重庆：重庆大学，2009：92

5.4 小结

住区空间不仅要满足本区居民的使用需求，同时还应实现与城市空间的协同发展。在这样的前提下，宜居住区的营造需要从以往单一的、独立的满足住区自身开发建设的模式中解脱出来，放到城市空间规划和可持续发展的大背景中进行研究。本章从道路交通、公共服务设施配置、公共空间三个方面对住区与城市空间协调一体化的具体策略与方式进行了探讨。

道路交通方面：

住区的道路不仅是为住区居民提供交通活动的场所，同时也是城市交通活动网络中的一部分。道路网的组织要改变“大街区、宽马路、稀路网”的传统模式，将住区交通与城市交通统一起来进行组织，将住区路网作为城市微观层面的路网进行布局。倡导格网式城市路网，改变对城市主干道体系的过度依赖，并增加路网密度特别是城市支路网密度来解决各种交通需求。考虑城市道路空间的使用公平性与城市宜居性原则，合理布局步行交通与非机动车交通在城市路网中的体系，保障道路网的“交通性”与“生活性”。

公共服务设施配置方面：

在市场经济条件下，重新审视有关公共服务设施的分类和规划职能界定，根据其盈利属性和产品公共属性进行分类配置优化，保障公益性设施的建设与管理，整合与共享区域资源，避免重复建设。调整公共服务设施的配建层级，将原先的三级配建简化为两级，同时根据各个城市、地区具体的规划片区条件，对各配套等级的服务人口、服务半径进行相应的调整，并通过空间布局形态的规划加以控制，使得公共服务设施的布局形态与促进市场集聚效应、增强区域活力的目标相适应，从而形成与城市的良好互动。在设施开发建设上，应该摆脱“谁开发谁配套”的原则，引入多元化的供给主体，并转变原先独立经营、自负盈亏的方式，通过市场调控与政策引导促进政府、开发商、民间团体之间的互动，逐步形成共同开发运营机制。

公共空间方面：

住区开放空间应该保持与城市的积极联系，纳入城市开放空间总体布局，丰富和完善城市空间与功能，形成连续和共享的开放空间网络。开放空间的结构与肌理应该与城市空间形成契合统一与良好互动的关系，在保持自身的完整与有序空间层次同时注重各层级之间的有效衔接，构建一个多层次开放有序的开放空间体系。开放空间功能在纵向城市层面进行开放空间统筹规划，在横向协调居住片区内各个住区开放空间关系，并依据开放空间的优势与特点进行功能互补与协同，提高资源的使用效率。最后，开放空间的界面整合应从塑造城市整体空间与形态结构为出发点，对住区开放空间的空间界面、空间引导等要素进行控制和引导，从而与城市或周边的空间形态形成和谐与整体协调的空间关系。更为重要的是，通过空间形态的融合，引导居民住区活动与城市空间活动的融合与衔接。

6　住区生态节能与住宅产业化

6.1　住区生态节能及其技术集成

生态住宅建设当前已经成为国内建筑界备受关注的热点和发展方向。人们关注的焦点从最开始的面积、地段、房型、环境，转变为现在的生态、健康、宜居等方面，这正从根本上反映了人们居住水平的提高以及在此基础上对以人为本、回归自然的渴望。在住区建设中引入生态节能理念，强调人类是自然的一部分，人类既要改造自然，更要尊重、遵循自然规律，从而实现人居环境和自然系统良性互动的循环关系，符合宜居城市的发展理念。

6.1.1　住区生态节能研究的必要性

我国正处于经济快速发展阶段，作为大量消耗能源和资源的住宅建筑，必须发展生态节能技术，改变当前高投入、高消耗、高污染、低效率的模式，承担起可持续发展的社会责任和义务。

1）是贯彻可持续发展战略的需求

我国已将生态可持续发展放到国家战略高度，建设环境友好型、资源节约型社会也已成为我国全面建设小康社会目标的必要举措。但我国目前能源、土地、水、材料等资源严重短缺而且实际利用效率低，环境污染等现象严重并且仍在不断加剧。不重视生态环境和能源节约的传统发展模式，已造成自然生态恶化，环境污染令人触目惊心。

在过去的 30 年中，我国的城市化进程基本上走的是高投入、高消耗、高污染、低效益的粗放型发展道路。如果继续沿用传统的经济发展模式和污染末端治理模式，我国有限的资源和环境承载力将不可能支持未来经济的高速发展。因此，必须转变现有的发展模式，探索一条科技含量高、经济效益好、资源消耗低、环境污染小、人力资源得到充分发挥的新型工业化、城镇化的道路。

2）符合宜居城市的发展理念

从国际社会对宜居城市的研究发展的背景来看，21 世纪可能是人类由“黑色文明”过渡到“生态文明”的新世纪。早在 20 世纪 30 年代，美国建筑师兼发明家 B. 富勒就曾将城市的发展目标、需求与全球资源、科技结合起来，用逐渐减少资源来满足不断增长的城市发展需要，也就是对有限的物质资源进行充分和最合时宜的设计和利用，符合循环利用原则。目前，国内经济较发达的省市，均积极部署，开展宜居城市及生态节能住区的研究和实践。一些相关规定，如《绿色生态住宅小区建设要求与技术导则》等的制定，使生态节能住区的建设逐渐有法可依、有规可循，引导生态节能住区的建设，逐步走向科学、严谨和理性的轨道，成为了宜居城市、宜居住区建设的坚实后盾。

3）是实现我国建筑业跨越式发展的途径

目前城市的不健康发展已在很大程度上削弱了其作为人类居住生活空间的功能，已不再是人与自然和社会健康发展的乐园。存在的主要问题包括：住宅产业粗放型的发展方式尚未得到有效的扭转；建筑能源浪费严重，住宅质量与居住环境质量偏低，规划设计与施工管理的标准不健全。在相当一部分城市住区中，存在居住条件恶化、环境污染、人际关系冷漠等“城市病”。从中国与世界的差距来看，走中国特色的生态节能住区发展道路是实现建筑业跨越式发展的重要途径[1]。

总之，从宏观战略高度上看，生态节能住宅既是解决建筑、城市可持续发展问题的需要，也是丰富、完善、更新拓展传统建筑学学科的内容的需要，顺应宜居城市建设发展潮流，因此具有旺盛的生命力，属于 21 世纪历史发展的必然。

6.1.2 住区生态节能技术集成

在生态节能住区的建设过程当中，理念固然重要，但技术选择则更为重要，能否科学、准确地选用生态节能技术直接关系到住区生态建设的成败。《北京宪章》指出“21 世纪必将是多种技术并存的时代”，住区生态节能的建设所涵盖的技术内容也必然是多方面的——土地资源的有效利用、能源利用率的提高、水资源的节约等方面的综合运用。在现今条件下，我国生态宜居的住区建设应该以节地、节能、节水等技术的综合集成为发展方向。就当前我国的经济、技术水平而言，我们只有在坚持科技创新的前提下，走技术集成的道路才能及早实现住区的生态化和可持续发展。东南大学建筑学院多年来持续关注住区生态节能及其技术集成的研究，并在多个科研、工程项目中进行探索实践。现将相关阶段性成果汇总如下：

6.1.2.1 技术措施 1——节地与室外环境

1）合理利用土地资源

场地建设不破坏当地文物、自然水系、湿地、基本农田、森林和其他保护区。

[1] 孙惠琴，刘军民．绿色建筑大有作为[J]. 建设科技，2004（10）

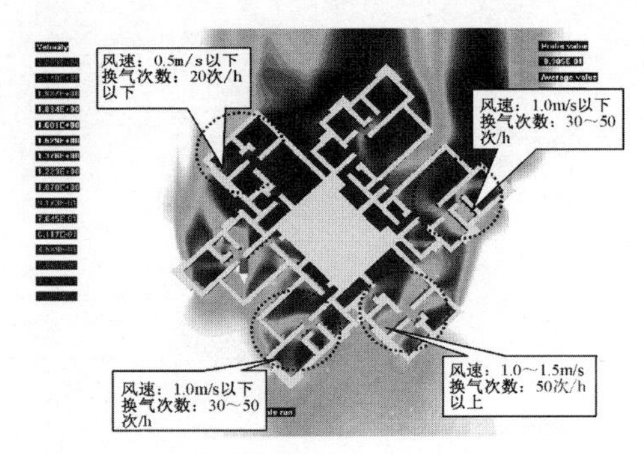

图 6–1　风速分析 01

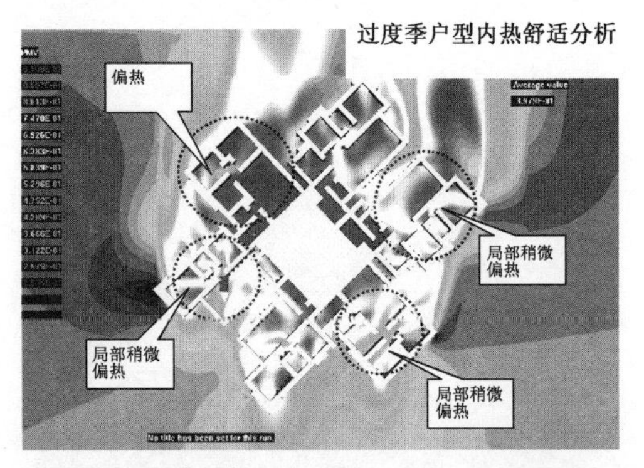

图 6–2　风速分析 02

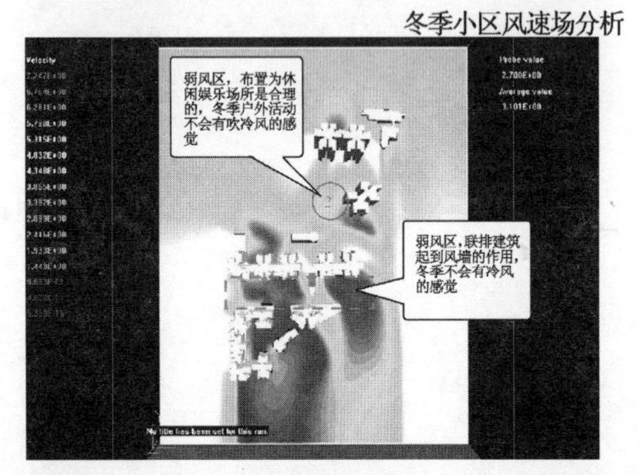

图 6–3　冬季小区风速场分析

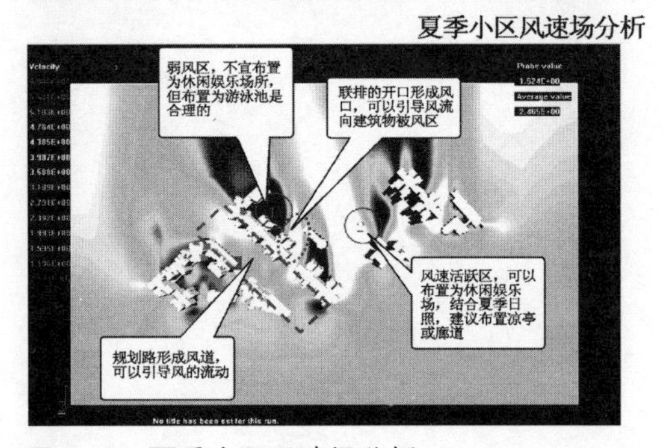

图 6–4　夏季小区风速场分析

合理选用废弃场地进行建设。对已被污染的废弃地，进行处理并达到有关标准。

2）室外环境控制

（1）光环境

建筑立面不采用会产生强烈反射光及眩光的镜面玻璃和光面金属板等材料，避免光污染引起的安全隐患和不适。[1] 对住区应进行日照分析，进而对建筑的体形和体量进行调整，不影响周边建筑和场地的正常日照和采光。

（2）大气环境

住区可能产生的大气污染有三类：

① 住区室外停车场上大量汽车产生汽车尾气；

② 住宅中对外排放的厨房油烟；

③ 住宅中卫生间对外排放的污物臭气。

应采用技术措施，对这三部分气体进行处理，达标后高空排放，将其对空气质量的影响减到最小。检查居住区场地内是否存在其他超标的污染源，并进行处理。

（3）风环境

应对建筑物群的风环境进行模拟预测（图6-1～图6-5），控制场地内建筑周边的风速，结合周边地块的情况对建筑物的体形、体量和布局进行优化调整；重视再生风和环境二次风，将建筑物周围人行区 1.5 m 高处的风速控制在 5 m/s 以下（不包括特殊自然气候的情况），不影响室外活动的舒适性和建筑通风。

（4）声环境

在总体布局上，住宅应相对远离城市的主干路；在采用低噪声路面、生态声屏障的基础上，应种植乔灌木，以起到一定的隔声、消声作用；若采用地下水源热泵作为冷热源，建筑屋顶不设置冷却塔，也能相应减少噪音。经过优化调整，应能使场地环境噪声符合现行国家标准《城市区域环境噪声标准》（GB 3096）的规定。

（5）室外地面

在采用低噪声路面的前提下，增加室外透水地面比率，使其达到 40% 以上；在此基础上，室外硬质地面适当采用透水材料（如渗水沥青、植草砖等），减少地面雨水径流，收集渗滤雨水。该措施可对增加地下水涵养、减轻排水系统负荷、调节微气候都有积极的意义 [2]。

（6）施工污染控制

应对施工组织提出严格要求，要求施工单位提出具体措施以减少施工活动中扬

---

［1］徐雷，曹震宇，康健．浙江辛迪集团总部大楼绿色建筑技术研究 [J]. 城市建筑，2007（04）

［2］邢明泉．基于《绿色建筑评价标准》的建筑设计模式研究 [D]：［硕士学位论文］．杭州：浙江大学，2008

尘对大气环境的污染，减少对土壤环境的破坏，妥善处理施工工地污水，控制建筑施工噪声，减少施工场地电焊操作及夜间作业中所使用的强照明灯光等产生的光污染，并在施工现场适当围护以保障安全。

（7）绿化设计

场地绿化方面，规划的绿地率应较高，对改善生态环境和微气候、美化环境可起到积极的作用；植物配置方面，绿化物种应选择适宜当地气候和土壤条件的植物，不搞奢侈绿化，不移植野生树木，在保证绿化景观地方特色的同时，提高成活率，降低成本，植物的配置采用包含乔、灌木的复层绿化，摒弃大面积的单纯草坪绿化，形成富有层次的绿化体系，以取得较好的生态效果和景观效果；立体绿化方面，结合建筑功能采用植被屋面，可有效地改善建筑内部环境，既切实地增加绿化面积，又改善了建筑维护结构的保温隔热效果，达到节能的目的。

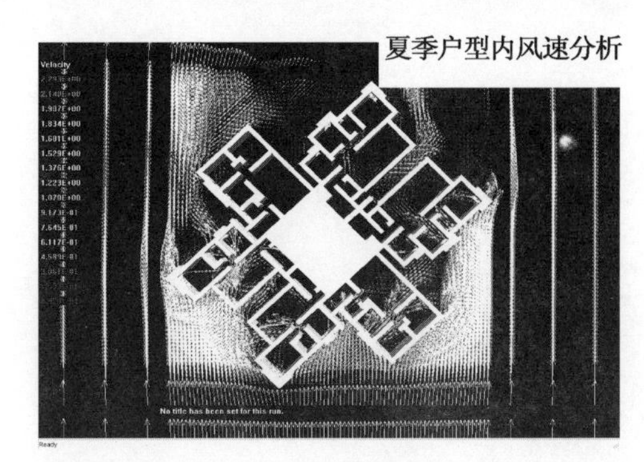

图 6-5　夏季户型内风速场分析

6.1.2.2　技术措施 2——节能与能源利用

1）围护结构

应遵循的基本原则：建筑物的外围护结构热工性能指标高于住宅节能标准的规定；建筑立面设计中不采用玻璃幕墙，在不影响自然采光和通风的前提下，适当加大实墙面积、减少透明窗体面积，从而减少吸收太阳辐射，以获得较好的保温隔热效果；采用可调节外遮阳构件，人为控制吸收太阳辐射，降低全年建筑物能耗。

外窗可采用断热铝合金框和低辐射中空玻璃，东、南、西三个朝向结合可调节外遮阳构件。空气渗透性能等级不低于国标《建筑外窗气密性能分级及其检测方法》（GB/T 7107—2002）规定的 3 级。

2）自然通风

通过可调节方向的垂直百叶引导夏季风进入，加强自然通风；有利于冬季日照并避开冬季主导风向。

3）空调系统

（1）冷热源（图 6–6）

可选用地下水源或如土壤源热泵作为冷热源，其中采集地热的一次水系统采用同井同层取水回灌技术，设置板式换热器，二次水作为水源热泵机组的水源。

可设置水源热泵或地源热泵机组用来供应住区的室内空调，机组供水温度按常规系统控制。制冷机冷凝热供卫生间热水用，作为太阳能热水系统的补充能源；当冬季屋顶太阳能热水箱热水充足时，系统进入冬季免费空调模式，主机和冷源侧水泵停开，利用屋顶太阳能直接加热系统空调用热水[1]。

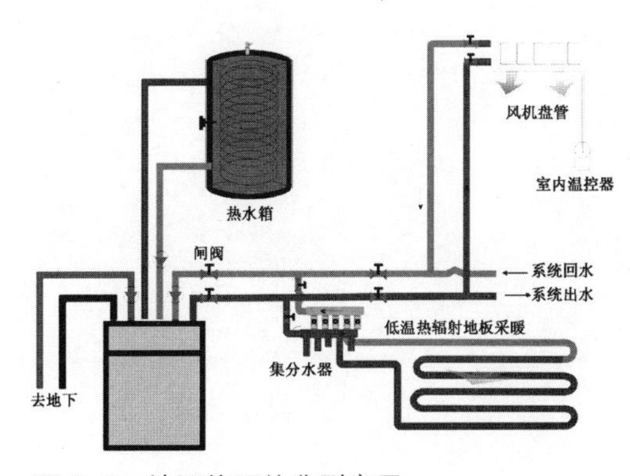

图 6–6　地源热泵的典型应用

[1] 杨建敏，戴源德，冯立杰．水源热泵空调系统及工程实例分析 [J]. 制冷与空调（四川），2009（03）

（2）系统节能

可采用冷凝热回收水冷螺杆主机，回收的冷凝热在阴雨天为屋顶太阳能热水箱提供热水。

（3）调控计量

设计建筑设备智能监控系统，室内可智能控制温度及湿度。水系统设动态水力平衡阀，平衡水力工况，同时在主机允许范围内水量变流量运行。

4）照明系统

住宅各房间（储藏室除外）的照明应利用自然采光，减少白天对人工照明的依赖。住宅内各房间的照明功率密度值应小于《建筑照明设计标准》（GB 50034—2004）规定的目标值 9 W/m^2。住区公共建筑的室内走道可采用高效节能的紧凑型荧光灯和电子镇流器，可自动控制。公共建筑的照明系统采用分区集控、场景设置等技术，办公室内灯具的亮度可以根据光感探测器的探测结果自动调节。楼梯间采用红外线控制开关。夜景照明采用自动控制。

5）可再生能源利用

（1）浅层地能利用

浅层地能是指在太阳辐射和地心热产生的大地热流的综合作用下，存在于地壳下近表层数百米内恒温带中的土壤、砂岩和地下水里蕴含的低品位（<25℃）的可再生能源。住区可采用地下水源热泵作为冷热源，应用单井抽灌能量采集技术，这是一个以水为介质的密闭循环的热量采集装置，是土壤源热泵系统的一种。该技术优势在于运行过程中没有水资源消耗，对区域地下水状态和地质结构无影响[1]。

（2）太阳能利用

① 太阳能光热转换

卫生间及厨房可采用分体承压式太阳能热水系统。太阳能热水系统包括太阳能集热器、太阳蓄热水罐、循环水泵、膨胀罐等设备。系统所产生的热水量在标准工况下大于全部建筑生活热水消耗量，为充分提高利用效率，多余的太阳能热水在冬季提供给空调系统作为热源补充。

② 太阳能光电转换

室外道路照明充分利用太阳能，配光电板，采用光电转换技术获取能源，并采用 LED 灯。

[1] 王秉忱．我国浅层地热能开发现状与发展趋势[J].供热制冷，2011（12）

6.1.2.3　技术措施 3——节水与水资源利用

1）给水系统

采取有效措施避免管网漏损，设置合理、完善的供水系统。

2）管材设备

室内给水管可采用内衬不锈钢复合钢管，避免管网渗漏。公共建筑内的卫生间内应采用配自闭式冲洗阀的带水封蹲式大便器或带水箱坐便器，配感应式冲洗阀壁的挂式小便器，配感应式水嘴的台式洗脸盆，卫生洁具应全部采用节水型。室外排水管可采用硬聚氯乙烯（PVC–U）埋地排水波纹管道系统。

3）雨水利用（图 6–7）

可设屋面及绿地雨水收集系统，收集过程为屋面雨水→初期弃流装置→沉淀池→变频加压泵→加药→消毒装置→绿化用水。室外地坪采用砂基渗水砖。

4）绿化灌溉

绿化灌溉应采用喷灌、微灌等高效节水的灌溉方式。

5）透水铺装

硬地坪材料应选用透水性好的材料增加雨水就地回渗率，径流系数选用 0.30。

6.1.2.4　技术措施 4——节材与材料资源利用

1）外立面构件

应控制使用造型要素中无功能作用的装饰构件，以节约资源。

2）建筑施工

为节省资源，住宅可实行土建与装修工程一体化设计施工，既可完整体现建筑师的设计意图，又避免了二次装修对结构的破坏，节约材料，节省施工时间和能耗，减少建筑垃圾和噪声污染。

将建筑施工、旧建筑拆除和场地清理时产生的固体废弃物分类处理，并将其中可再利用材料、可循环材料回收和再利用[1]。

3）装修材料

在建筑外装修和室内装修中，应选用有害物质含量不超标的装饰材料，例如选用人造石材代替具有放射性的天然石材。在建筑选材时应考虑材料的可循环使用性能，在保证安全和不污染环境的情况下，可循环材料使用重量占所用建筑材料总重量的 10% 以上，可再利用建筑材料的使用率大于 5%。

6.1.2.5　技术措施 5——室内环境质量

1）建筑环境

图 6–7　雨水的收集利用

[1] 王波，杨文奇，刘浩，等．新加坡绿色施工及文明施工评价标准[J]. 施工技术，2011（07）

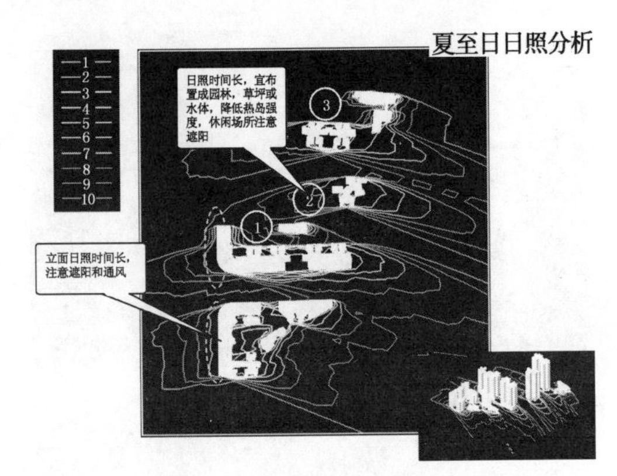

图 6-8　夏至日日照分析

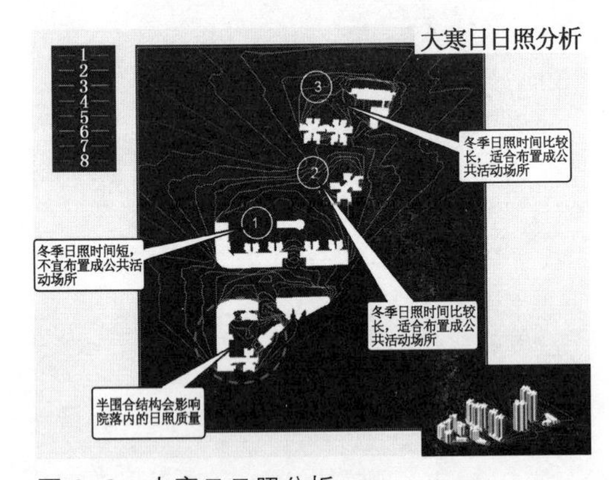

图 6-9　大寒日日照分析

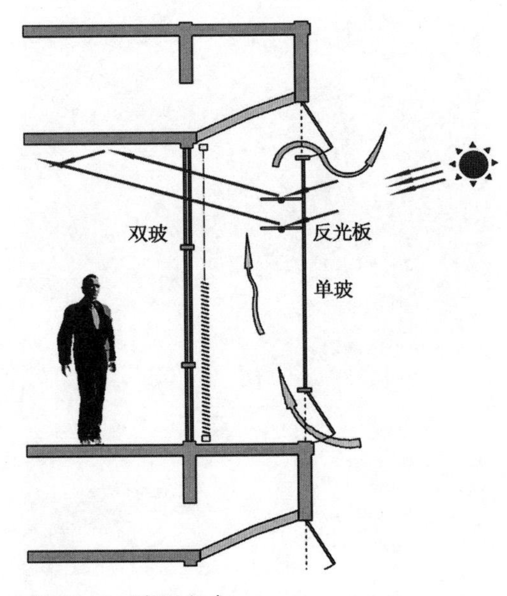

图 6-10　遮阳方式

采取合理的保温、隔热措施，减少围护结构热桥部位的传热损失；在建筑室内选用防潮、防霉的表面材料，并加强自然通风。为了方便残疾人、老人和儿童使用建筑空间，体现建筑整体环境的人性化，在建筑入口、电梯、卫生间等主要活动空间应设置无障碍设施。

2）声环境

室内背景噪声应符合现行国家标准《民用建筑隔声设计规范》（GBJ118）中室内允许噪声标准中的二级要求，室内噪声标准≤ 50 dB（A），在优化中采取相应的措施。首先，建筑外墙上的窗户采用中空玻璃，起到隔离室外噪声的作用；其次，对建筑内的噪声源（如设备机房）做好减震和吸声；第三，合理调整安排建筑平面功能布局，减少相邻空间的噪声干扰。

3）光环境（图 6–8、图 6–9）

尽量利用自然采光，同时结合外遮阳构件，通过反光，将更多的自然光引入室内。建筑室内照度、统一眩光值、显色指数等应满足《建筑照明设计标准》（GB 50034—2004）的要求。配套设施的办公空间等应尽量采用漫反射形式的灯具或经过折射的灯具以减少眩光。

4）空气环境

室内温度、湿度、风速等均应按《居住建筑节能设计标准》的要求设计。控制建筑围护结构内表面温度高于室内空气露点温度。室内人员新风量应满足《居住建筑节能设计标准》（GB 50189）中要求。应通过自然通风和机械通风相结合方式，使得室内游离甲醛、苯、氨、氡和 TVCO 等空气污染物浓度符合现行国家标准《民用建筑工程室内环境污染控制规范》（GB 50325）中有关规定。设置室内空气质量监控系统，有效地保证健康舒适的室内环境。

5）通风遮阳（图 6–10、图 6–11）

加强自然通风；同时加大外窗的可开启面积，增加通风的有效面积；立面设计结合建筑造型设置合理的可调节外遮阳构件，形成整体有效的外遮阳系统，在夏季减少太阳辐射热和传导热，改善建筑室内热舒适度[1]。

6.1.2.6　技术措施 6——运营管理

1）建筑运营

设置建筑智能化系统，其定位要合理。若设置建筑智能化系统，可从以下智能化子系统中挑选，并确保功能完善：火灾自动报警及联动控制系统、建筑设备监控系统、通信网络系统、计算机网络系统、综合布线系统、安全防范系统（入侵报警

---

［1］朱燕燕．夏热冬冷地区建筑遮阳系统设计及其节能评价[D]：［硕士学位论文］．成都：西南交通大学，2007

系统、视频安防监控系统、出入口控制系统、电子巡查系统、停车场管理系统、安全管理系统）、有线电视系统、公共广播系统、智能一卡通系统（停车场、门禁）、多媒体会议系统、智能照明控制系统、公共显示系统。

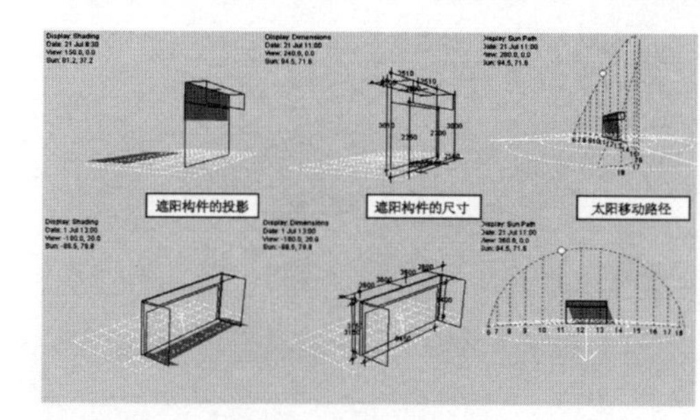

图 6-11　遮阳构件分析工具

建筑通风、空调、照明等设备自动监控系统应技术合理，运营高效。可通过设备监控系统（BAS 系统）达到节约能源、降低资源消耗、减小污染和使用安全方便的目标；照明系统可采用分区集控、场景设置等技术，办公室内照度可以根据光感探测器的探测结果自动调节，走道、楼梯间采用红外线控制开关，夜景照明采用自动控制。

建筑施工兼顾土方平衡以及道路施工时设施的使用。建筑运行过程中确保不达标废气、废水排放。应分类收集和处理废弃物，且收集和处理过程中应无二次污染[1]。

设备、管道的设置应便于维修、改造和更换。对空调通风系统按照国家标准《空调通风系统清洗规范》（GB 19210）中规定进行定期检查和清洗。

2）运营管理

聘用的物业管理部门必须通过 ISO 14001 环境管理体系认证，在管理的过程中制定并实施节能、节水等资源节约与绿化管理制度，同时具有并实施资源管理激励机制，管理业绩与节约资源、提高经济效益挂钩。

6.2　住宅产业化

当前，我国人居环境建设正面临着城镇化加速发展带来的巨大压力和挑战。随着大量人口快速向城市集聚，生态破坏、环境污染、能源紧缺、交通拥堵、居住困难等城市问题日益严峻和突出。在未来的 20 年里，我国还将有 3 亿多农村人口陆续进入城市，这将使本来就棘手的城市问题变得更加复杂。要建设经济、社会和环境协调发展的绿色宜居城市，创造人与自然和谐共处的人居环境，迫切需要我们从城镇化问题入手加紧研究和解决。面对能源和资源危机的严峻挑战，建设节约型社会、推广生态节能型住宅已经成为房地产的主导方向。在这样的大背景下，住宅产业化是城市化高速发展中，住房尤其是保障性住房集中大量建设的有力保障，使得人人皆有其居；同时，促进生态节能型住宅产业化发展，会降低应用成本，使得人人享有高品质住宅，对宜居城市及宜居住区的建设具有重大的意义。

6.2.1　住宅产业化的内涵与意义

6.2.1.1　住宅产业化的内涵

随着我国住宅发展进入到一个新的阶段，国民经济的迅速发展，城市化进程加

[1] 宋凌，李宏军．运行使用阶段绿色建筑评价标识实践浅析 [J]. 建筑科学，2011（02）

速，在我国，住宅的需求量在相当一个时期内将保持高速增长。以住宅为主体的房地产业在国民经济中占据着相当大的比重，如何使住宅产业保持高速、健康的发展，提高住宅建设的质量，提高劳动生产率、降低能耗，关系到广大市民的生活质量，关系到国民经济的健康稳定与可持续发展，也关系到房地产业的升级提高。而改变现存的住宅建设方式，逐步实现产业化、工业化，是实现上述目标的根本途径。因此，产业化是住宅建设的发展趋势。在发达国家已经基本实现产业化的建设模式，无论是在住宅建造速度、质量，还是在节能环保等方面，都取得了很大的进步，而在我国，住宅产业化还处于刚刚起步的阶段。

所谓住宅产业化，即在工厂生产住宅建造所需的主要构件（模块），然后运送到工地现场进行组装及必要的现场施工，快速标准化地完成住宅的建造。

住宅产业化，是用工业化生产的方式来建造住宅，以提高住宅生产的劳动生产率，提高住宅的整体质量，降低成本，降低物耗。其包含四个方面的基本内容：住宅建筑的标准化；住宅建筑的工业化；住宅生产、经营的一体化；住宅协作服务的社会化[1]。

6.2.1.2　住宅产业化的意义

（1）住宅产业化是建设节约型社会、保持经济可持续发展的必然选择

目前，住宅建造和使用对资源的占用和消耗都是巨大的，初步统计测算，城市建成区用地的 30% 用于住宅建设，城市水资源的 32% 在住宅中消耗，建筑能耗占全国总能耗 27. 5% 左右，住宅建设耗用的钢材占全国用钢量的 20%，水泥用量占全国总用量的 17. 6%，因此住宅是发展循环经济、建设资源节约型社会最为重要的载体之一。国家提出的大力发展“节能环保省地型住宅”的指导意见，是我国住宅建设发展的战略方针。全面发展“节能环保省地型住宅”，事关促进经济结构调整和经济增长方式转变的大局，是在住宅建设领域中贯彻落实科学发展观，建设节约型社会的重要举措。

（2）住宅产业化是提升住宅质量的有效途径

从生产方式来看，一次性设计、作坊式生产曾经是地产行业的常规，这种落后的生产方式，带来了难以克服的质量通病。因此我们必须改革生产方式，依靠科技进步，走新型工业化的发展道路，实现住宅建设方式的根本转变。随着品质导向、规模效应和周转要求等一系列生存法则的变迁，市场上将主要是标准化设计、工厂化生产的住宅产品。住宅建筑的品质质量将有一个根本性的提高。为提高住宅的生产效率，提高住宅的品质质量，节约材料，节约能源，加强环保力度，降低住宅的生产时间，提高住宅使用人的生活质量，推行住宅产业化势在必行[2]。

---

[1] 刘东卫，薛磊． 建国六十年我国住宅工业化与技术发展（一）[J]. 住宅产业，2009（10）

[2] 刘东卫．住宅工业化建筑体系与内装集成技术的研究[J]. 住宅产业， 2011（06）

（3）住宅产业化是保障性住房建设的有力保障

目前传统的设计方法与建造方式严重制约了保障性住房的高效优质建设，造成了建设效率低、资源浪费严重、质量难以保证的突出问题，已经无法适应大规模建设的需要。中国保障性住房建设走产业化发展道路，在大规模建设时期推进住有所居、保障居住质量有着无可比拟的优势。保障性住房的产业化发展，对于我国来说，依然处于摸索阶段。而在国外，政府主导的公共住宅标准化设计、工业化建造已经是国际主流。近几年来，随着保障性住房建设的不断推进，许多地方和企业也意识到保障房产业化的必要性，并开始积极探索和实践[1]。

6.2.2 国内外住宅产业化发展现状

6.2.2.1 国际上住宅产业化的发展水平

纵观全球，百年房地产业一直伴随着三大领域蓬勃发展：住宅科技、地产金融、建筑思潮。其中，住宅科技发展的集大成者就是“住宅产业化”。鉴于巨大需求与有限供应的矛盾、品质要求与工艺水平的差距，发达国家无不将“住宅产业化”视为行业乃至国家战略。住宅产业化最发达的国家——瑞典，80% 的住宅采用以通用部件为基础的住宅通用体系；美国的住宅用构件和部品的标准化、商品化程度几乎达到 100%，住宅产业化成熟度可见一斑。

发达国家为了保障住房供应，采取了一系列措施，促进住宅产业化在市场机制下的快速发展，保证了住宅的有效供给。其中主要有：① 重视立法，在法律的框架下建立各项制度和激励机制，使住宅建设及其产业化有序发展。德国政府于 1950 年颁布了第一部《住宅建设法》，其主要目的是建立工业化住宅生产体系，推动福利性社会住房的建设。瑞典政府为了推动住宅建筑工业化和通用体系的发展，1967 年制定了《住宅标准法》规定，只要使用按照瑞典国家标准和建筑标准协会的建筑标准制造的建筑材料和部品来建造住宅，该住宅的建造就能获得政府的贷款。日本是制定有关住宅建设和推进住宅产业发展的相关法律最多的国家。第一次立法始于 1951 年，出台了《公营住宅法》、《住宅金融公库法》（1996 年修订）。之后，又相继于 1960 年、1963 年、1966 年、1999 年制定了《住宅质量确保促进法》等十多部法律，有效地保证了住宅建设和推进住宅产业化各项制度的建立和实施。② 适时制定住宅建设和产业化发展的计划与政策，指导住宅建设和产业化的发展。日本政府于 1966 年颁布了《住宅建设计划法》，在此法律框架下，每五年制定一次住宅建设发展规划（目前正在实施第八个五年计划）。每次计划都在住宅现状调查评价与住宅需求预测、住宅建设经济能力评价和预测、住宅建设技术途径评价与预测的基

[1] 丁运生，赵财福．住宅建设的产业化及国外经验借鉴[J]. 住宅科技，2003（12）

础上，制定下一阶段发展的指导思想和计划目标、产业化发展的重点方向以及完成这些目标的政策及技术措施[1]。

6.2.2.2　目前我国住宅产业化的实施状况

从目前状况来看，我国的住宅产业技术还相对落后。表现为住宅建筑水平仍处于粗放型生产阶段；住宅设计、平面布局、功能空间、能满足住户需求：住宅体系主要采用砖混结构、钢筋混凝土结构等形式，结构自重大，开间小，梁、柱粗大，空间利用率低，而且拆除不便；住宅生产方式和工艺落后，仍以现场手工操作和湿作业为主；建筑材料的水平和档次低，仍以传统的砖瓦材料为主，传统居住建筑体系已落伍，新的建筑体系尚未形成；住宅使用的各种设备、制品的模数协调体系尚未形成，各种产品的标准化、通用化差等，从而造成我国住宅建设的劳动生产率低、建筑成本高、质量差、生产周期氏。这种状况不能满足居民对住宅数量与质量的双重要求，也不能满足住宅产业成为新的经济增长点的要求。

中国的住宅产业化之旅，在上世纪 90 年代中期便已由政府开始推动。从 1994 年的“国家 2000 年城乡小康型住宅科技产业示范工程”，到 1998 年建设部等部委出台《关于推进住宅产业现代化，提高住宅质量的若干意见》，再到 1999 年 8 月建设部和七部委一同起草的中国住宅产业化纲领性文件，“住宅产业化”的宏图远景清晰可见[2]。

住宅产业化虽然在中国提了很多年，但至今中国的住宅产业化程度并不高。目前在国内，地产行业内普遍的住宅产业化程度水平在 8% 至 10%，而作为国内最早进军住宅产业化项目之一的万科集团，万科的工业化比例目前大约为 20% 以内的水平。与其他发达国家相比，中国的住宅产业化之路还有很长时间要走。较之住宅产业化程度高的日本，3 个月内就能建成一栋楼，而中国至少要一年。地震过后，需要在短时间内建成大量房屋，这或许将给中国的住宅产业化进程提供发展的契机。

6.2.3　高性能住宅——住宅产业化发展的目标与保障

6.2.3.1　高性能住宅

通过对我国住宅产业发展状况和趋势的分析，结合笔者对轻钢模网构架混凝土复合保温住宅体系的研究和实践可以得出，住宅产业化发展，离不开高性能住宅的建设，高性能住宅在保障住宅的品质上，将起到不可磨灭的贡献。

高性能住宅应该包括宏观和微观两个方面：

宏观上讲，应该是设计、生产、销售、维护、拆除整个过程中以及管理、检测

[1] 章林伟，张正贵．切实依靠住宅产业化 大力发展节能省地型住宅[N]．中国建设报， 2007-11-14
[2] 王永胜．筑起流淌在生产线上的唯美住宅[J]．城市开发，2009(16)

和验收等监管体制上，对人力、物力、财力等资源的优化配置。即在住宅的全寿命周期过程中，以保证住宅高品质为基础，达到最大限度节约能源的同时，最小限度地减少对环境的破坏，实现本质上的高性能，形成合理的住宅产业运作方式和住宅产业链。

微观而言，则主要针对住宅产品而言，要求其具有较高舒适性、居住性和声、光、热等物理环境，主要以住宅的使用性能、安全性能和环保性能为标志。

6.2.3.2　住宅性能认定制度[1]

我国的住宅性能认定制度是伴随着住房制度改革和住房商品化的实施建立起来的。1998 年国务院宣布停止住房实物分配后，住宅市场空前活跃起来。为了配合建立多元多层次的住房供应体系，促进我国住宅建设水平的全面提升，引导居民放心买房、买放心房，1999 年 4 月，建设部颁布了建住房〔1999〕114 号文件《商品住宅性能认定管理办法》（试行），决定从 1999 年 7 月 1 日起在全国实行住宅认定制度。此后，为贯彻党中央大力发展节能省地型住宅的号召，提高住宅的综合品质，积极而稳步的推进我国的住宅性能认定制度，国家标准《住宅性能评定技术标准》GB/T 50362—2005 于 2006 年 3 月 1 日正式施行。这一技术标准适用于城镇新住宅和改建住宅的性能评审和认定，其原则上以单栋住宅为对象，也可以单套住宅或住区为对象进行评定。《住宅性能评定技术标准》将住宅性能划分为适用性能、环境性能、经济性能、安全性能和耐久性能。每个性能按重要性和内容多少规定分值，按得分分值多少评定住宅性能。住宅性能按照评定得分划分为 A、B 两个级别，其中 A 级住宅为执行了国家现行标准且性能好的住宅；B 级住宅为执行了国家现行强制性标准但性能达不到 A 级的住宅。A 级住宅按照得分由低到高又细分为 1A、2A、3A 三个等级。

住宅适用性能：由住宅建筑本身和内部各设施配置所决定的适合、适用的性能。住宅环境性能：在住宅周围由人工营造和自然形成的外部居住条件的性能。住宅经济性能：在住宅建造和使用过程中，节能、节水、节地和节材的性能。住宅安全性能：住宅建筑、结构、构造、设备、设施和材料等防止危害人身安全并有利于用户躲避灾害的性能。住宅耐久性能：住宅建筑工程和设备设施在一定年限内保证正常安全使用的性能。

住宅适用性能包括单元平面、住宅套型、建筑装修、隔声性能、设备设施和无障碍设施等六个方面。环境性能包括用地与规划、建筑造型、绿地与活动场地、室外噪声与空气污染、水体与排水系统、公共服务设施和智能化系统等七个方面。其

［1］引自《住宅性能评定技术标准图解》，住建部住宅产业促进中心编制

中智能化系统是指现代高科技领域中的产品与技术集成到居住区的一种系统，由安全防范子系统、管理与监控子系统和通信网络子系统组成。住宅经济性能的内容包括节能、节水、节地、节材等四个内容。安全性能包括结构安全、建筑防火、燃气设备安全、日常安全防范措施和室内污染物控制等几个方面。耐久性能包括结构工程、装修工程、防水工程与防潮措施、管线工程、设备和门窗等六个方面。

6.2.4 我国高性能住宅发展存在的问题

6.2.4.1 与日本住宅产业化的比较研究

我国目前所面临的住宅产业化和高性能住宅实现方式的问题在具有我国自身特殊性的同时，和一些已经实现住宅产业化和住宅高性能化的国家有很多共性，通过分析和比较这些国家住宅产业化和高性能化的道路，我们可以在吸取值得我们借鉴的宝贵经验的同时对我们自身发展过程中出现的问题进行更加透彻的了解和认识。日本作为第二次世界大战的战败国，可以在短短几十年的时间内迅速地解决战后的重建和住宅严重缺乏的问题，因此，通过对日本战后住宅建设制度和性能保障情况的分析，可以为发展具有我国特色的高性能住宅提供珍贵的经验。

首先，政府采取了鼓励和支持建造简易住宅的措施，来缓解城市居民住房严重短缺的问题。上个世纪 50 年代前后，住宅短缺的问题得到了解决，政府开始确立永久性住宅为发展方向。因此，1950 年日本政府开始通过金融、政策、建设几大支柱性体系发展住宅建设[1]。

（1）金融体系

金融主要是指住宅金融公库的确立。昭和 25 年即 1950 年成立的住宅金融公库隶属于日本国土交通省及日本则务省，主要是为对银行及其他一般金融机关难于提供长期低利的住宅资金进行贷款而设立。公库贷款大部分是由几家的财政投资及贷款所得，何年在财政投资及贷款计划中，决定该年的贷款额和预定贷款数。公库一直以低于财政投资及贷款的利率进行贷款，同时接受国家所给予的相当于利率差额的补助金。住宅金融公库的主要任务是为购房者、建房者提供长达 35 年的低息固定利率贷款。公库成立 50 多年来，共为 1900 万户的家庭提供住房贷款，总计 180 兆日元，约为日本战后新住宅的 32.1%，为促进日本国内经济的发展、稳定社会秩序、提高本国住宅性能整体水平和国民的生活水平起到了举足轻重的作用。

（2）政策体系

1966 年在国家、地方公共团体以及全体国民的相互努力下，根据长期综合发展的

[1] 参考 Http://www.chinahouse.gov.cn

目标，为了进一步推动住宅建设，日本国会指定了《住宅建设计划法》，即住宅建设五年计划，而每个五年计划的侧重点均不同。到 2005 年，日本共施行了八个五年计划。

除了在政府大的方针和政策上，指定明确的计划和目标之外，政府还确立了明确的住宅性能表示制度和住宅部品的评价方法以及对通过评定的住宅而产生的纠纷处理机制，即住宅纠纷处理机制。当对已经交付建设住宅性能评价书的住宅，可向建设大臣指定的住宅纠纷仲裁机构（各地的律师协会）申请调解纠纷。

（3）建设体系

日本的住宅建设是在二战之后逐步发展起来的。由于战争的原因，日本国内的住房缺口大约为 270 万户，为满足需求，1945 年政府采取应急措施，紧急供应了简易住宅作为廉租屋，解决了 30 万户的住房需求。随后，根据不同时期的计划和政策，进一步加大住宅建设体系的发展。至 1968 年基本上实现了每户一套住宅的目标。1972 年，全国住宅数量超过了住户数量。进入 21 世纪之后，日本国内现有的住房存量大约为 600 万户。日本整个的住宅建设体系在保证快速的解决战后国民对住宅需求的同时，形成了成熟的设计、生产、维护体系。从建设者而言，在满足关于住宅产品的各项指标和制度的要求下，上到国家，下至普通的居民都可以进行住宅的建设。而且整个的住宅建设体系形成了完整的关于住宅产品的标准化、模数化的设计、生产、维护模式，即部品化。这种高效、快速的建设体系在关注不断加大新建住宅规模的同时，还十分重视对旧住宅性能方面的改造和维护。

这三个体系有机结合，在保证住宅建设速度的同时，很好地控制了住宅的性能，并不断合理地引导住户做出理性的选择，另外也监督和鼓励建房者严格控制住宅性能。

6.2.4.2　我国目前存在的问题

当前，我国住宅产业的建设一直保持较快的速度，但住宅产业的粗放型发展模式并没有根本变化。高投入、低性能、高消耗、低效益、资源浪费严重仍然是我国住宅产业发展所面临的主要问题。但我国由于现有城镇居民不断增加的住房需求，城市化进程的不断加快和既有住宅的改造更新等原因，造成了我国住宅需求建设量仍在继续增加，住宅市场的潜力依然巨大。住宅对于我国是真正的民生事业，而如何能够为我国广大的居民提供他们梦寐以求的高性能住宅更是我国住宅产业的发展目标。但无论政府如何采取鼓励政策和措施，我国的高性能住宅发展道路都举步维艰。通过对日本住宅产业的分析，我们可以更加清晰和深刻地认识到我国高性能住宅发展所面临的问题：

（1）体制层面

住宅作为商品在我国已经有了一定时期的发展，但我国的住宅市场俨然是个投资市场，而不是消费市场。也正是在这样的市场体制和机制下，使得大部分人丧失了居住的权利，造成了大量住宅的限制和资源的浪费，并将过多的社会财富积聚到了房地产业上，严重影响了我国社会经济的发展。具体的分析，我国住宅市场体制的问题可以分为以下几个方面：

① 土地所有制的问题

目前我国的住宅地权和房屋产权分置。土地的所有权归国家所有，这就为房地产开发商的投机行为埋下了伏笔。而购房者得到的是70年的使用权。从严格意义上来讲，购房者并没有得到真正的产权，这并不利于住宅产品的流通和交易，当到了使用期限的时候，必定会爆发更加深刻的住房矛盾。

② 分配制度的问题

目前我国住宅产业的分配制度并不是“按需分配”，而是“按资分配”。这种分配制度的形成，进一步加深了我国住宅产业两极分化的现象和房地产业的虚假繁荣。

③ 监管、认定制度的问题

目前我国对于住宅产业的监管、认定制度还不够完善和健全，更多的是宏观性的规范和政策，并没有形成具有针对性的机制。对于住宅性能的评定也并没有形成一定的上升到法律、法规层面的制度，这就造成了房地产开发不注重住宅产品的性能，而一味地追求更高的容积率。

（2）工程层面

从工程层面而言，住宅产品中存在的品质、性能问题突出。例如，以功能布局、面积分配、细部处理等的空间使用性能还不高：以声、光、热、空气质量等物理性能和设施设备的使用性能还较低；以“跑、冒、滴、漏”为特征的工程质量问题普遍存在；以安全环保、舒适便捷、配套完善为特征的环境性能还没有得到应有的重视；以住宅性价比为核心的经济性能还不高；以毛坯房供应为主的传统建造和供应模式没有根本改变；住宅建设的资源消耗大，科技含量低。因此，我国住宅产业的建设更多地依靠传统的设计和生产模式，不能从根本上解决我国住宅性能方面的问题。

① 设计模式

关于住宅产业的设计模式，设计单位和设计人员更多采用的是单打独斗的模式。一方面，并没有形成标准化、模数化，真正面向生产的设计思路。另一方面，没有形成通用化设计的模式，而是针对不同的项目，具体问题具体分析和解决，造成了大量的重复性劳动。

② 生产模式

更多地依赖传统的生产模式和建造模式，造成了对资源的浪费和对环境的破坏。

由于经济利益的驱使，缺少对新兴住宅体系和生产工艺的开发和研究。

只有对我国住宅产业发展中存在的问题进行深入的分析，才可以从中探索出解决问题的策略和方式，更有利于住宅设计人员从中找到自己的位置和研究的方向。

6.2.5 发展策略和方式

纵观整个住宅产业的运作模式，要真正地实现住宅的高性能必须对整个住宅产业的整个过程进行梳理，制度层面要重新划分责权，从而影响利益链的重新组合。政策上，更多的是对土地所有制的改革，通过加深对住宅产业发展方向和趋势的进一步认识，对土地的所有、分配等一系列制度进行根本性的变革，杜绝房地产开发商在住宅产业化中进行投机的可能性，从本质上满足我国居民对高性能住宅的渴望和需求。这些方面更多的是依赖与体制和制度层面的变革，作为高性能住宅的设计和研究人员，由于其角色和职责的局限性，更多的只能提出一些变革的建议以及通过先进的理论去引导市场的趋势等。

首先，政府应该采取切实可行的政策和措施，推动住宅产业化的全面发展，真正地为我国高性能住宅的发展铺平道路，这其中包括对市场的规范，对住宅建造过程中的监督以及住宅建成之后的验收标准等一系列全面的政策制度体系。另一方面，政府应该大力鼓励和支持提高住宅产业科技含量的工作，彻底改变传统的粗放型的发展模式，支持和提倡住宅产品供应商采用科技含量高，环境污染小的绿色的高性能的建造体系和建造工艺。

其次，政府部门应该通过规范和法规的形式，推进住宅产业标准化工作的进行。只有政府自上而下的努力，才可以真正地实现住宅产品部品、部件的标准化和通用化，也只有这样才可以真正地为大规模的工业化生产方式奠定基础。另外，我国多年的实践经验证明，传统的结构体系根本不能彻底解决高性能住宅发展的问题。所以从政府到市场，都应该支持和参与到新型的适合工业化生产的高性能住宅结构体系中来。

在我国，“脏、乱、差”的住宅装修市场现状，作为整个住宅产业化和住宅市场的一个突出问题，也应该受到关注和重视。建筑装修一体化的思路则是能够彻底改变这种局面的有效途径[1]。

根据我国高性能住宅发展仍然处在初级探索阶段的客观事实，从实事求是的角度出发，不能过多的好高骛远。所以在东南大学建筑学院对于高性能住宅探索的过程中，主要把注意力集中在以下两个方面：

（1）以结构体系为骨架，整合其他设备、设施的工业化生产方式。结构体系作为整个住宅产品的骨架，要真正实现对住宅产品性能的提高，必定要在总结传统住宅

[1] 叶玲，王有志．我国住宅产业化存在问题及策略[J]. 住宅产业化，2005（1）

结构体系的基础之上，开发新兴的住宅结构体系，而且这种新的结构体系要在保证和提高住宅产品安全性能等方面的前提下，更好地整合其他先进的设备、设施。更加重要的是，这种结构体系还用该满足工业化的生产方式，具有可以大规模推广的特点。只有这样的住宅结构体系才可以在满足我国大量住宅需求的情况下，更好的保障住宅的性能。

（2）以建筑师的角色转变为起点，形成直接面向生产的设计思路。彻底地改变现有的设计模式，必须以建筑师的角色转变为起点。所谓建筑师的角色转变，又可以称为建筑师分工的细化。高性能住宅的发展需要的是既具有传统建筑师背景，又了解住宅生产工艺的人才。只有这样的具有技术背景的建筑师，才可以更加清晰地理解面向生产的设计思路，对高性能住宅的设计提供坚实的保证。与建筑师的艺术修养相比，作为高性能住宅的设计师应该是更加强调其技术背景的建筑师。

从这两个方面出发，经过不断地探索和实践，逐步地打开我国高性能住宅发展的局面。只有这样，才可以通过最直接和最根本的方式，推进我国的高性能住宅发展。

6.2.6 小结

本节通过对我国住宅发展现状、住宅产业化、住宅性能认定制度等方面的分析，得出了高性能住宅在宏观和微观两个方面的定义。进而，通过对日本住宅产业的发展的比较分析，得出了我国高性能住宅发展道路中存在的问题，并提出了我国高性能住宅发展的策略和方式，即以结构体系为骨架，整合其他设备、设施的工业化生产方式，以建筑师的角色转变为起点，打造直接面向生产的工业化住宅。

6.3 国内工业化住宅发展与探索

工业化住宅与住宅产业化一起，是业内出现频率较高的两个词。

工业化住宅（Industrialized Housing/Residence），是指应用现代化的科学和技术手段，以先进集中的大工业生产方式来取代原有分散落后的手工业生产为主的方式建造住宅。其显著的特征是住宅设计标准化、构件生产的工厂化、现场施工的机械化和管理、组织科学化。工业化住宅的设计、建造、管理等不再是独立的，而是全盘考虑，不断优化的。

住宅产业是一个广义的概念，它包括承担建造活动的建筑业，室内外装修业，材料和设备的生产制造业以及流通和服务行业[1]。住宅产业化是一个大的概念，是方向，而工业化住宅是住宅产业化的实现方式和载体。住宅产业化是工业化住宅发展的目标。

[1] 谢芝馨．工业化住宅系统工程[M]．北京：中国建材工业出版社，2003

6.3.1 工业化住宅的内涵与意义

工业化住宅特别强调住宅设计标准化，就是说在工厂生产的部件要按照工业化的方法进行设计，必须遵守一定的规则，并且注意各部件间的规律性。在工业化住宅的建设中，标准化原则体现在各部件间的尺寸协调统一，在建筑业中即通过采用模数制的方法进行。尺寸的模数化原则是住宅设计标准化的前提。

工业化住宅的生产过程主要有构件工厂生产和现场两部分。构件生产的工厂化不是简单地将现场工作移到工厂里进行，而是改变了原有现场手工制作的低效率劳动方式，依靠大规模及其生产来进行，辅之以相应的技术人员、管理人员、技术操作工人和监督审核人员。对于大部分构件都在工厂里制造的工业化住宅来说，基于生产线的生产管理系统对于提高工作效率、提高构件质量是非常重要的。

工业化住宅现场施工的机械化不仅将解决目前建设工地农民工资源紧缺的困难，还将很大程度上提高生产效率，缩短生产周期，同时现场施工环境也可以得到很好的控制。在新技术的驱动下，通过智能机械手臂等机械的帮助可以更快速、高精度施工。

科学的组织和管理主要体现在将工业化住宅作为一个产品来开发，在整个产品生命周期中，由一个集成性敏捷企业领导，组织大量企业进行产品开发、设计、施工、营销、服务等过程的协调指挥，整合各类优秀资源。目标是为客户提供所需要的多样化、个性化的住宅产品。

6.3.2 国内外工业化住宅发展概述

纵观世界工业化住宅发展历程，从18世纪发展至今，已经形成了众多体系。设计、生产、建造呈现出标准化、专业化和一体化的显著特征。我国工业化住宅则起步较晚，改革开放以后，尤其是21世纪后，住宅生产和建设的工业化程度日益提高。从国外引进的轻型木结构、轻钢结构装配体系、各类钢筋混凝土结构住宅正逐步发展起来。各大企业也纷纷参与研究、建设工业化住宅，如万科的PC预制混凝土技术和远大可建的钢结构住宅等。

我国工业化住宅的发展与国内外住宅产业大势息息相关。

（1）国家政策鼓励推进工业化住宅发展[1]

为了引导和促进我国住宅产业化实施和技术进步，1998年7月，建设部成立了住宅产业化办公室，现为住房和城乡建设部住宅产业化促进中心（简称住宅中心）。

按照住房和城乡建设部的工作要求，住宅中心统一管理、协调和指导全国有关住宅产业化方面的工作，并提供相应的技术咨询和技术服务。致力于全面推进中国

[1] 参考 http://www.cin.gov.cn/

住宅产业现代化，以满足广大居民不断改善居住状况的需求，实现住宅产业建设从粗放型向集约型的根本转变，提高中国住宅建设的综合质量，实现住宅发展的经济效益、环境效益、社会效益。

住宅中心积极鼓励建设国家住宅产业化基地——以住宅部品、部件、技术集成的生产企业为载体，依托对住宅产业现代化具有积极推动作用、技术创新能力强、产业关联度大、技术集约化程度高、有市场发展前景的企业建立住宅产业化基地。通过基地的建立，培养和发展一批住宅产业的骨干企业，发挥现代工业生产的规模效应，在地区和全国的住宅产业发展中起到示范和带动作用。在全国拟建立若干个可带动本地区并能辐射周边地区乃至全国的，具有地域特征的国家住宅产业化基地。国家住宅产业化基地应具有对住宅建筑体系和住宅部品的研究开发、应用技术集成、工业化生产与协作配套、市场开拓与集约化供应以及技术扩散与推广应用的能力和效用。国家住宅产业化基地的建立应符合国家住宅产业现代化的总体要求，具有导向性、先进性和示范性，分为住宅建筑体系和住宅部品体系两类产业化基地[1]。

最近我国初步确定了住宅产业化发展计划的基本思路，具体可分为以下七大目标：一是要形成住宅建设的工业化、标准化的体系；二是要缩短住宅的施工周期，提高劳动生产效率，使住宅建设的劳动生产率达到或者接近发达国家；三是能源的消耗、原材料的消耗、土地资源的消耗等指标达到或者接近国际先进水平；四是要普遍应用建筑领域的新技术、新材料和新工艺；五是要以居住的环境质量和住宅的使用功能为评价标准，要降低住宅成本；六是要建立和完善优良的住宅部件认定制度系统；七是要为住宅产业化的技术政策和经济政策等提供科学依据。

（2）国外先进技术示范

我国的建筑结构体系从古代发展至今的历程是相当漫长的。从原始的木骨泥墙到木结构体系的统治，这段时间几乎跟中华民族历史文化时间相当，木结构为中华民族文明作出了巨大贡献，但是木材的不防火性能也酿成了不少惨剧。随着中国门户的打开，混凝土从国外引进，建筑体系有了革命性的改变[2]。纵观近代建筑结构体系，从砖混结构，到钢筋混凝土框架结构和钢结构，建筑的尺度和性能都得到了空前的提高。

从这一漫长的发展历程可以看出，国外先进建造技术对我国建筑体系的发展有着深远的影响。而随着国内目前住宅产业链诸多问题不断出现，政府和企业纷纷寻求改革来适应未来的变化和发展，国外工业化住宅的发展成为了国内工业化住宅发展重要的参考。

[1] 参考 http: // www.chinahouse.gov.cn
[2] 王琋慧，木村文雄（日），秋本敬子（日）. 可持续发展实验住宅——日本积水住宅公司实验住宅案例介绍[J]. 建筑学报， 2010（08）

日本早在1968年就提出发展住宅产业化。经过60年的发展，日本现在的住宅产业已经形成了一套完整的体系，包括住宅的建筑标准化、住宅的部件化、住宅智能化、住宅节能化等内容。日本的工业化小住宅，使用的是工厂化方式生产出来的构件和部品，在工厂里面进行组装。运至工地后，只需要花费一到两周的时间就可以建成。大量的住宅部件通过机器来生产，他们有固定的产品标准，有精确的建造过程，有优异的住宅性能。这些使得日本成为住宅产业化的典范和中国房地产行业值得学习的对象[1]。

法国是欧洲住宅工业化的代表，早在二战以后，受工业化影响的一批现代主义建筑大师就开始考虑以工业化的方式生产住宅。柯布西耶就构想用生产汽车底盘一样成批生产住宅，他的著作《走向新建筑》也开始了工业化住宅、住宅机器等工业化住宅前沿理论的研究。战后法国大批兴建工业化住宅，解决了大量住宅需求问题。但是由于过于侧重工业化的工艺研究和完善，而忽略了建筑和规划设计，不仅平面设计呆板，建筑缺乏个性，外貌单调且难以识别，还缺乏住宅公共设施，在使用功能上存在诸多缺陷，形成所谓的“卧城”，造了居民严重心理问题和社会问题。1970年代以后，法国通过各种标准化的“样板住宅”政策和以模数协调规则为基础发展构造体系，施工企业或设计事务所先提出主题结构体系，每个体系由之可以与之相互搭配的构架库组成，建筑师从目录中选择构件进行建筑设计，增强了设计师的灵活性和主动性[2]。

北美的美国、加拿大两国因其国情的差异，工业化住宅的发展与欧洲有所区别。美国西部的住宅以木结构为主，以冷杉木为骨架，墙体配以纸面石膏隔音板。美国人以底层木结构装配住宅为主，他们注重住宅的舒适性和多样化、个性化。其次他们还有较多的轻钢结构房屋：以型钢和镀锌轻钢作为房屋的支承和围护，这是在木结构基础上的发展，具有较强的防腐、防火、抗风以及抗震能力，目前在民居建筑中的比重越来越大。美国的住宅部品和构件生产的产业化程度很高，基本实现了标准化和系列化，消费者可以根据住宅供应商所提供的产品目录，进行菜单式的住宅形式选择，然后委托专业承包商建设，建造质量高、性能好、速度快。因为其成本还不到非工业化住宅的一半，美国的工业化住宅已经成为非政府补贴经济适用房的主要形式，工业化住宅也是低收入人群和无福利的购房者的主要选择之一[3]。目前，国内已经有一些企业、公司引进了北美木屋。

国内工业化住宅仍处于初级起步阶段，拥有自主知识产权研发的工业化住宅体系还

[1] 高祥．日本住宅产业化政策对我国住宅产业化发展的启示[J].住宅产业，2007(06)
[2] 娄述渝．法国工业化住宅概貌[J]. 建筑学报，1985(02)
[3] 杨小东，何建清．美国住宅工业化对我国小城镇住宅建设的启示[J]. 小城镇建设，2004(09)

仅限于科研、示范和初步应用时期。工业化住宅项目中建成的较少，缺乏相关的行业规范、由于处于研发阶段，尚未大规模生产，成本也偏高。而这一系列问题均需要在今后发展中予以解决。在这样一个政策鼓励、国外技术多种多样的大环境下，如何正确选择一条具有中国特色的、适合中国国情的住宅工业化道路，需要长期的试验和论证。

6.3.3 国内工业化住宅结构体系的性能比较

（1）木结构

鉴于美国、加拿大的木结构工业化住宅的经验，国内一些企业和公司引进国外木结构住宅，木结构住宅有如下特点：适合大规模工厂化生产，可以在恶劣的气候条件下高效率地建造；木结构工业化住宅的空间布局可改性好，可以按市场要求临时改变空间布局；在其安装配电系统、管道系统、空调系统与供暖系统以及其他现代化系统时可以节省时间、提高工效，基于木材的低导热性能，木结构工业化住宅可达到最高的绝热保温标准，保证其既节省能源，又能提供长期的舒适环境。此外，还可以尽量减少废料和工序，并且能充分利用回收材料。

然而，木结构体系工业化住宅并不适合我国国情：

首先，过去几十年，由于我国林业资源的匮乏和木材的短缺，政府对木材在建筑上的应用制定了严格的限制措施，提倡以钢代木，以塑料代木。

其次，木结构建筑主要适用于3层及3层以下的低层住宅建筑、公寓，而我国城市人口众多，大量建设的是多层及小高层、高层住宅，目前国家限制了小别墅的建设。

再次，木材有致命的防火缺点，我国的《建筑设计防火规范》对木结构建筑有较多限制，木结构住宅的发展空间进一步被缩小。

综上，木结构工业化住宅虽然有其优点，但是众多因素导致其无法适应中国国情。国外木结构工业化住宅配套的生产线体系、部品体系以及建筑节能技术、新能源利用技术、居住区环境保障技术等方面仍然有较大的价值。

（2）轻钢结构（Light Gauge Steel）

轻钢结构住宅体系是目前国外低层住宅建设较常用的体系，轻钢结构强度高，塑性、韧性好、结构延性和抗震性能好，材质均匀符合力学结构要求。轻钢结构用于住宅建设，有着抗震性能优越、施工快捷、材料可回收、配套产品完善等优点。近年来，我国也在积极发展轻钢住宅，不仅出台了我国的《轻型钢结构住宅技术规程》，也诞生了长沙远大、杭州杭萧钢构等国家住宅产业化基地。但是，在我国发展轻钢结构住宅，仍然有如下困难很难解决：

① 钢结构防火性能明显不及钢筋混凝土体系。耐火性差：当温度为400℃时，

钢材的强度将下降一半；当温度为到 600℃时，钢材已基本丧失全部强度，结构将失去承载力。而住宅建筑的火源多，火灾密度大，火险相对比较频繁。

② 钢材热阻小，传热快，金属构件的连接处的处理不当容易产生冷热桥，不利于住宅的保温隔热。

③ 轻钢结构住宅的钢骨架、墙体、屋面等材料以及标准化、定型化的内部布局很难适应群众对住房可“任意处理”的习惯。

④ 钢材的腐蚀：必须采用镀铝锌钢，才能最大程度的防腐，主体钢结构寿命才能达到 50 年，低于住宅的 70 年产权。

⑤ 轻钢结构住宅比传统住宅造价要高。发达国家中的轻钢结构住宅多为低层（1～3 层）的独立式住宅（别墅），尽管理论上可能修建至更高，但从建造成本上来看是不经济的。

（3）钢筋混凝土结构

钢筋混凝土结构在我国建筑中占的比重是相当大的。这是因为：

① 硬化后的混凝土与钢筋表面有很强的黏结力；

② 钢筋和混凝土之间有着相当接近的温度膨胀系数，不会因温度变化产生不同步的变形，钢筋与混凝土之间不会产生错动；

③ 混凝土包裹在钢筋表面，可以防止钢筋锈蚀，起保护作用，而混凝土本身对钢筋无腐蚀作用，从而保证了钢筋混凝土构件的耐久性；

④ 钢筋混凝土比钢结构耐火能力显著增强；

⑤ 混凝土的使用减少了用钢量，比较经济；

⑥ 中国人对稳重踏实的钢筋混凝土结构比较信赖 。

我国钢筋混凝土工业化住宅体系主要是以万科等企业为代表探索建立的预制钢筋混凝土大板体系。其结构形式为框架结构，公共走道以及室内板采用 PC 板，设计采用单向板的形式，楼梯采用预制混凝土装配式楼梯。梁、柱采用钢筋混凝土现浇结构，建筑外墙采用 PC 结构。

欧洲和日本在二战后在追求发展工业化住宅数量的阶段都发展过这种体系和方法，国内 PC 工业化住宅体系主要是引进日本的技术，它们比传统现浇框架体系然后砌筑填充墙体的方式要快，但是并未从根本上改变其本质的住宅建设方式，只是把填充墙体换成了 PC 大板。

PC 混凝土板作为一种重材，无论在运输还是吊装就位，都要耗费大量能量。而且，PC 混凝土结构的构件间的缝隙如果处理不好，不利于住宅的保温隔热。

6.3.4 发展策略和方式

6.3.4.1 发达国家工业化住宅发展的三阶段

纵观发达国家工业化住宅的发展过程，大致都经历了三个阶段。第一阶段，建立工业化住宅的建造体系，提高生产效率，解决量的问题，加快住宅建设的进程；第二阶段，通过盲目解决住宅数量带来的问题和教训，发展工业化住宅的重点转为提高住宅质量和住宅性能；第三阶段，工业化住宅进入了建筑可持续发展的阶段，其重点转向低碳、节能以及资源的循环利用。

目前，我国国民经济迅速发展，城市化进程加速，住宅的需求量在相当长时期内将保持高速的增长，此外，房价高居不下，面临着紧迫的住宅社会问题。随着社会保障房住宅政策出台，住宅建设需要解决量的问题，但是，可持续发展和和谐社会是我国社会发展的方向，我们不能对发达国家的工业化住宅过程亦步亦趋，我们要“三步并作一步”，三个阶段同时推进，实现跨越式发展。

6.3.4.2 适合中国国情的工业化住宅体系

中国地大物博，但是人口众多，人均自然资源少于发达国家，处于社会主义初级阶段，仍然是发展中国家。

中国位于世界两大地震带即环太平洋地震带与欧亚地震带之间，受太平洋板块、印度板块和菲律宾海板块的挤压，地震断裂带十分活跃。20 世纪以来，中国共发生 6 级以上地震近 800 次，遍布除贵州、浙江两省和香港特别行政区以外所有的省、自治区、直辖市。中国地震活动频度高、强度大、震源浅、分布广，是一个震灾严重的国家。1900 年以来，中国死于地震的人数达 55 万之多，占全球地震死亡人数的 53%；1949 年以来，100 多次破坏性地震袭击了 22 个省（自治区、直辖市），其中涉及东部地区 14 个省份，造成 27 万余人丧生，占全国各类灾害死亡人数的 54%，地震成灾面积达 30 多万平方公里，房屋倒塌达 700 万间。地震及其他自然灾害严重构成中国的基本国情之一。地震给我国带来了痛苦的回忆和巨大的损失，建筑抗震规范一再调整，各地抗震设防烈度一再提高[1]。

目前我国城市化进程加速，城市人口激增，而城市的土地资源稀缺，甚至多层住宅对于宝贵的土地来说都显得浪费，国家鼓励发展小高层、高层住宅，这也是适合我国可持续发展的居住形式。而国外的工业化住宅（Industrialized Housing）普遍指的是小别墅住宅，在我国城市已经明令禁止修建别墅，正确地吸收和引进国外先进技术和经验在住宅工业化的进程中非常重要。

---

[1] 科技档案编辑部．我国强震及地震带分布情况[J]．科技档案，2008(02)

（1）结构体系

通过国内工业化住宅结构体系的性能比较，可以得出一个结论，从国外直接引进的结构体系并不能完全适应中国的国情，尽管它们拥有成熟的产品配套、技术和生产线，但是只能作为我国发展工业化住宅的参考和借鉴，不能盲目模仿。

结构体系是整个工业化住宅产品的骨架，要想真正提高住宅产品的性能，就必须在总结国外和传统住宅结构体系的基础上，开发一种适合我国国情的新型住宅结构体系，而且这种新型结构体系既要保证、提高住宅产品的安全性能，还需要更好地整合其他先进设备、设施。

笔者所在的研究小组参与研究的钢网构架混凝土复合结构就是一种适合中国国情的工业化住宅体系。下节会详细介绍其在具体项目中的应用情况。

（2）理论体系

人在实践中创造了理论，理论作为工具反过来指导实践。同样，在工业化住宅的发展中离不开理论的支持。在工业化住宅发展初期，几位现代主义建筑大师勒·柯布西耶和格罗皮乌斯等都有重要的理论著作[1]。

除此之外，国外关于体系住宅设计的理论发展对本研究也有着一定的启示和借鉴意义。20 世纪 60 年代，荷兰建筑研究协会提出“SAR 体系”，将住宅分解为“不变部分”（即骨架结构，由建筑师设计）与可变部分（即可拆装的构配件，由用户自己决定），使得住宅平面的适应性和可变性大大增强。

80 年代，美国 R. L. 马赛提出通用设计的概念，用此理论设计的住宅称通用住宅，将住宅适用性又向前推进了一步[2]。基于类似的理念，在日本，SI（Skeleton & Infill）住宅提高了住宅平面普适性和空间耐久性，并已经发展出了多种此类住宅的体系与设计方法[3]。

这些关于住宅通用性的理论对笔者关于工业化住宅的设计有一定的启发意义，能够使笔者结合相应的住宅体系，对这一理念在工业化住宅设计中加以体现与应用。

目前，指导我国工业化住宅发展的理论主要是模数化理论，但是模数化、标准化理论只能指导建筑设计、建造设计，不能宏观地系统地控制住宅全生命周期。工业化住宅设计，要彻底改变现有的设计模式，通过一种宏观的工业化住宅理论体系的指导，将工业化住宅设计提到新的高度。

[1]［法］Le Corbusier. 走向新建筑 [M]. 陈志华，译 . 西安：陕西师范大学出版社，2004
[2] 张竹容 . 工业化住宅典型案例的比较研究——国外与当代中国 [D]：［硕士学位论文］. 南京：东南大学，2009
[3] 童悦仲 . 日本的工业化住宅 [J]. 房材与应用，2003（02）

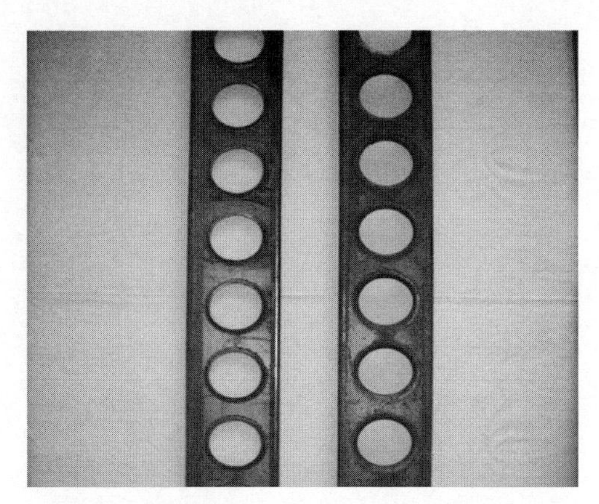

图 6–12　格构钢

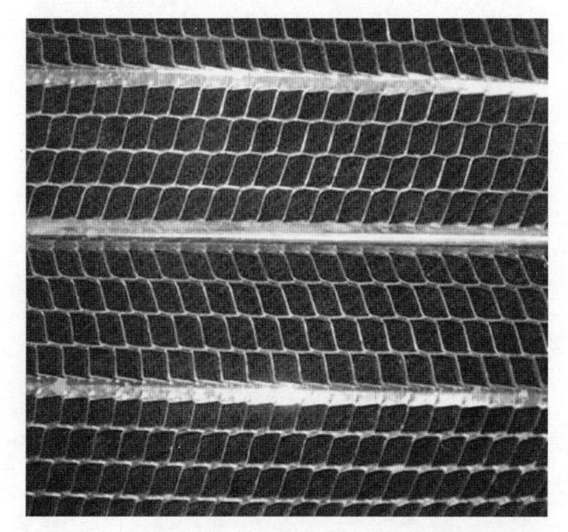

图 6–13　钢网架

图 6–14　钢板网

6.3.4.3　案例分析——轻钢模网构架混凝土复合保温结构体系住宅

1）体系介绍

薄壁格构型钢与混凝土复合的建筑构件简称轻钢模网构架混凝土复合保温结构体系，就是在工厂中将冷弯格构型钢组成骨架，骨架表面围合钢板网，构成网架。施工时，将其运至现场进行拼装。拼装后可直接浇筑混凝土，后捣实，外贴保温板。

这类体系的主要构件是塞尔玛格构钢。它是加拿大塞尔玛公司推出的经冷压冲孔卷边处理的冷弯薄壁型钢产品，国内的大连塞尔玛建筑科技有限公司开始生产这种产品。塞尔玛格构钢在国外主要应用于轻型钢结构建筑的建设中；国内则用于与混凝土复合的建筑建设中。用于墙体的格构钢厚 1.5 mm，用于楼板的格构钢厚 3.0 mm。格构钢之间由钢板相接，间隔 400 mm（图 6–12 ～图 6–14）。

钢板网是用厚度为 4 mm 的镀锌钢板冷加工而成的蛇皮网，单元尺寸为 2400 mm × 600 mm，网肋规格（3 ＋ 6） × 10 mm。它在混凝土浇筑时具有渗滤效应，排除对于水分；消除容器效应，增加混凝土的密实度；对钢构架起到环箍作用；限制混凝土的裂缝产生，提高抹面砂浆的牢固度。钢板网用于固定在墙体钢构架的侧面和楼板钢构架的底面。

2）国内案例分析

（1）发展概况

2005 年 8 月 24 日，冷弯薄壁格构型钢与混凝土复合的建筑构件由朱宏宇、王铁明申请为专利产品，同时投入市场，并且编制完成了《轻钢模网构架混凝土保温复合结构住宅技术规程》，已经申报建设部做技术鉴定。2007 年 6 月南京江宁陆郎的“农民新村”试验房开始建设，现已建成。2009 年，一栋多层住宅试验房已经在北京建成。

（2）建造情况

以下以作者调研过的南京陆郎“农民新村”试验房为例，介绍一下轻钢模网构架混凝土复合保温结构体系住宅的建设情况。南京陆郎“农民新村”试验房于 2008 年 6 月动工，同年 12 月结构封顶。在这段时间内，科研与建设同步进行。“农民新村”试验房共 6 栋住宅，各 2 层，上人屋面。

（3）住宅的建设过程（图 6–15 ～图 6–21）

① 做地基、同时做楼板和墙架子。工人在半自动操作台上将格构钢以及门窗洞口框就位，格构钢用横向连接件焊接组成格构钢架，其中楼板钢架长为楼板跨度，墙体钢架长一般为两楼层高度。格构钢之间用螺栓连接和焊接。

② 吊装墙、板到位，进行固定。

③ 穿建筑内部水电管线，包括各种配件如楼梯、阳台等。

④ 安装外墙钢板网。用气动射钉枪或自攻螺丝将钢板网固定在格构钢架上。

⑤ 上住宅外墙保温板。

⑥ 安装内墙钢板网和楼板下部钢板网。

⑦ 浇筑自密实混凝土，用特制的小型振捣棒振匀。待墙体混凝土强度达 70% 后，浇注楼板混凝土；主体部位混凝土浇筑完成后，浇筑构造配件；混凝土浇筑完成 12 小时内对面层进行刮平抹灰或喷浆处理。

⑧ 室内外装饰。

该体系住宅有其自己的配套设备及工具，操作简单，如自动设备：散光电弧焊机、普通小功率焊机；手动工具：无损伤焊接机、手动电钻；配套设备：小型叉车、切割机具、5 吨天吊、小型冲压机等；半自动旋转操作台等。

4）总结

（1）特点

轻钢模网构架混凝土复合保温结构体系住宅具有以下特点：

① 抗震性能好。住宅为剪力墙结构，结构全部使用钢材，性能优于普通的混凝土工程。

② 施工速度快。工人只要使用小型工具即可快速组装格构钢架，住宅混凝土的浇筑也很快速。

③ 质量轻。与普通钢筋混凝土结构构件截面相同的情况下，自重减轻了约 28%，荷载总量降低了约 20% 。

④ 提高得房率。住宅的外墙可以做到 160 mm，内墙可以使用墙柱隔墙，从而提高住宅的得房率。

⑤ 造价上与混凝土工程有竞争力。普通钢筋混凝土框架结构多层住宅主体结构工程造价：550 元 /m^2 该体系住宅预算价格为：400 元 /m^2，500 元 / m^2（带保温层）；网架结构 10000 元 /t。

⑥ 免拆模板。该体系的钢板网在一定程度上充当了建筑模板的作用；住宅屋顶、墙体也可以根据需要建设成各种形状，不需要额外的模板。

⑦ 改善传统居住空间的尺寸。该体系可以建成跨度达 6.6 ～ 9 m 的居住空间。

（2）发展方向

轻钢模网构架混凝土复合保温结构体系的原料都为钢铁，且我国钢厂的分布也很广，所以各地都可以结合当地钢厂方便地生产该体系的产品。从住宅类型上看，该体系适合在各种类型的住宅上发展。

图 6-15　建成后的住宅

图 6-16　贴保温板

图 6-17　楼板的浇筑

图 6-18　浇筑完混凝土的墙体

图 6-19　楼板的钢架

图 6-20　浇筑后的楼板

图 6-21　浇筑后的主体呈现

6.3.5　小结

本小节通过分析我国工业化住宅发展概况和大环境，对现存几种结构进行分类、比较，得出适合我国发展工业化住宅的策略和方式。即选择一种适合中国国情的结构体系，在先进的理论体系的指导下探索具有中国特色的工业化住宅体系，为宜居住区营造提供重要的技术支撑。

7　宜居住区整体营造的动力机制

7.1　住区营造的动力机制

7.1.1　动力机制的构成

宜居住区的形成与发展是其内部与外部多种社会力量相互作用的结果。尤其在市场经济条件下，没有一个单一的力量可以完全决定居住空间的发展，否则这种发展必将是畸形的、不可持续的。其实，早在20世纪六七十年代，以阿博莱姆（C. Abram，1964）和特纳（J. Turner，1976）为代表的居住问题哲学家就试图向政府与市场“二元化对立”的悖论挑战。他们指出，无论国家计划还是市场机制均有其各自难以克服的局限性。这是因为，政府公共部门的行为常常以扩大或维护自身权力为导向，而市场、私营部门则往往以增加和维护自身的最大利益为目标。在很多情况下，这些动机与大众的真正需要相违背。所以，只有人们自己相互帮助以改善居住环境，才是最好的办法[1]。近年来，这一论点集中体现在人居领域、NGO（None-governmental Organizations，非政府组织）和CBO（Community-based Organizations，社区组织）研究，且不同层面的相关实践探索在全球范围内展开。

因此，我们必须认识到，在城市尤其是市场经济体制下的城市中，有三种基本的社会力量在同时推动着人类居住空间环境的演化，它们是：“政府力”（主要指不同层次的政府组织及它们推行的相关法规、策略），“市场力”（广义上包括参与居住空间开发、营造的不同性质的企业如房地产开发公司、物业管理公司、商业经营、生产企业等），“社会力”（主要包括非政府机构（如设计机构科研院所、基金会等）、社区组织及全体居民）。这三种力的相互作用与制约最终决定着住区的发展方向（图7-1）。

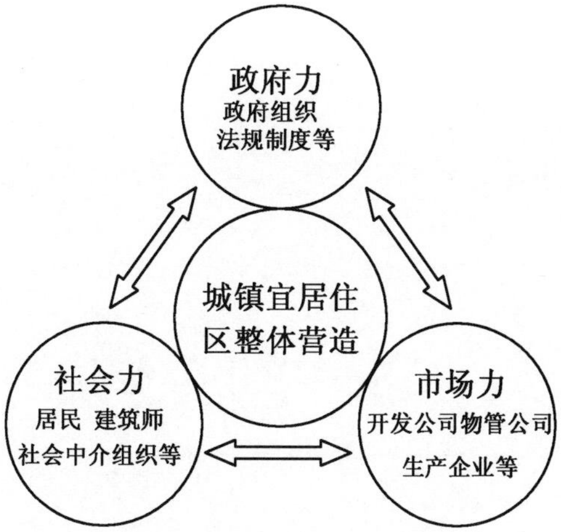

图7-1　城镇宜居住区营造的动力机制

但是在实践中，三种作用力不可能以相同的“权重”同时起作用。相反，往往是政府、市场和社会力权重不一，且对住区发展的意图不一。在决定住区发展时，常常是有一组力为主因，提出了发展的创议（initiative），并力图贯彻之。但由于另

[1] 转引自何兴华．管治思潮及其对人居环境领域的影响．城市规划，2001（9）：10

外两组力的存在，使这个创议受到约束而不得不加以调整。最后的发展往往是主要地反映了主因力的意志，但在某些方面可能作了调整，以满足另外两组力的要求。调整的程度则取决于其他两组力的强弱。这一模型可以较全面地解释不同时期城市住区发展的历史轨迹。

如中国在计划经济体制下，国家政府力起到绝对主导作用，市场力和社会力的作用极其微弱。在这种背景下，为了实现政府对居民的有效管控和生活资源的必要配置，以行政单位建制为组织单元、以单位围墙为物质边界，各自为政、配套齐全的“单位大院”模式大行其道；而在计划经济向市场经济转轨阶段，尤其上世纪 90 年代至本世纪初，市场力作用急剧膨胀，一度突破了政府的城市规划等相关法规的控制及居民的基本权益界限，开发商圈地建城现象普遍。同时由于政府部门在住区公共服务资源建设方面明显投入不足，开发商承担了配套设施建设的责任，这导致了封闭住区的无序蔓延。近年来，伴随城市管治思想的发展及市民自身参与意识的逐步觉醒，社会力虽在住区营造进程中仍显薄弱，但已呈现逐渐发展壮大之势，在有些城市及住区，居民参与、自助组织、中介机构等已经在住区营造中发挥出巨大作用[1]。

7.1.2　动力机制建构的目的与意义

我们这里提出影响宜居住区整体营造的动力机制，并不是想得到一个终极理想的模式或唯一正确的结论。其实，这个问题是目前全球性的热门话题之一，近年来被广泛关注的城市“管治”[2]理念也仅仅是这一话题的一个分支。在关于全球蔓延的封闭住区的讨论中，多方参与的住区营造机制的完善也被提到重要位置。本节提出宜居住区营造的动力机制的意图在于强调以下三点：

（1）长期以来，我国关于城市居住空间发展建设作用力的分析多集中在政策（政府）与经济（市场）两个方面，而从社会学、文化学乃至人类学等其他视角的分析仍为罕见。近年来，尤其在分析处理诸如封闭住区蔓延、营造宜居城市 / 住区方面，国外学者已越来越重视从经济学、社会学、文化—政治学、及政治经济学理论等多层面分别进行研究。在我国由计划经济转向市场经济、同时面临社会体制转型及城市化迅猛发展的历史进程中，要确保城市居住空间建设发展的正确方向，也必须对其进行多

---

[1] 这一方面表现在“居民委员会”这一住区居民管理组织的普及，同时也表现在一些住区内居民自发形成的自助组织的出现，如在我们调研的南京仁恒翠竹园小区，居民自发组织的“自助会”在住区居民营造高品质生活中发挥着越来越重要的作用。详参 http://bbs.house365.com/forumdisplay.php?forumid=8.

[2] “管治”（Governance）近年来广泛见诸国内外相关刊物，但目前对它仍是众说纷纭。其中以全球管治委员会在《我们的全球伙伴关系》报告中对管治的界定较具代表性和权威性。报告认为，管治是各种公共的或私人的个人和机构管理其共同事务的总和，它是使相互冲突的或不同的利益得以调和并且采取联合行动的持续过程。它既包括有权迫使人们服从正式的制度和规则，也包括各种人们同意或以为符合其利益的正式制度安排（转引自罗小龙，张京祥 . 管治理念与中国城市规划的公众参与 . 城市规划汇刊，2001（2））。本书认为，其核心思想是促进不同组织之间形成相互渗透的管理方法，其根本问题是权力与利益的重新划分。

视角、系统化的研究。尤其应强化社会多层面力量的加入，以及三种力量相互协调的机制的探索。

（2）同时，在宜居住区整体营造中，必须认识到三种力量的不同适用范围。例如：在宜居住区建设层面上，市场经济的追求利益最大化本性，决定了作为基本生活保障品的住房的建设不可能完全依靠市场自身来解决。而且单纯靠市场力也不能解决所有社会阶层人员的住房短缺，这时政府的介入成为必然；城市基础设施更是由于其“公共利益”的特点，往往被划入“市场失灵”的范围，但是简单的由政府包揽建设的做法也已被几十个国家几十年的实践证明行不通；通过居民自助建设一些小型的住宅和设施虽然被国外经验证明是快速、高效的，但对于质量的保证和大型设施的建设，尤其对于中国城市人口的急剧膨胀导致对住房的巨大需求量而言就无能为力了。因此，在实际操作中，必须打破不同社会力量之间的传统界限，由分别强调国家作用、市场机制和民众自助，转变为促进三者的互相渗透，互相制约，放弃追求统一模式转而寻求因地制宜的灵活方式。这在地域发展不均衡、社会体制转型不完善、追求和谐社会建设并提升不同阶层居住品质的中国城镇的住区营造中显得尤为重要。当然，这种状况只有在维护社会公正、公众具有广泛参与机会与权力的情况下才能实现。相比而言，目前中国城市中的“社会力”无疑处于极其微弱或刚刚发展的地位。因此，强调推动居民参与及社区组织的壮大与完善在当今阶段具有重大意义。

（3）然而我们目前的实际情况又远远没有这么简单。中国几千年的历史发展，“伦理本位”“行政本位”的根深蒂固，使得社会力量乃至经济的发展被牢牢地控制在政府手中。所以，欲增强社会力量，就要求政府必须先“放权”。但同时，这种“放权”过程又必须是有控制的、循序渐进的，一方面是由于中国市民社会、社区组织的弱势状态，使得它们不具备自我约束的能力。由此，政府的调控与督导又显得尤为重要；另一方面，政府还应当重新担负起一些本应当承担、但在市场化初期曾经放弃的责任——如公共空间、公共配套服务设施的建设与管理等。

7.2 政府的地位与作用

在中国城镇宜居住区整体营造中，政府部门应有怎样的地位与作用呢？

很显然，国家、政府在计划经济体制下对城市住区建设的全方位操纵、控制、实施的做法已不适应当今社会经济发展的需求。但也决非说国家、政府的地位与作用已不重要。恰恰相反，正如社区理论的西方研究学者休伯特·坎普分斯（Hubert Campfens）所认为的：社区建设的实践证明，无论在东方还是西方，没有政府的扶植和帮助，社区是无法长期存在的，更不要说健康地发展[1]。

7.2.1 国外的经验与启示

当然，在不同地域、不同发展阶段，政府所扮演的角色也应是不同的，但总体而言，它更多地表现为政策法规制定、宏观调控与监督、倡导、评价和经验推广等。在这方面，新加坡等国家的经验值得借鉴。

新加坡宜居城市建设成功的一个主要原因，在于有一个强有力的政府主导控制机制[2]。新加坡政府果断制定发展规划，大胆推行重大政策措施，创造了坚实的政策环境。概念规划可以说是政府主导控制的第一步。在概念规划制定结束后，就要开始详细地开发指导计划。这是在长期战略指引下的更详细的第二级计划，这些计划将新加坡划分为55个更小的规划区域，并提供地区的规划前景和指导开发的控制参数。这些计划公布以后，政府鼓励公众对这些计划建议提出反馈意见，一些指导计划干脆交给私营专家进行准备。计划公布以后还需定期进行讨论和检讨，保证与规划发展方向相一致。开发控制过程是政府主导控制机制的第三级。新加坡的规划系统作为行政机构，是实现“开发指导计划” 的监督机构。新加坡的规划部门具有规划法所赋予的法定效力。在开发进行之前，所有的开发项目必须获得主管部门的批准。“开发指导计划”将对申报的开发项目做出指导性评估，土地利用的兼容性和效果将受到严格检验评估。开发控制过程能够很好平衡私营开发商的开发需求和良好城市环境的必然要求。三级规划系统是强有力的政府主导控制机制的重要内容，从战略规划即概念规划到本地规划即开发指导计划，从开发指导计划再到开发控制过程，流水线似地保证长期发展规划目标的实现，也使政府主导控制机制体现其中（另见第二章2.4.4节）。

---

[1] 姜凡．社区在西方：历史、理论与现状．社会学，2001（5）：2
[2] 王忠文，刘波．新加坡建设宜居城市的做法和经验．中国土地，2010（7）：57-58

7.2.2 我国宜居住区营造中政府组织的作用

在当今中国城镇的住区营造中，政府组织的作用主要表现在以下几个方面：

（1）政府在城镇住区发展建设进程中的宏观调控作用至关重要。政府应根据城市社会、政治、经济、文化和空间环境的综合发展特征与需求制定科学、合理的政策与目标，并向社会充分展示政府的价值观念取向，以居民公共利益为基础，以提高城市综合效益为出发点，构筑一个全方位的调控体系（图 7-2）。

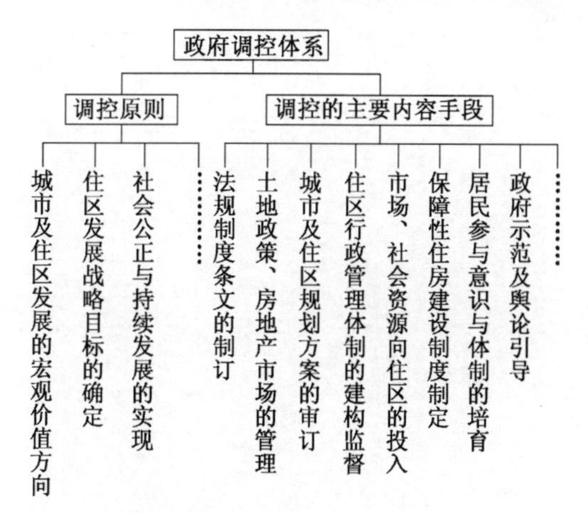

图 7-2 政府的调控体系

其中，尤其应借鉴国外的先进经验，建立“城市增长管理”（City Growth Management）理念，探索相应的增长管理的政策架构和相应技术手段，建立贯穿区域、城市和住区层面的城市增长管理机制[1]。

（2）政府部门对住区建设发展的相关法律、规范的制定尤为重要。首先，应在住房政策、土地利用政策方面进一步完善与深化；其次，有必要在城市规划、建设的相关法律中确立维护住区利益及住区持续发展的理念和原则，明确城市规划与建设的实施必须依托住区[2]；再次，制定新的住区规划设计的规范及建设管理的指标体系，以适应新的社会生活需求（如生活服务设施建设问题、功能空间混合问题，特殊人群需求等）及生态节能发展的目标；另外，还应加强关于促进并保护公众参与社区营造的法规、制度的建设等。借鉴国外经验，强化规划立法，通过一系列法律、规范的制订，确保规划、建设和管理程序和过程的科学、合理，确保城市及居住公共空间的整体品质[3]，逐渐使居住空间建设步入多因素和谐制约、良性发展的轨道。

（3）在现阶段，完善公共配套服务设施的建设，抑制并扭转封闭住区无序蔓延是关系到住区乃至整个城市可持续健康发展的核心内容之一。

在公共服务设施的配套建设方面，首先应做到更好地区分及协调由房地产开发“配套”的公共服务设施与需要政府统筹安排的具有社会福利性质的公共服务设施，并根据具体区域和居住人群特征准确确定必需的配套服务设施配置模式、规模和内容。在这方面，南京市政府部门主导指定的《南京新建地区公共设施配套标准规划指引》即是一个有益的探索；在城市规划及开发建设中适当预留必要空间以适应未来发展以及在协调房地产开发与配套公共服务设施的建设和投入使用时序等等方面，均需要政府部门制定科学合理的管理与调配机制。

对于目前全国各地蔓延的封闭住区，必须在认清其产生的必然性、历史局限性及其对城市空间及生活带来的诸多弊端基础上，制定相应的制度和法规引导[4]：首先，

[1] 马强．走向精明增长：从小汽车城市到公共交通城市．北京：中国建筑工业出版社，2007：138
[2] 请参阅张萍．新时期社区建设与城市规划法制保障．城市规划，2001（6）：28
[3] 胡宝哲．营建宜居城市：理论与实践．北京：中国建筑工业出版社， 2009：324-334
[4] 王彦辉．中国城市封闭住区的现状问题及其对策研究．现代城市研究，2010（3）：85-90

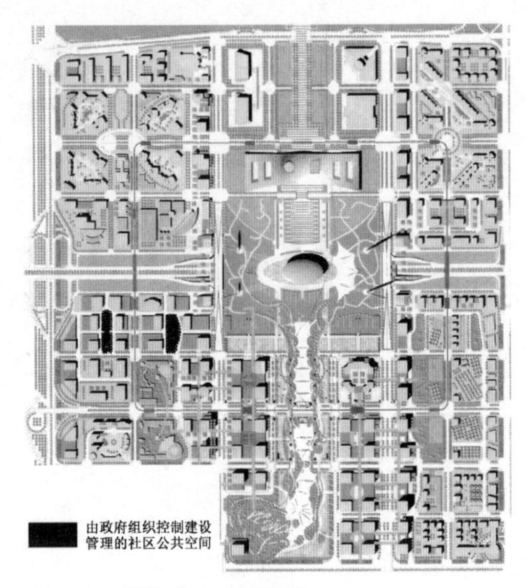

图 7-3　深圳市中心区规划

应在城市规划层面探索新的土地利用和道路交通组织模式，构建与公共交通协同发展的城市空间增长策略，探索居住用地与其他功能空间用地的整合；其次，强化管理及城市规划的权威性，当前前最为迫切的应是相关政策制度的建设，如杜绝城市道路私有化、住区级道路用地和公共设施用地与居住用地脱离、城市设计介入住区规划等均需要政策层面的支持。在维护社区公共空间领域不被市场或私人侵占、实施社会阶层的混合居住等也需要政府的监管与支持。在这方面，国内外已开始了不同程度的探索。如深圳市中心区的规划中，为避免社区的中心公共绿地被市场或私人部门侵吞，将其划归由市政府统一管理（图 7-3）；而在促进社区不同收入阶层混合居住方面，美国住房与城市发展部（HUD）规定：混合居住住宅项目中公共住宅单元最低应占总额的 20%，商品住宅单元最高占 80%[1]。

（4）对于当今城市住房困难阶层住房的解决，尤其是保障性住房建设，政府的作用尤为突出。但这并不意味着应由政府自己建设，而是应强调政府的科学规划、标准制定，吸引社会资金、科学管控等。

当前我国的保障房包括经济适用房和廉租房，尤其“十二五”以来，国家把廉租房建设作为重要国策。但目前仍存在诸多问题[2]：① 分配对象范围难以确定或限定不严，退出机制不明确等，导致不公；② 建设资金来源不足、渠道有限；③ 廉租房供给量不能满足社会需求；④ 由于保障房政策及建设运行机制不完善，造成地方政府、开发商均积极性不高；⑤ 规划布局不合理，造成认购、入住率低，或者形成新的贫民窟等。

面对短时间内的集中大量建设任务以及现实中存在的诸多问题，急需探索建立科学高效的保障房营造机制。尤其应探索健全组织、分配、管理机构，寻求新的融资、建设模式，建立保障性住房标准体系，规范各方行为责任；探索科学合理的保障性住区土地利用布局、适宜的规划设计、住宅产业化发展及其技术集成、施工营造、持续管理模式及其产业化建造水平等。而这其中政府的作用至为重要。

（5）在市场、企事业单位及居民对住区营造缺乏全面、深刻认识的前提下，政府部门的另一重要作用就是协调倡导、动员多方社会、市场力量参与住区的整体营造。如培育社会团体、居民参与的积极性，引导市场、企事业单位或社会团体的资源向住区聚集，倡导企业对社区建设（如社区公共设施建设，但最重要的还是贫困社区及旧城改造区）进行物质和财力的支持，并通过多种渠道向社区引进发展项目，增强社区自身“造血”功能等。政府还应当制定一些相应的奖惩制度，促进一

［1］杨维．保障性住房的组织模式研究［D］:［硕士学位论文］．重庆：重庆大学，2010：16-28
［2］参见惠博，张琦．美国、新加坡的保障性住房研究及对中国的借鉴．金融与经济，2011（5）及杨维．保障性住房的组织模式研究［D］：［硕士学位论文］．重庆：重庆大学，2010：16-28

些有利于社区持续发展的策略，如社区内就业、整治城市贫困与社区衰败等。在促进社区服务的发展、旧区更新改造等内容，政府的资金扶持同政策扶持一样必不可少。

7.3 公众参与 [1]

公众参与早已成为欧美众多发达国家城市规划行政体系中一个重要的法定环节，其存在的合理性与实施的有效性无需赘述。近年来公众参与问题也已引起了中国各级政府（早在 1997 年的“十五大”《政府工作报告》就指出：应“让群众参与讨论和决定基层公共事务的公益事业”）及规划、设计业者的重视与相关研究、探索。但总体而言，目前中国城市规划尤其是城镇住区营造中的公众参与从法规体系的完善性、公众参与的广度与深度、参与的成效等各方面而言均存在较大局限，必须继续进行有成效的研究与探索。就城镇住区整体营造中的参与机制而言，本节将主要从两个方面进行阐述：① 建立“广泛参与”的住区营造机制；② 居民在住区营造中“全过程”参与目标的实现。

7.3.1 建立“广泛参与”的住区营造机制

此处所谓的“广泛参与”主要包括两层含义：其一是指住区营造参与主体的广泛性；其二是参与活动内容的广泛性及参与过程的持续性。所谓参与主体的广泛性，主要指参与住区营造的不仅应包含政府、市场及社会所有相关组织力量。而就住区的“社会力”层面而言，参与的主体不仅应包括住区内的全体居民，还应包括住区内及周边的企事业单位、机关、团体和社会中介组织等等。这是能否体现住区营造的公平与共享原则的重要标准。首先，住区居民的参与是居民主体性的必要保障。而住区内企事业单位、机关、团体的参与则不仅可以增强它们与周围居民相互沟通与理解，而且它们还可以在住区持续营造与发展中特别是公共空间环境的建设中提供必要的财力与物力。同时，国内外实践也证明，住区内企事业单位参与住区建设，不但惠及住区，而且也是自我受惠的活动。社会中介组织参与住区建设在国外已有长足发展，并证明具有重要作用，突出表现在：① 填补了政府用于社会发展方面的资金不足；② 开拓了大量就业机会；③ 为住区居民尤其是各类弱势人群和发展滞后的社区提供了多方面帮助，从而完善了社区服务，扩大了社会公平，缓解了社会矛盾 [2]。在我国，社会（区）中介组织尚处于起步阶段，但它们对于住区营造所产生的巨大推动作用应得到应有重视，政府管理部门及住区自身应在法规制度、资金等

[1] 本节内容参照王彦辉著《走向新社区》一书中第 5.4.3 章节的内容
[2] 朱传一 . 第三部门及其作用 . 中国社会报，1999-05-18

图 7-4　南京仁恒翠竹园居民自发组织的社区活动

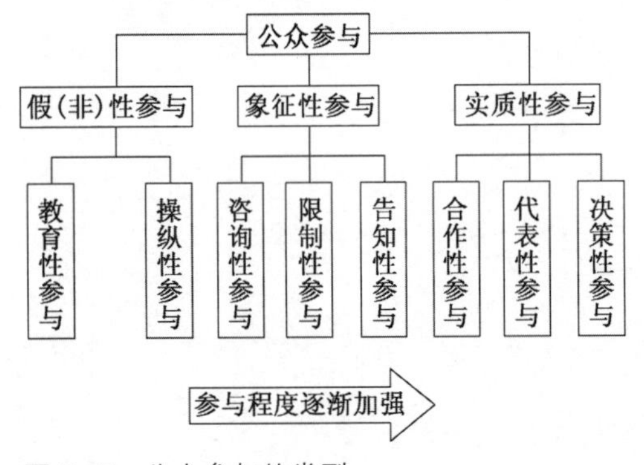

图 7-5　公众参与的类型

多方面支持各种社区组织如社区志愿服务组织、社区老年人协会、社区卫生协会、社区文化体育团体等的建立与发展。

参与活动的广泛性是指各类住区主体不仅应参与住区管理及住区形态空间环境的营造或改善，还应参与社区服务、社区文化活动、社区治安、社区医疗卫生等（图 7-4）。有的学者将住区主体的参与总结为四大基本领域：社区的社会参与、社区的经济参与、社区的文化参与、社区的政治参与[1]。参与过程的持续性是指居民及其他社区主体应对城市及社区的规划设计、开发营建以及入住、进入社区后长期的维护、改造与发展进行全过程、持续性的参与。很显然，我国目前城市居住社区营造中的公众参与现状距离以上目标还相差甚远。

必须指出的是，在住区营造中加强公众参与机制的建设时还应充分认识到公众参与可能带来的一些负面效应，如使社区营造的时间、金钱消费增大，降低了政府效能，鼓励了住区主体的个人主义、排他主义并引发新的社会问题等等，对此欧美发达国家的经验教训值得我们借鉴[2]。但无论如何，公众参与为住区营造中更充分地反映社区主体的意愿，努力实现社会民主与公正提供了行之有效的操作方法，它也顺应了人类文明与市民社会发展的方向。同时，这种自下而上的运作机制弥补了功能主义形体规划自上而下方法的严重不足，是以人为本的城市住区整体营造机制的重要组成部分。

在住区营造的公众参与机制中，实现住区居民的“全过程参与”是最为重要也是最为困难的目标。

7.3.2　宜居住区营造中居民的“全过程参与”

关于居民社区参与的方式或类型，国内外有不同的论述。如 SR Arnstein 根据居民参与的程度分为假性参与、象征性参与、实质性参与三类（图 7- 5）。他认为，真正意义上的居民参与不但包括被告知信息、获得咨询和发表意见等权利，而且还包括居民和住区对环境维护整治过程的参与和控制。他还认为，这种参与不可能以居民个体的方式进行，社区自治组织是社参与的基本途径和手段。国内有的学者则根据居民在设计过程中的作用大小将参与类型划分为全设计参与、部分设计参与、咨询参与和间接参与四种[3]。

笔者认为，中国城镇住区的居民参与应充分考虑到目前相关政策、法规的建设、居民参与意识与能力及住房市场化进程等具体情况，并主张居民在住区整体营造中逐渐实现“全过程参与”。所谓“全过程参与”，是指居民在城市居住空间规划布局、开发建造以及入住后的维护发展或更新改造等持续的营造过程中，居民作为住

[1] 唐忠新．中国城市社区建设概论．天津：天津人民出版社，2000：252-253
[2] 梁鹤年．公众参与：北美的经验教训．城市规划，1999（5）：49-53
[3] 贾倍思．长效住宅．南京：东南大学出版社，1993：292-325

区主体在政府管理部门的政策引导及相关专业人员或社会组织（建筑师、规划师等）的协助下进行广泛性参与。下面按住区营造的时序分两个阶段进行论述：① 住区规划设计及建造阶段的参与；② 持续维护发展阶段的参与。

7.3.3 规划设计及建造中的居民参与

（1）规划设计中的居民参与

目前，我国城市规划中的公众参与大多是在专业人士完成多项相关成果之后，采用展览和展示的方式向公众公布，并以组织专家、人大和政协代表参与讨论的方式作为各阶层代表参与的主要途径。作为城市居民主体的平民阶层，参与规划过程仅限于单纯地了解或聆听。在具体的居住空间规划设计中公众参与的途径也非常有限，使用最多的公众参与方式是采用问卷调查等方法。所有这些方式均远未能实现真正的公众参与。要改变这种现状，必须在结合中国国情前提下进行新的创造性探索，同时吸收国外的成功经验。在市场经济体制下，对于城市居住空间规划设计而言，尤其对于当前中国城市中普遍实行的开发商主导开发设计→居民购买的具体的居住空间建设模式而言，实现公众参与确有难度。对此，在城市规划阶段，应继续完善城市规划公众参与机制建设，在加强人大代表、政协委员、专家或其他非政府组织作为公众代表参与体制建设的同时，应组建有利于居民代表直接参与的组织团体，并建立一套完整的参与体系（图 7–6）。在这方面，公众参与发展相应较早、体系与机制比较完善的北美国家城市的经验值得借鉴（表 7–1）。

(a) 建筑师、开发商和居民代表召开座谈和讨论会

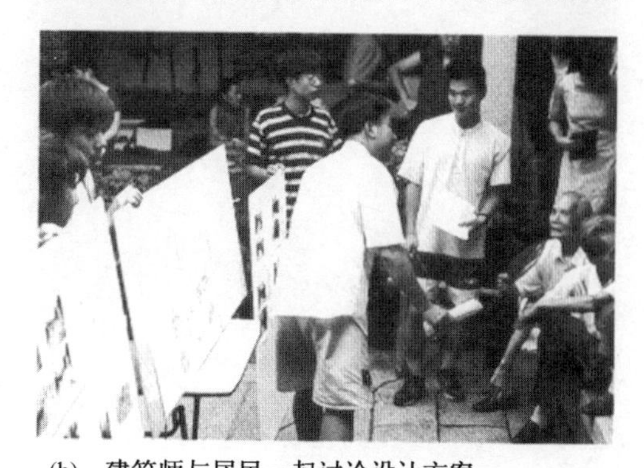

(b) 建筑师与居民一起讨论设计方案

图 7–6 泉州古城社区改造中的居民参与

而在具体的住区规划设计中，则应努力提高社会调查方法的科学性，了解不同住房消费群体的需求特征与动向，并尽可能对开发项目确立明确的消费群体定位，减少市场开发的盲目性。其实，在现阶段的中国城市，这一目标的实现并非不可能。首先，目前一些企业、单位的集资建房（如各城市目前集中进行的教师公寓、高教新村建设等项目）项目的住户对象是明确的；其次，旧区改建项目的拆迁户也可以是明确的；另外，目前国家集中进行的面向中、低收入阶层的经济适用房、廉租屋政策中均具有相对明确的居住、消费对象。因此，在规划设计中对相应消费群体的需求特征进行分析并组织部分居民代表参与规划设计过程均可以做到，关键问题还在于社会调查方法的科学性和消费者信息反馈来源和渠道的畅通性。

（2）建造中的居民参与

鉴于规划设计中居民参与存在的诸多不足与客观困难，本书认为应以建造中的居民参与做补充。建造中的居民参与又可分为两大类，即“开放”式、适应性的（或称“非完成”式的）建造参与和选择性、调整式建造参与。

开放式、适应性的建造即是采取前面章节中阐述的“空间结构及营造体系的开放性”

表 7-1　规划阶段公众参与的主要方式 [1]

	主要步骤	采用方式
1	各程序通用的方法	① 解决问题的研讨会； ② 政府组织的小区会议； ③ 法定的公开聆听； ④ 公共信息交流； ⑤ 市民工作组
2	规划设计的社会价值观取向、规划目的确定阶段	① 市民咨询委员会； ② 民意调查； ③ 小区理事会； ④ 市民代表直接参与政府规划部门工作； ⑤ 协调不同市民团体间分歧的论证； ⑥ 个别团体与政府及规划部门组成综合论证
3	优选方案	① 市民复决（Referendum）； ② 政府提供技术协助； ③ 市民培训； ④ 市民草案工作室； ⑤ 市民模拟游戏； ⑥ 借助传媒表决； ⑦ 以不同利益立场评估不同草案
4	实　施	① 政府雇佣市民代表参与工作； ② 市民培训； ③ 建立
5	反　馈	① 小区“巡访”中心（Drop-in-center）； ② 电话热线解答

策略及其相关理论与方法。在居住空间建设中，无论是外部公共空间环境，还是住宅内部的空间结构划分，均应避免终极式、固定式的建造，而应为居住者及其以后发展变化留有“一定余地”，以使居民根据入住后的实际情况与需求变化进行完善发展或改造。

选择性、调整式建造基于这样一个现实：即目前中国城市住宅多以期房形式出售，

[1] 根据梁鹤年《公众参与：北美的经验与教训》（城市规划，1999.5）一文及邹颖《中国大城市居住空间研究》（天津大学建筑学院博士学位论文，2000）中的相关内容整理而成。

这就为住房建设过程中根据住户具体需求做一些必要的调整、为住户提供多种方案选择提供了重要基础。在目前中国城市居民参与能力不高的情况下，实行选择性参与可以达到较好效果。所谓选择性参与，就是为住户提供多种选择的可能性，使他们在多种方案中选择最适合自己的一种。目前中国城市住宅中的“菜单式”装修可以被看做是选择性参与的一种表现形式，但还不够，它还应当扩展到居住空间结构、套型布局等更广的范围。调整式建造即是根据未来的住户的具体需求或意见在建造中进行适时的、具体的改造、调整，这尤其适用于分期建设的住区。

（3）多种合作开发形式

前面的居民参与策略多是在由政府或市场开发商主导的住区建设背景之下的。在这种情况下，由于居民在土地、政策及开发机制等一系列相关因素中的被动地位，决定了居民参与的被动性和参与程度的局限性，尤其一些特殊人群的特殊需求很难得到满足。为了充分体现住区营造的公平性及“使所有人拥有适当住房”目标的实现，必须探索多种住区开发营造的模式。对此，“中国 21 世纪议程”中已有明确要求：“要根据不同收入水平制定不同的住房政策，采取出租、出售、有组织地个人集资建房、合作建房等多种途径，解决不同收入水平家庭的住房问题”。

在国外，通常有多种住房建设途径并存的局面：① 国家投资建设；② 房产开发企业建设；③ 社会团体投资或接受国家贷款建设；④ 互助合作建房；⑤ 个人建房等。多种住房建设方式的存在是社会多元化发展的必然趋势，也是满足不同阶层住房需求的必要保证。在我国，由计划经济转入市场经济以后，在以房产开发公司建设住宅为主导的居住空间建设中，积极推进互助合作建房、个人建房等策略是对国家经济适用房、廉租屋建设和完全商品房这两种住房形式的有益补充。同时，它们也更能充分利用社会资金和社会资本，是充分实现社会、居民参与的有效形式。在诸多形式中，“住房合作社”被证明是一种较为有效的住房建设组织策略。

其实，中国自从 1986 年开始，也曾在北京、上海、天津、沈阳、武汉等地试行了住房（宅）合作社的合作建房策略，并也进行了一些积极探索。但由于理论研究的苍白，以及对住房合作社发展与管理认识上的不统一，不久就由于出现了许多问题而销声匿迹。与此相反，一些西方国家尤其是瑞典、丹麦、挪威、德国等欧洲国家的住房合作不仅已具有一百多年历史，而且具有极强的生命力，成为一些国家解决住房的一种主要形式。目前，住房合作社逐渐成为世界上很多国家用以解决住房问题的重要途径（目前已有近 50 个国家相继成立了住房合作社），并随时代变迁而发挥着越来越多的新的社会作用[1]。欧洲国家近百年实践表明，住房合作社对于居民而言，除在经济上具有明显优势外，还在社区居民实质性主导和参与的实现、社区的管理和社区生活等方面也特别有利于良好社区的形成。总结他们的经验，可以归纳为：① 国家政府相关政策、法规的支持与保证；② 完善的住房合作社组织的建立与发展；③ 与其他非营利组织（如规划师、建筑师、基金会等）的密切合作等[2]。

图 7–7　德国柏林某社区建筑上由居民做的装饰

7.3.4　住区维护与持续发展中的居民参与

住区形态空间环境建造的完成和居民的入住并不意味着住区已经形成，恰恰相反，它仅仅是真正意义的住区营造的开始。住区生活的形成有赖于所有成员对住区环境的维护与完善，对住区环境卫生、文化生活、治安及管理、社区服务等所有住区生活活动的积极参与。国内外经验表明，良好住区文化生活氛围的形成是所有住区居民经过较长时间的共同生活、共同参与住区营造活动的结果。仅就住区物质形态空间环境的完善而言，拉普卜特在《建成环境的意义》一书中指出：与固定特征因素相比，环境中的半固定特征因素更能暗示空间的文化意义。在居住空间中，建筑物作为固定特征的因素起到的更多是物质载体的作用，而经由居民参与塑造的半固定特征因素（如陈设、装饰、花木布局以及色彩、门脸、街号、小店铺等），更能表达居住者集体的审美意识、文化特征和阶层属性（图 7–7）。这是赋予居民归属感、认同感的基本条件。这一点在传统聚落中有十分明显的表现，但在我国现代城市住区中由于缺乏居住者参与塑造半固定特征因素的机会与机制，居住环境与居民无法形成直接互动的关系，不仅导致居住环境千篇一律，缺乏与居住者特征的对应和可识别性，更使居民对所居住环境的领域感、归属感不强。如果通过某些方式，比如允许居民根据社区需要开设一些早餐点、配钥匙、织毛衣、学生小饭桌等公共服务设施，组织居民参与装饰小区公共活动场所，或是允许居民家庭分别承包住区内的小块绿地（图 7–8）等等，使居民以多种方式有组织地参与住区环境建设，这种局面必然会得以改变。

目前，关于居民在住区持续发展乃至更新改造中的参与问题，西方国家经过长期的“社区建筑”实践积累了丰富的经验，国内也在结合国家“社区建设”和“发展社区服务”的政策下进行着更为广泛领域的积极探索。

[1] 请参阅张元端主编《中国房地产业指南》(黑龙江科学技术出版社，1992：218–220)及倪岳瀚、谭英《住房合作社在北欧国家住宅发展中的作用》(国外城市规划，1998(2)：19–24)

[2] 倪岳瀚，谭英．住房合作社在北欧国家住宅发展中的作用．国外城市规划，1998(2)：19–24

7.4 设计师的地位与作用

7.4.1 建筑师（规划师）的地位与作用

很多人认为当今城市及居住空间中诸多问题的出现与建筑师（规划师）及他们所奉行的思想与理论观念有关。荷兰建筑与城市规划设计师约翰·哈伯拉肯（John Habraken）在其著作《维持：对大型住宅的一种选择》（Supports: An Alternative to Mass Housing）中写道："由于我们的建筑师仍然以文艺复兴时期赋予我们的社会（精英）角色进行工作，我们梦想着不朽的业绩，并且力图通过建筑来阻止时间的流逝，我们试图建造一种超越日常生活的符号。同时，我们把整个建筑的环境作为值得我们注意和服务的东西而拥抱……但环境本身却是不能被设计的，而只能被开发。这样，我们看到了我们与自己所选择主题之间的矛盾。既非我们的理论，也非我们的方法，抑或给予我们理解和手段的教育，使我们必须在更广泛的日常生活世界中去工作。"如果说哈伯拉肯的论述是说由于建筑师的"精英"（英雄主义）情结而导致理想与现实巨大反差的话，那么在中国市场经济的今天，还有另一种建筑师导致了居住空间规划设计中的弊端。他们面对行政长官、面对市场开发商的经济利诱而唯命是从，自己通过成为他人实现目的的工具的方式而实现自己经济或名誉上的收获。在严峻的现实和紧迫的社会发展趋势面前，必须对建筑师及其所从事的工作在城市居住空间整体营造中的地位与作用重新定位。

其实，自 20 世纪 50 年代以来，人们就一直在进行着关于城市空间规划设计性质的探讨：如十人小组（Team 10）的"人际结合"（Human Association）思想；希腊学者道萨迪亚斯的人类聚居学概念；1968 年 H. Gans 的《People and Plan》一书；1968 年 J. B. Mclonghlin 提出的"规划本质上是一种引导式的控制管理"论断以及在此背景下的 20 世纪 60 年代中期以后，西方城市规划领域兴起的"倡导性规划"（Advocacy Planning）运动和"社区建筑"运动等等。这些均从不同层面改变着人们对城市空间规划设计以及建筑师、规划师的地位与作用的认识。正如 H. Wohlin 所预料的，现在的城市规划与设计已更多地具有咨询和协商（consultation and negotiation）的特征（林秋华，1987）。与社会发展趋势相适应，城市规划所寻求的是在各类群体中进行沟通、对话，对各种不同的价值观、生活方式和文化传统在空间层面上寻求解释，或者将这些内容转化为不同的空间形态，然后通过协商和谈判建构起一个协同的纲领。关于建筑师、规划师的地位与作用，Ann Ferebee 认为，除了必须有能力进行城市空间的规划设计外，"他还要起到发展商，（现行政策的）辩护士，（政府公共部门与公众之间的）调解者，

（a）社区儿童在用手压泵汲取积存的雨水来浇灌花木（日本武野藏野市樱堤社区）

（b）社区居民参加社区"花卉俱乐部"活动（千叶市稻毛区）

（c）公用菜地作为自然载体促进了社区的形成（镰仓市山崎生态社区）

图 7–8 日本城市居民的住区参与活动

（城市公众设施的）管理人和鼓吹者，有时他本人甚至是一个经理人员。”[1]

同样，在当今的城镇住区整体营造中，建筑师（或规划师）既不再是政府管理部门的附庸，也不应是市场、开发商的牟利工具，他应是政府、市场与社会（居民、社区组织等）等不同力量群体之间利益甚至矛盾冲突的协调者，是不同力量群体的理想与目标以形态空间方式实现的策划者。而当今中国市民社会、社区组织力量薄弱的状况下，建筑师更应体现为居民、社区利益的维护者，是住区营造、社会网络与社会资本的培育、利用及住区环境发展的组织者与参与者；同时，也是住区居民住区环境营造与管理参与技能、知识的传授者。这不仅要求建筑师转变传统思想观念，更应努力扩大知识面，扩大“业务范围”，要了解居民、了解住区，通过帮助居民对自己日常生活环境的营造，实现人类自身与城市空间环境的全面协调发展。为了较好地实现这一目标，结合国内外实践经验，我们倡导城镇宜居住区整体营造的“社区建筑师”制度。

7.4.2 “社区建筑师”制度

在前面章节的论述中，我们得到的结论之一就是，住区的整体营造不仅仅是形态空间环境的营造，它还是社会生活、交往情境的建构；同时，住区营造也并不以形态空间环境建造完成、居民入住为终点，恰恰相反，这仅仅是开始。住区整体营造是一个非终结式的持续过程。建筑师作为住区营造中一个重要参与者、组织者与咨询者，本应置身于整个过程之中。然而，目前绝大多数建筑师在他所参与的一个个居住空间规划建设项目中，当方案审批通过、付诸实施之时，他的“使命”便告结束。最“尽职”的建筑师也不过在施工过程中下几次工地，解决一些施工中的问题。一旦竣工验收，这一项目就作为一个“业绩”贮存在自己的“履历档案”中尘封起来。日后入住的居民在日常生活中遇到的一切空间环境问题，已与建筑师无关。于是随后发生的不是居民对居住空间环境进行破坏改造以适应自己的需求，就是居民自己无奈地适应建筑师“创造”的生活方式。这种现象极其普遍，很多住区也因此而日益衰败。这种做法与宜居住区整体营造及其持续发展的原则相悖。而一种倡导“走向过程”的“社区建筑师”制度却提供了改变这一状况的机会。

所谓“社区建筑师”制度，是指每一个具有一定规模的城镇住区均应有一个或一个以上相对固定的建筑师或其群体组织参与从住区项目策划、规划设计、开发建造到以后的住区发展与维护以至更新改造等住区营造、发展的全过程。这个“社区建筑师”既可以是社区组织中的一个成员，也可以是职业建筑师及其组织以非营利组织成员、志愿服务身份等多种方式参与大到居住社区宏观发展方向、规划营造策略的建构、社区社会网络培养，小到社区环境小品设置、居民住宅空间结构变化咨询等众多内容。

---

[1] 转引自张京祥，等．城市规划的社会学思维．规划师，2000(4)

“社区建筑师”的主要职责内容可以概括为：① 在充分了解本住区社会文化、地区或环境特征及居民需求特征基础上参与住区形态空间环境及地域社会空间发展规划；② 协调住区居民与政府管理部门、开发商等不同社会利益群体之间的关系与矛盾冲突；③ 协助居民进行住区整体营造的参与活动，并有意识地教育、培训居民提高社区参与的意识与水平；④ 协助住区及居民解决日常生活中公共空间设施改造完善及住宅空间改造等内容，以适应新的生活需求等。

实行“社区建筑师”制度的好处是多方面的，尤其对旧区更新改造及建成住区的持续发展而言：① 有利于协调不同社会利益群体之间的矛盾冲突。② 提高住区空间环境营造的针对性。由于社区建筑师的“全过程参与”，可以在建设中及时根据居民需求进行空间设计调整。③ 社区建筑师与其他非政府组织共同协助社区建设，可以减轻政府部门的工作量，减少了政府与开发商及基层群众间的矛盾冲突。④ 有利于住区整体空间环境的协调发展。首先，较大规模住区往往分几期开发建造，“社区建筑师”的存在有利于确保不同时段开发之间的延续性；其次，目前一个项目往往有建筑师、景观设计师、室内设计师等不同设计人员参与；“社区建筑师”可以从中起到总体协调把握的作用。⑤ 最为重要的是，有利于居民参与能力的提高和居民社区主体地位的实现及住区整体空间环境的可持续发展。

其实，类似于“社区建筑师”制度的建筑师参与住区营造的方式在国外实践中不同程度存在。如著名的英国卡纽斯尔·拜克居住区的设计营造。主设计师拉尔夫·厄斯金（Ralph Erskin）在居住区项目策划、规划设计、分期建造实施的七年中一直现场工作，在充分了解了社区历史文化、地域环境之后，根据政府及当地居民的各自要求制订计划，在实施中详细征求居民意见，为居民提供各种咨询，解决使用者、客户、项目发起人之间的矛盾，组织居民参与社区营造，从居民日常生活中寻求设计依据与灵感。他们的辛勤劳动获得了巨大成功，用后评价显示居民满意度达 90% 以上，拜克区在 1980 年获“发展的不列颠”竞赛“最佳保护住区奖”，并成为建筑师设计过程社会化和职业奉献精神的杰出范例。类似的实例还有很多，如 20 世纪 80 年代初由亨特·汤普逊主持的英国东伦敦的利尤住房更新工程；由本身就是其中居民的建筑师罗德·哈克尼（Rod Hackney）主持的英国 Cheshire 郡 Macclesfield 市 Pennine 区布莱克路更新工程以及由日本建筑师桢文彦历时 25 年（1967—1992）主持的东京代官山集合住宅街区工程（1～6 期，前不久第 7 期也已建成）等等[1]。另外，日本城市住宅建设中倡导并在东京南大泽贝鲁柯里努街区设计等项目中实行的“总建筑师（MA）”设计方法（图 7–9）

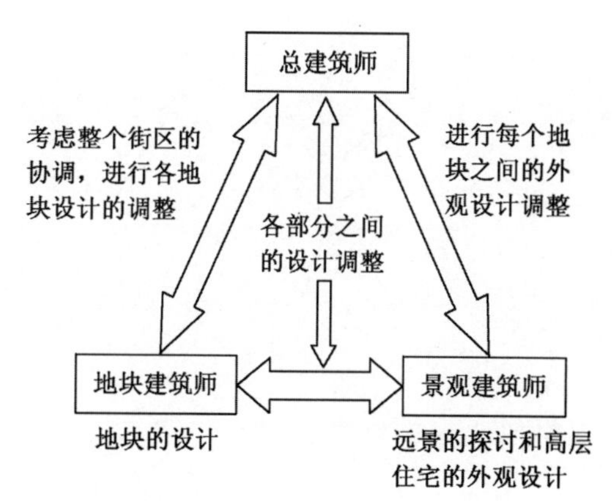

图 7–9　日本的“总建筑师”设计方法

[1] 请参阅方可著《当代北京旧城更新》（中国建筑工业出版社，2000）及张在元编著《东京建筑与城市设计．第一卷：桢文彦代官集合住宅街区》（同济大学出版社，1994）等书的相关介绍。

也与我们倡导的“社区建筑师”制度有相似之处[1]；台湾台北市也从1999年开始进行“社区规划师”制度的探索[2]。

当然，在目前中国市场经济条件下，实行“社区建筑师”制度存在诸多困难。如与现行规划设计管理体制存在冲突，社区建筑师活动经费问题的解决，相关组织制度缺乏以及对建筑师的更高要求[3]等等。但是这丝毫不能削弱实行“社区建筑师”负责制的必要性，而是为我们以后的努力提供了方向。因为“社区建筑师”制度是保证城镇住区整体营造目标得以实现的重要策略之一，且国内外建筑师的探索已经明显预示了这一发展方向。

7.5 多种开发建设模式的探索

自上世纪改革开放以来，我国的城镇住房建设摆脱了集体建房、福利分房、单位办社会的计划经济模式，逐步将住房建设投向了市场。在房地产市场发展之初，大陆吸收借鉴了香港地区的模式。所谓“香港模式”，简单而言，就是指在住区开发建设乃至使用的整个过程，即从融资、买地、建造到销售、管理等全部以一家开发企业为中心来独立完成。直到目前，国内绝大多数住区的开发仍然沿用着这种开发建设模式。应该说香港模式在促进国内房地产市场的繁荣与快速发展、推动城市化与经济高速发展等方面起到了不可磨灭的作用。但是，这种要求企业在开发过程中扮演多面手的模式从很大程度上而言是一种“粗放式”经营模式。随着我国城市社会及房地产市场自身的飞速发展以及居民对居住生活品质要求的日益提高，这种香港模式已经暴露出越来越多的问题和矛盾[4]，而这与宜居城市建设发展的大趋势明显不符。因此，探索适应宜居住区营造需求的多样化开发建设模式成为当务之急。

在这一探索进程中，国外的成功经验值得借鉴。除了政府主导为主要特征的新加坡模式和开发商主导的香港模式外，本书认为以下几种模式同样值得借鉴。

7.5.1 专业化细分的“美国模式”[5]

为了克服香港模式的弊端，近年来，“美国模式”日益受到了国内各界的关注。

[1][日]城市集合住宅研究会.世界城市住宅小区设计（日本卷）.北京：中国建筑工业出版社，1999：92-102
[2]参见王彦辉.走向新社区.南京：东南大学出版社，2003：205-211
[3]分析国外的相关实践，本书认为，这种对建筑师的更高要求主要是：①要有与政府官员、客户（开发商）、使用者等非专业人员进行沟通的良好手段与能力；②要有争取说服政府相关部门及其他非政府组织支持的能力；③要有全心全意服务社会的职业精神；④要有必要的时间深入社区生活及居民之间，了解居民需求及意见，并充分尊重居民，对设计进行调整完善；⑤要有较高的专业技能及处理复杂问题的综合能力；⑥要明确、及时地兑现承诺，以保持公众对建筑师工作的信任等。
[4]详见李求军.房地产开发：从香港模式到美国模式.房地产开发，2008（8）50-51
[5]万方.新式房地产开发模式在中国房地产市场的应用研究及分析[D]:[硕士学位论文].上海：复旦大学，2009：6-9

所谓美国模式，是指房地产开发从资金到开发、规划、设计、建设以及销售，各个环节均由高度专业化的公司分别完成，其资金更多的是来源于社会大众，只有15%左右是银行资金。

相对于“香港模式”，美国模式并不要求房产开发商独自操作整个过程，它在整个房地产开发投资经营链条中往往只扮演管理者、参与者、经营者或职业经理人中的一个角色，代表的是一种高度细分的专业化分工，体现了效率最高、公平竞争和利益最大化的良好结合。

通过严格的专业化细分，形成一条横向价值链，构成以专业细分和金融运作见长的房地产发展模式。其核心是金融运作，美国拥有最成熟和完善的房地产金融体系，房地产投资信托基金和投资商成为主导者，而开发商、建筑商、销售商以及其他房地产服务商则成了围绕资本、基金的配套环节。美国房地产开发有如下特点：

（1）土地自由供应。理论上讲，在1990年日本地产泡沫最大的时候，如果把整个东京卖掉后就可以买下整个美国，由此我们可知当时日本地价之高，美国地价之低。如果再追溯一下历史，当年美国西部大开发时，只需交纳10美元手续费就可以免费获得无人居住土地160英亩，只要定居和开垦5年，土地就永远归私人所有；由此形成美国62%土地私有的格局，让政府不可能对土地供给进行严控。

（2）专业分工明确。美国房地产发展模式主要由房地产金融产业链、开发产业链、中介产业链和流通产业链等相互协调共存，强调房地产开发的所有环节由不同的专业公司来共同完成。而且不同公司根据自己的专业特长而专注于某个细化产品市场。比如有专做写字楼的，也有独做大型超市的；既有做郊区成排别墅群的，也有独营退休社区的。

（3）以金融运作为核心。在美国房地产模式的各个链条中，金融产业链最为发达。美国没有一家房地产开发企业进入世界500强，但却有许多以房地产投资收益为利润来源的投资商、投资基金等金融机构进入世界500强。美国的房地产金融产业链由房地产基金、投资商和银行组成，其中最大部分是房地产基金，美国的房地产投资商主要是从事物业投资，而非物业开发，因此美国真正的大地产商都出于金融领域。以房地产投资信托基金为代表，美国目前约有300多只房地产投资信托基金，管理资产总值超过3000亿美元。

（4）收益大众化。美国的房地产资金只有30%左右是银行资金，剩下的70%是社会大众的资金，其中35%是退休基金，35%是不动产基金。房地产基本上是私人投资，全国大多数人都可以通过不同方式参与房地产的投资，主要渠道是房地产投资信托基金、上市企业股票、MBS（房产抵押贷款证券）等。全民参与投资，既降低了房地产金融风险，也使行业利润被民众摊平，基本不可能出现如国内任由房地产开发商敛聚暴利的现象。

7.5.2 “城市运营商”模式

“城市运营商”是随着城市化进程的加快、一些大型和超大型项目的实施应运而生的一种新型经济主体，其上承政府、下启一般开发商，通过对大型片区的整体规划和运作，一方面替政府完成相关基础设施建设、优化片区内产业布局，从而提升城市形象和功能，带动整个区片发展；另一方面为二级开发商提供手续完备、适应其开发能力的建设项目，使开发商减少工作环节，获得发展机会。同时，自身通过土地增值获取效益，最终实现整个片区经济效益、社会效益和环境效益的同步发展。目前，城市运营商的运作模式在北京、上海等城市开始实践[1]。

（1）运作方式

“城市运营”的运作模式，在政府和开发商之间建立一中间机构——“城市运营商”，用市场的方法，对大型居住片区进行统一征地、统一规划、统一组织，分期分片建设，建成后统一管理。“城市运营商”通过对基础设施和产业布局进行统一规划集中建设，在土地招、拍、挂之前进行集中投资，从而提高大型居住区的综合竞争力，提高城市居民的生活品质。

（2）具体方法

由住宅产业化发展中心与有实力的投资商在明确相应投资权利的前提下，共同组建“城市运营公司”，以规划建设大型居住片区为主要内容，对该区片内的土地征用、村民安置、基础设施建设、产业布局、被拆迁居民就业等方面进行整体规划统一建设、统一管理、统一运营。在完善相关建设手续、完成土地熟化、实施区片内基础设施建设的基础上，将整个区片划分成若干子项目，分别确定项目价款底价，在土地市场进行招标、拍卖和挂牌。区片内基础设施建设统一管理统一运营。城市运营包括两方面的主要内容：一是土地运营，二是基础设施的运营。

（3）操作思路

一是统一办理规划、建设手续。由城市运营商统一办理相关建设手续，缩短项目开发周期。完成详细规划设计，包括对区片内的住宅开发、商业用房建设、基础设施、产业布局等方面进行整体规划。减少二级开发的难度，提高城市建设的速度和质量。

二是统一拆迁安置、征用土地。规划范围内的土地统一征用，在总体规划阶段，充分考虑业态分布。

---

[1] 此部分内容参照林飞龙．广州“华南板块”大型居住区建设对策研究［D］:［硕士学位论文］．上海：同济大学，2008：64-69

三是统一建设相关配套设施并进行管理运营。“城市运营商”代表政府统一建设城市基础设施。新建区片内的城市道路、管网、水、电、暖、通讯等基础设施以及学校、医院、商场等配套设施由“城市运营商”负责投资建设、经营。弥补市财政在基础建设资金方面的不足。由政府收取的城市建设综合配套费部分划拨给“城市运营商”支配，“城市运营商”自求平衡，自负盈亏，以便基础设施迅速配套到位，提高大型住区的综合竞争力，提高人们对大型住区物业的购买预期。

四是土地运营方式：土地“招、拍、挂”，在科学合理的设计理念指导下，规划以 5 公顷左右的居住街坊为主要功能单元。各街坊的土地可独立招、拍、挂。以评估方式确定项目价款底价，在土地市场以招、拍、挂方式确定二级开发商。其中，土地征用、熟化等土地前期开发工作仍按土地收储程序，由城市运营公司与市土地储备中心签订协议，以土地储备中心为主体，城市运营公司具体操作，土地储备中心负责监督管理，进行土地招、拍、挂。实施土地招、拍、挂中，高出底价部分由土地储备中心与城市运营公司按一定比例分配。

五是实施配套设施及相关资本的营运。主要对区片内医院、学校、商场等设施采取拍卖或承租等方式进行有偿转让，新建区片内的城市道路、管网、水、电、暖、通讯等基础设施进行管理运营，并对道路、标志性建筑冠名权以及户外广告发布权实施拍卖，获得相关收益。

7.5.3 多种金融政策并举的德国模式 [1]

德国采取了住房政策和金融政策相结合，与市场经济相配套的措施，其梯度型、自助性的金融体系在解决居住问题方面发挥了明显的作用。

公共住宅的建设与供应：战后，德国面临非常严重的房屋短缺，为此政府大力推动低价住宅建设，同时也支持建设了相当规模的福利性公共住宅。国家和私人共同投资，主要以国家控制为主，承建公益性的大众住房。承建者可以是个人，也可以是工厂企业或其他法人，个人或企业只承担造价的 20% 的投资，其余由各级政府投资或者由政府提供担保。住房建成后，以出租为主，但是租住房屋的必须是低收入居民，住户凭低收入证书才能租用，房租仅相当于一般房租的 1/3，其余由政府补贴，也可以采用分期付款的办法将房屋出售给个人，售价也低于市场价格。

房租补贴制度：该制度是目前德国对低收入居民住房保障的主要方式。新的住宅补贴法规定实行房租补贴制度，由政府根据家庭人口、收入及房租支出情况给予居民以适当补贴，保证每个家庭都能够有足够的住房支付能力。

[1] 万方．新式房地产开发模式在中国房地产市场的应用研究及分析［D］：［硕士学位论文］．上海：复旦大学，2009：6-9

住宅储蓄制度：德国经营住房金融的机构很多，商业银行和私人银行都可以为个人购建住房提供金融服务。第一类是互助储金信贷组织，比如住宅互助储金信贷社。第二类是契约储蓄系统，任何居民个人按照合同契约规定，连续几年存入一定数额的定期储蓄存款，存足一定金额时，即可取得住房贷款的权利。低收入家庭还可以减免个人所得税。第三类是私人建筑协会和公营建筑协会，他们的贷款办法是自定、封闭性的。1999 年，德国住宅投资占 GDP 的 7.2%，其中住宅储蓄占整个住宅信贷的 22%。

购房财政税收政策：为鼓励私人建房，政府通过减免税和其他奖励措施予以鼓励，联邦所得税法规定多方面优惠。此外，财政还给予收入较低的购房人不同程度的购房补贴，86% 的德国人都可以享有不同额度的补贴。

以上不同模式间的区别，主要体现在政府、开发商和居民在其中地位与作用的不同以及金融融资方式等方面的差异。对此，我们应当批判地吸收与借鉴，根据不同地区、不同性质住区，采取相应的开发建设模式。例如，在住区公共配套服务设施如区域性共享的城市基础设施、住区内部公益性配套设施（学校、医院等）的建设中，在保障性住房开发建设中，政府无疑应起到主导性作用；其次，中国房地产开发逐渐由“香港模式”向“美国模式”转变是必然趋势，随之而来的是开发商的角色转换。全能的开发商不再全能，一些正在探索多种融资渠道的公司，可能由房地产开发商转型为专业房地产投资商和运营管理商，还有一部分公司将转变为具有品牌的建造商，成为开发环节的组织者。与此同时，借助金融手段，国内外的资金有了投资和退出房地产领域的通道，房地产的资金渠道得以拓宽，房地产将会形成一个全国性的大市场，我国房地产市场竞争将由区域竞争向全国性竞争转变。

8 宜居住区规划设计指导策略

8.1 规划设计指导策略的意义

城市设计作为弥补传统城市规划与建筑设计在城市地段空间营造中的不足而产生的一种设计手段，在国外已经历史悠久并应用广泛，实践证明其对城市空间的高品质营造起到重要作用，但在我国仍未能受到应有的重视。我们倡导将城市设计及城市设计导则的理念与方法引入住区营造中，这主要基于以下几点：

（1）城市设计的一些新理论方法有利于为我国当前的住区设计提供新思路。

（2）城市设计作为沟通城市规划与建筑设计的“中间承启环节”，有助于确保城市规划成果的有效实施，弥补现有住区开发设计中只考虑用地红线范围内的建筑设计、缺乏对周边城市功能和公共空间环境系统整合研究的弊端。

（3）更为重要的是，有“城市形态方面的公共政策”之称的城市设计，其本质任务之一就是“评估城市形态设计在政治、经济、文化等方面对公共领域的影响，平衡各方利益，寻求最佳的解决方案”[1]。因此，在住区规划中引入城市设计环节，为政府部门、开发商、消费者等各利益群体之间的协商提供了平台，针对土地和项目的经营策略、开发模式、组织操作方式等提供研究、策划及建议，从而为住区营造中的一系列问题提供更为全面科学的决策、实施依据。

（4）作为城市设计成果内容之一的“导则”（Guide Line）的制定则更是为从项目策划、住区设计、住区开发建设，到后期持续的住区管理提供了一个连续、共同的技术准则与管理依据，确保住区营造目标的一贯性与连续性。

所谓导则，含引导、规则的意思，既是行为的先导，又是遵守的规则。导则一般由相关行政管理职能部门发布，用于规范工程咨询与设计等的手段和方法，具有一定的法律效力。

近年来，“城市设计导则”逐渐被引入各类城市地段空间的设计、建设实践之中。

[1] 徐苗，杨震．论争、误区、空白——从城市设计角度评述封闭住区研究的现状 [J]. 国际城市规划，2008（4）:24-28

它是根据城市设计各个体系完整和有效运作的要求，提出城市土地利用、功能活动组织、公共空间设置、道路交通组织，城市形态塑造、自然生态保护等方面所必须遵循的总体原则和规定，对城市重点地段或近期建设项目进行设计引导，对一些近期难以开发或不可预见的项目在原则上控制其建筑与空间形态。

本章，我们将再次回归本学科所关注的核心问题领域，在前面章节关于宜居住区整体营造的系统论述基础上，结合国内外城市设计及住区规划设计导则制定的相关经验，从形态空间建构的角度，尝试总结概括出对我国当前及今后较长时期内住区建设发展具有针对性与技术操作价值的宜居住区规划设计指导策略，为将来相关政府职能部门制定"宜居住区规划设计导则"提供借鉴与准备。

8.2　宜居住区规划设计指导策略的内容

8.2.1　总则

1）目标

本指导策略基于宜居城市理念，顺应新世纪中国城镇居民居住生活水平与需求的日益提高，密切结合当前我国城镇住区营造中的现实问题，借鉴相关研究成果及国内外经验,强调对当前和以后较长时期内我国城镇住区营造实践的切实引导作用，从理念、方法、技术等方面对设计和开发建设环节提出方向引导和基本要求。

本指导策略一方面充分吸收借鉴国内外关于绿色住区、生态住区规划设计导则 / 标准的相关经验与内容，同时力图弥补现有导则片面关注住区的物质空间形态要素、忽视住区社会—空间统一体的系统特征等局限，同时突出其社会人文属性以及住区与城市系统协调一体化发展的需求，从而实现对宜居住区的空间、环境、社会三个层面品质的统筹兼顾。

宜居住区规划设计的目标，是打造空间结构体系完整、环境生态优美、服务设施完善、交通出行便捷、社区文化繁荣、居民认同感与归属感较强、并与城市系统一体化协调发展的城镇住区。

本指导策略主要针对我国快速城市化进程中城镇新住区（包括政策保障性住区）的开发建设，但同时也可以作为建成区内旧住区更新改造设计及其管理实践的指引。

本指导策略作为宜居住区营造研究的阶段性成果，将成为今后政府职能部门探索制定更为科学、详尽、完善的城镇宜居住区规划设计导则及评价标准的必要准备。

2）总体理念

城镇宜居住区整体营造，是在我国城市化高速发展和社会经济深刻变革的大背景下，顺应贯彻科学发展观、可持续发展以及和谐社会建设的国家发展战略，立足于满足居民更高层次居住生活需求、提升城市空间环境品质的重要举措。

宜居住区规划设计指导策略的制定，密切结合我国城镇住区发展的现实情境，借鉴吸收宜居城市、精明增长等国际最新理论与实践经验，突破传统居住空间设计营造理论与方法的局限，探索在空间、环境、社会等层面具有更高品质，并与城市整体协调互动发展的生态化、人性化、和谐住区的综合营造策略。

3）基本原则

宜居住区的规划设计应遵循宜居住区整体营造的以下原则：

（1）整体性原则。住区的规划设计要突破传统理论方法片面关注于物质空间要素的局限，应是对物质空间、环境生态及社会人文要素的整体规划。同时，应超出仅仅局限于住区用地内部的范围，还必须关注住区与城市系统的融合互动、协调一体化问题。

（2）以人为本原则。宜居住区的规划设计应突出人的主体性地位，从形态空间（空间结构、功能设置、交通组织、配套设施、景观环境等）与社会空间（邻里交往、混合居住、居民参与、文化活动等）不同层面打造宜居性空间环境。关注住区居民在日常生活活动中的具体需求，强化住区及其建筑的适应性、灵活性。

（3）生态与持续发展原则。生态化是宜居住区必须具备的基本属性之一。宜居住区必须是生态、节能、环保并具有可持续发展能力的；同时，提倡适度的功能混合和不同阶层混合居住，从而实现住区社会生态的可持续发展。

（4）公平与共享原则。是对住区主体之间生活与活动状态的限定。首先，住区应满足居民在人口结构、社会阶层构成等方面的差异性，提供多样化的住房和功能空间类型，满足不同居住人群的需求。并倡导“小聚居、大混居”的住区社会空间模式；其次，倡导不同住区对城市公共资源的共享，倡导适度开放的住区模式，为住区间互动交往、居民参与提供环境支持，以实现营造活力住区、和谐住区的目标。

8.2.2　土地利用与住区选址

目标：住区的宏观土地利用与选址应遵循“精明增长”的相关理念，并符合各城市自身的总体规划及发展要求。

基本策略：

1）倡导以公共交通等市政基础设施为主导的居住空间布局

●应优先选用已开发地区或已开发地区邻近的区域，或建成区域内的预留空地，提倡结合城市旧区更新改造的住区建设，以充分利用现有市政基础设施、节约土地和投资成本。

●住区选址必须优先考虑居民对出行交通设施的基本需求，选址应靠近已建成或规划建设的公共交通网络覆盖区域，并提供多种交通方式选择的可能性，减少对私家车的依赖。

●住区选址与公共交通尤其是轨道交通站点分布相结合，应保证住区入口在一个或多个公交站点 500 m 或地铁等轨道交通站点 800 m 半径覆盖范围内。

●居住集中区域的城市道路应具有一定密度，划分住区单元的城市支路网的间距宜在 150 ～ 300 m 范围内，并与城市主干道有便捷的联系；建议大城市住区集中区域的公交线网密度不宜低于 3 ～ 4 km/km^2。

●住区选址应位于具备居民日常生活所依赖的基本市政基础设施（水、电、气、智能通讯等）条件的区域。

2）适度的土地混合利用与高密度开发

●土地混合利用作为“精明增长”理念的基本原则之一，是取得更好居住生活环境的重要因素。因此应当避免城市用地的严格功能分区，鼓励居住用地与商业、办公、清洁工业等功能用地相邻近或适度混合。其不同功能用地的比例则应当在城市控制性规划设计阶段根据不同城市、不同区位情况具体确定。

●倡导在一个住区或一个居住集聚区域内提供面向不同收入阶层的多样化住房。如面向市场的不同套型和规模的商品房占 70% ～ 80%，面向特殊群体出租或销售的老年公寓、单身公寓等占 5% ～ 10%，政策保障性住房（经济适用房、廉租房等）占 10% ～ 20%。通过居住主体的多元化与土地混合利用导致的功能多样性相结合，形成经济多样性、社会多样性及其文化多样性兼具的城市空间系统。

●应有合理的开发强度，提倡适度的高密度开发，最大限度的利用土地以及现有的城市基础设施，节约资源。规划设计需满足城市规划的容积率控制要求（如江苏省等发达地区中心城市的住区容积率不应低于 1.2，城市中心区住区容积率一般不应低于 2.5 等），留足住区绿地和必要的公共空间。

●为促进土地的高效集约利用，缓解空间资源紧张的矛盾，在确保工程安全并符合城市规划要求前提下，应合理、充分的利用地下空间资源。结合地下空间所处位置，可以设置成为地下商业空间（街区商业中心的地下）、地下停车库等相应功能。地下空间的开发应当满足人防设施要求，做到平战结合。

3）城市公共服务设施

在市场经济深入发展背景下，传统公共服务设施配套标准和模式越来越暴露出其不合理性。各地应积极探索适合自身特征的规划配置与开发建设模式。倡导新的公共服务设施按市级、地区级、居住社区级、基层社区级等四级进行配置。其中地区级、居住社区级中心的设置应使住区选址的以下条件得到满足：

●应确保每20～30万居民就能享受到一处成规模的地区级公共设施配套中心，为居民提供门类齐全又有选择的生活服务项目。地区级公共设施中心应结合轨道交通和公交枢纽站点在交通便捷的区域中心地带设置，保证实现居民在步行30分钟、自行车10分钟、机动车5分钟以内可达。

● 住区周边（边界500 m范围内）的居住社区级公共服务设施应具备教育、医疗卫生、文化娱乐、体育、社会福利与保障、行政管理与社区服务设施、商业设施、市政公用设施等内容。

● 当住区未达到自带教育设施规模时，选址应临近教育设施，住区外边界800 m范围内宜有一所符合规划标准的中学，住区外边界500 m范围内宜有一所符合规划标准的小学，且住区与小学之间应有安全便捷的交通通道。

● 住区周边步行范围（小于800 m）内应有一个及以上的城市公园或开放空间等公共活动场所。

4）生态环境与地方文脉

严禁以破坏城市自然生态和历史文脉为代价的集中开发建设。

● 住区选址应在当地基本生态规划控制线以外，避免在农田、自然生态栖息地和公共环境用地内开发建设。

● 住区选址应具有适于建设的地形与安全卫生的环境条件。鼓励对受污染区域、废弃地、荒地、贫瘠地、土壤流失严重等地区进行改良改造、再开发。

● 选址应对洪涝、泥石流、滑坡等自然灾害有抵御能力。避免在地震断裂带、地质构造复杂地区及风口地区，远离电视广播发射塔、雷达站、信号发射台，及油库、煤气站、有毒物质车间等污染源和危险区域。

● 选址不应对具有地方历史和文化保护及传承价值的环境场所产生破坏。

8.2.3 空间结构与功能布局

目标：打造舒适便捷、体系完整的住区空间结构，提高住区与城市的融合性，功能配置合理、齐全。

基本策略：

● 倡导采用“小封闭大开放”的住区空间结构模式，抑制目前全封闭住区模式的蔓延。

● 住区规划应对路网系统进行优化设计，转变微观道路—用地模式，构建开放的网络体系，限定出适宜规模的开发单元，并促进住区与城市系统的有机衔接与融合。

● 以住区道路限定的基本居住单元规模宜限定在4～6公顷以内，可采用封闭模式，保持基本居住单元的稳定和安全，并使邻里得到足够的交往机会。

● 应确保住区公共网络体系（住区道路网络、公共服务设施网络、开放空间网络等）的完整、合理，并与相邻住区及城市开放空间系统形成良好的协调互动关系。应避免目前普遍存在的住区公共网络体系封闭独立、各自为政、重复建设的不合理状态。

● 住区的功能布局，应依托微观道路—用地模式的转变，形成高密度、小尺度的地块功能混合（适量的办公、商业、服务等功能的引入）利用方式。根据住区自身及周边条件，确立相应的服务及商业设施布局模式（嵌入式、周边式、独立式等），并应尽量采取开放式设置，以在保证服务便利性的同时，增加设施的共享性。

8.2.4 道路与交通系统

目标：构建安全、便捷、人性化道路交通体系，倡导道路功能的适度复合与多样，创造适合步行的住区。强化与城市公共交通的顺畅衔接，鼓励多样化出行方式。

基本策略：

● 合理的道路交通网络和交通组织方式：住区地块内道路交通组织应符合上位规划要求，与周边城市道路有效衔接。并应在规划设计中进一步优化道路交通系统，形成城市主干道—次干道—支路（即居住环境区道路）组成的完善的城市道路系统，确保道路交通系统的连续顺畅。同时通过避免过境交通穿越住区、利用支路和街坊道路组织部分单向机动车交通等手段进行高效、安宁的交通组织和疏导。

● 建构较高密度的支路网体系：适度加大支路网密度、缩小道路间距，增强道路的可达性、交通的渗透性和公共性，形成适宜规模的街坊用地，避免形成大规模封闭的住区空间及交通组织模式。建议根据不同城市发展特征及住区所处该城市区位（城市中心区、一般街区、城市外围区）的不同将支路网道路间距由小到大限定在 150 ～ 350 米范围内[1]。

● 建立与公交的便捷联系：按照以公共交通为导向的布局发展模式（TOD）整合公共交通与住区布局关系，建立高效便捷、安全舒适、换乘方便的交通体系。轨道交通

表 8-1　不同城市区位的支路网间距与街坊面积

所处区位	支路网间距（m）	路网密度（km/km²）	街坊面积（ha）
城市中心区	150 ～ 200	12 ～ 16	2.4 ～ 4
一般街区	250 ～ 300	8 ～ 10	5 ～ 9
城市外围区	250 ～ 350	6 ～ 10	5 ～ 12

[1] 参照上海市规划和国土资源局编制．上海市大型居住社区规划设计导则（试行）．2009 年 7 月第 9 页

站点应布局在大型居住社区可达性最高的中心街区，轨道交通站点周边 150 m 范围内应综合布置地面公交站点、社会停车场库、自行车存放场、自行车租借点、出租车上客点等，以满足各种交通方式之间的换乘要求。合理配置地面公交线路与站点布局，应有效串联中心街区、一般街区中心、外围街区的邻里中心、主要公共设施和就业岗位集中区，并方便与轨道交通换乘。

● 倡导道路功能的适度复合：结合住区道路整体的交通组织，设置一定数量的混合性或生活性支路。在其两侧合理引入住区公共服务设施、开放空间等，以此作为改变传统道路局限于单一交通功能、进而营造开放且充满生活气息街道的必要措施。

●完善的慢行交通出行系统：在住区内部和城市生活型道路中，实行步行和自行车优先原则，提供便捷、安全、舒适的慢行交通系统，减少对私家车的依赖，鼓励多样化出行。在住区内对人车进行双层分流，通过设置生活性支路、在城市干道两侧设置步行道等方式，串联各种公共设施、公交站点和基本居住组团等住区各部分，以及在商业中心设置休闲步行街区等，构建鼓励步行出行的环境。着力完善自行车路网系统、自行车停放设施以及自行车与公共交通之间的衔接等内容，构筑一个线路便捷、环境舒适的自行车交通网。

● 合理布局的停车设施：在实施公共交通优先的同时，应提供或预留足够的机动车停车设施。应根据住区自身特点从地下车库、底层架空车库、多层停车楼等多种可能形式中选择适合的停车方式，达到在满足停车需求同时美化住区环境、集约土地利用、方便居民停车的综合目的。在轨道交通站点周边应设置一定数量的停车位，满足停车、换乘需求。

● 安宁交通及无障碍措施：通过在住区路边、路中设置各种设施来控制车流、限制车速、管制路边停车等政策性措施和工程性措施来实施交通安宁理念，以创造良好的居住环境。同时，应确保住区内部及外围无障碍设施的完善并符合相关规范要求，倡导在较大规模住区内按一定比例配建专供残疾人、老年人居住的住宅。

8.2.5 公共服务设施配置

目标：建立与城市公共服务设施相衔接互补、适应房地产开发特征及居民生活需求的住区公共服务设施体系。

基本策略：

● 建构与新住区结构模式相适应的层次性住区配套设施。倡导将传统居住区—小区—组团三级配套模式改变为居住社区—基层社区两级体系。居住社区级以大约 400 ～ 500 m 服务半径为范围，服务人口在 3 万人左右，保障居民步行 7 ～ 8 分钟、骑自行车 4 分钟左右可达，享受到较综合全面的日常生活及休闲服务。基层社区级以 200 ～ 250 m 左右为服务半径，服务人口在 5000 ～ 10000 人左右，保证居民步行

3～4分钟可享受到基本生活服务。

● 完善的内容与适宜的规模：公共服务设施内容与规模应当根据住区自身和周边的具体情况决定。建议一般居住社区级服务中心规模控制在3～5公顷（其中公共设施用地2～3公顷、绿地1～2公顷），内容包括文化活动中心、体育活动中心、行政管理中心、社区服务中心、派出所、养老院、社区服务中心、邮电设施、菜市场、社区商业金融服务设施以及其他设施，与之配套的还有公共绿地以及公共活动中心。居住社区中心总建筑面积约为33000～43000平方米左右；基层社区中心用地控制在6000～7000平方米（其中公共设施约2000～3000平方米、公共绿地用地约4000平方米），内容包括文化活动站、体育活动站、社区管理服务设施、托老所、卫生站、小型商业金融服务设施、其他设施和公共绿地等[1]。

●合理的空间布局：倡导同一级别公共设施通过规划预留中心用地的方式进行布局，形成各级集中的中心。鼓励同一级别、功能和服务方式类似的公共设施（如商业金融服务设施、文化娱乐设施、体育设施、行政管理、社区服务、社会福利设施等）相对集中组合设置，既有利于充分发挥其效益，又可强化社区中心感。功能相对独立或有特殊布局要求的公共设施（如教育设施、医疗卫生设施、派出所等）可相邻设置或独立设置。各级中心应尽量设置在邻近公共交通站点或住区交通便利、容易步行到达的中心地段。

● 公共设施的综合与共享：为营造舒适便捷、具有活力的生活住区，鼓励公共服务设施与公共空间、公共交通等有机结合；倡导公共服务设施与周边住区及城市空间的融合与衔接、互补与共享，创造开放包容、有生活氛围的公共空间场所；鼓励在较高级别公共服务中心内通过引入一定的都市型产业、服务业等方式提供一定数量的就业岗位，实现部分就近就业，减少跨社区通勤交通。

● 适度提高配建标准：为了顺应居民日益提高的居住生活品质，应适度提高相应服务设施标准，如根据居民组成特征提高文化体育休闲设施标准，设立适当规模的文化活动中心、小图书馆、小博物馆/美术馆、体育健身场所等；强化老年设施的内容和标准，不仅设置老年保健及活动、学习场所，在较大规模住区内还应设置托老所、老年公寓、老年大学等。

8.2.6 建筑与空间景观特色

目标：设计适居、宜人、具有自身特色的居住生活环境，营造多样化、人性化的空间景观体系。

基本策略：

---

[1] 参照南京市规划局编制的《南京新建地区公共设施配套标准规划指引》（2006.6）中的相关内容。

● 鼓励中小尺度的院落式 / 街坊式布局。注重基本居住单元内住宅单元围合的院落空间的尺度控制与围合感的营造，并丰富院落空间的层次感。在住区整体开放式布局的前提下，从布局和管理角度同时提高基本居住单元（居住院落 / 街坊）的围合感、归属感和安全感。

● 强化边界空间的设计营造。一方面，利用天然河道、绿化及建筑等要素，采取多样化设计手法，加强住区空间形态的完整性；同时，应打破现行封闭的边界空间结构，利用边界模糊化、边界中心化、边界面域化等策略诱发住区边界空间的边界效应，激发住区空间的活力，强化住区与城市系统的渗透与衔接。

● 生活型街道空间的营造。构建由商业街、步行街、林荫道构成的生活型街道体系。从功能、尺度、界面处理等多层面入手，打造生活性、趣味性街道空间：在生活性支路两侧合理布置生活配套服务设施，聚集人气；塑造尺度适宜、人性化街道空间，吸引人、留住人；注重街道高宽比的限定，商业、办公街区街道高宽比可以大于 2.0，步行街、生活性支路宜控制在 1 ∶ 1 左右；强化连续有序的街道界面，尤其应对生活型街道的空间界面进行整体设计，在商业街区和商住混合型街区道路塑造连续统一而又富于变化的街道界面景观等。

●整体建筑风貌：注重建筑风貌的有序性与多样统一性。应考虑住区与周边环境及建筑形态布局、风格特征、材料色彩等要素的协调。建筑空间布局的统一性与建筑的多样化应有机结合。相邻街坊的开发建设，应该在同一城市设计规划下，鼓励有不同的设计机构协同完成；而同一街坊内部的建筑，应鼓励建筑高度均质化。优化街区内部空间形态，因地制宜组织多种形式的住宅建筑组合，布置低层与多层组合、多层与小高层组合、小高层与高层组合等。

● 居住建筑的舒适性：注重提高居住空间品质，优化、细化住宅套型的设计，使设计充分顺应居民居住生活方式的变化及其日益提高的居住生活需求，并有一定的灵活适应性、预见性和引导性。着重处理建筑底层空间、转角、入口等单体节点空间的关系，提升建筑的环境与社会标准，在微环境中提升住宅自身的品质，并使其与住区整体空间环境实现更好地融合。

● 倡导挖掘地方居住空间文化传统并加以传承创新。对基地内的文化遗产及其他具有历史 / 文化记忆价值的建筑、景观要素应予以保护，并将其融入住区空间景观体系之中，营造具有文化性、唯一性、可识别性的街区场所氛围。

● 景观体系的营造应改变片面追求“唯美”和视觉冲击的做法，提升其生态与艺术品质，强化其与人的互动性。强调住区各层次景观体系之间的渗透与协调，调动人与各种景观要素的互动性、共享性、层次性，促进住区景观与城市景观环境的协调。

8.2.7 生态环境与节能

目标：强化对自然生态环境的保护及其资源的利用，促进住宅产业化的发展及其技术的推广应用。营造生态、舒适、高效、安全、完整的居住环境系统。

基本策略：

各地应积极探索制定与自身情境相适应的生态 / 绿色住区评价标准，并以相应标准（如“中国绿色低碳住区技术评估标准”及其他地方性标准等）为依据进行住区生态节能方面的规划设计。主要应遵循以下原则：

●应保护住区用地内及周边的自然生态环境资源，充分尊重并利用具有保留价值的河流水域、地形地貌、植被、道路等，划定必要的生态廊道或视线景观走廊范围；保持住区内物种的多样性与生态系统平衡，优先选用本地植物；保障较高的住区人均绿地面积。

● 住区的总体布局及建筑设计应当充分考虑对所在地气候环境、光环境、风环境和声环境的适应和优化，通过设计克服不利的环境因素，以营造健康舒适的住区微环境气候。

● 节能环保与资源利用：推广应用节约资源的新技术、新工艺、新设备和新材料。探索节能省地型住宅设计；结合地方气候条件，积极推广太阳能、风能、地热等清洁能源利用的设计策略与技术设备，并促进其与建筑的一体化设计；推广普及对中水、雨水的回收利用；提高生活垃圾分类收集及其资源化利用水平，加强废弃可再生利用资源的回收利用。

● 住宅产业化：推进住宅产业工业化，实施住宅设计标准化、模数化及多样化，并积极采用新技术、新材料、新产品，积极推广工业化设计、建造技术和模数应用技术；逐步实现结构部件小型轻质化、管线布局规范化、门窗及厨厕部品系列化、生产工艺标准化、现场施工机械化目标；提高成品房设计比例，为建筑安装和住宅装修同步一次性施工完成提供科学合理的方案计划。

● 住区安全与防灾：规划设计完整的智能化安全防范及管理系统；规划设计充分考虑提高住区对自然灾害的抵抗能力，根据地方特点，满足并适度提高相关防洪排涝、防灾设施标准，合理布局消防设施，设置充足的人员疏散通道和临时疏散 / 避难场所；地下人防工程体系完备，并制定平战功能转化的措施和方法。

8.2.8 住区人文与公众参与

目标：为住区人文特色鲜明、和谐活力、归属感与凝聚力强的社会空间环境的营造提供基础与条件。促进住区文化氛围的形成，完善住区参与、管理机制。

基本策略：

● 住区规划及建筑设计应具有民族或地方 / 地域文化特色，营造与居住人群相适应、文化气息浓郁的住区生活环境氛围。

● 较大规模住区应提供多样化住宅类型，实施“小范围（基本居住社区）同质聚居、大范围异质混居”模式，促进不同社会阶层、群体的混合居住，为社会多样性的形成提供物质基础。

● 为住区教育、文化、科技服务设施及相关产业的引入提供相应的空间场所；为不同人群（不同年龄、不同阶层）提供相适宜的公共活动交往空间，提倡文化的多样性；顺应居民活动、交往模式的新发展，创建完善便捷的社区智能网络平台。

● 为完善的社区管理、物业管理、社区服务、居民参与及居民自治组织活动等提供必要的空间场所；

● 住区空间建筑应易于识别，标牌标识明显规范，环境景观小品及雕塑等具有较高品味。

● 采取切实有效的多样化措施，实现居民在城市规划、住区规划设计以及住区维护与持续发展中居民的“全过程参与”（参见本书第七章 7.3 节）。

8.2.9 规划实施策略

目标：实行政府主导 / 监管、市场运作、公众有效参与的宜居住区设计开发营造机制。较大规模住区应实施统一规划、分期 / 分单元开发建设，探索公共服务设施配套的有效配建机制等。

基本策略：

● 应针对大型居住功能聚集区进行各项专业系统规划的相互协调与完善，整合资源，打破不同部门各自为政的条块分割管理模式。强化各类公共设施的共享和公共空间的复合利用，在上位规划或片区城市设计中对不同住区间的协调做出明确规定，并在实施中由相关主管部门或专业化机构负责调控与协调。

● 倡导各城市进行居住片区公共配套服务设施的专项、统筹规划。并以此为依据，在城市新居住片区开发建设中优先进行公共道路交通、市政基础设施及公共服务配套设施的建设，确保居民基本生活、出行的便利。

● 对不同性质的公共设施应制定相应的建设、管理策略。对于易受市场侵蚀的非盈利、公益性公共设施（如教育、 文化、体育、社区服务、行政管理、社会福利设施等），各地应制定相应的刚性指标和强制性措施，并积极探索更为有效的建设机制；而对于经营性公共设施，在内容和标准上则顺应市场需求，留有一定余地。

● 控制开发单元规模。一般以一个居住社区为一个开发单元，规模限定在边长 400 ～ 500 m（约 20 ～ 24 公顷）左右，由若干个基本居住组团（基本社区）组成。每个开发单元必须统一规划、统一建设，可以分步实施。单个开发建设单元最小不能小于一个组团（4 ～ 6 公顷）。

● 倡导借鉴相关国家、地区的成功经验，在大型住区的开发建设和持续营造进程中探索实施“总建筑师负责制”“社区建筑师”等制度 。

附录一

美国LEED-ND评估体系（2009）*

基本模块（100分）

精明选址与住区连通性（Smart Location & Linkage）		27
必要项1	精明选址	—
必要项2	濒危物种和生态群落保护	—
必要项3	湿地和水体保护	—
必要项4	农田保护	—
必要项5	避开防洪区域	—
得分项1	最佳选址	10
得分项2	棕地再开发	2
得分项3	选址减少对汽车的依赖	7
得分项4	自行车网络系统和停放系统	1
得分项5	促进职住平衡	3
得分项6	保护陡峭坡地	1
得分项7	基于动植物栖息地/湿地/水体保护的场地设计	1
得分项8	恢复动植物栖息地/湿地/水体	1
得分项9	动植物栖息地/湿地/水体的长期维护管理	1

住区布局与设计（Neighborhood Pattern & Design）		44
必要项1	适合步行的街道	—
必要项2	紧凑发展	—
必要项3	相互联系且开发的住区	—
得分项3	适合步行的街道	12
得分项2	紧凑发展	6
得分项3	混合功能的邻里中心	4
得分项4	不同收入阶层的住区	7
得分项5	减少停车面积	1
得分项6	街道网络	2
得分项7	交通设施	1
得分项8	交通需求管理	2
得分项9	周边住区的可达性	1
得分项10	市民公共空间的可达性	1
得分项11	娱乐设施的可达性	1
得分项12	可达性和通用设计	2
得分项13	当地的粮食生产	1
得分项14	有行道树的林荫道	2
得分项15	住区学校	1

绿色建筑（Green Infrastructure and Buildings）		29
必要项1	通过认证的绿色建筑	—
必要项2	建筑能耗最小化	—
必要项3	建筑用水最小化	—
必要项4	建筑过程的污染防治	—
得分项1	通过认证的绿色建筑	5
得分项2	建筑能效	2
得分项3	建筑节水	1
得分项4	景观用水节约	1
得分项5	既有建筑再利用	1
得分项6	历史文化遗产保护和适度利用	1
得分项7	场地设计和建造的干扰最小化	1
得分项8	雨水管理	4
得分项9	降低热岛效应	1
得分项10	利用太阳能	1
得分项11	地段内部的可再生能源利用	3
得分项12	区域供热供冷	2
得分项13	基础设施的节能	1
得分项14	废水管理	2
得分项15	基础设施满足循环使用要求	1
得分项16	固体垃圾管理设施	1
得分项17	减少光污染	1

附加模块（10分）

创新与设计过程（Innovation & Design Process）		6
得分项1	创新性和示范性	5
得分项2	经过LEED认证的专业人员	1

区域优先（Regional Priority Credit）		4
得分项1	区域优先	4

* 根据 http:// www.usgbc.org/sites/default/files/LEED%202009%Rating_ND_10_2012_9C.pdf 等网页内容翻译、整理。

附录二

英国 BREEAM Communities 评价体系 *

气候和能源	评价目的
洪涝灾害评价	确保选址和开发考虑了洪水灾害并且采取了相应措施
☑地表径流	减少开发区域及相邻区域的洪涝灾害
降水可持续排水系统	确保屋顶空间得到有效利用以减少用水需求及减少地表径流
降低热岛效应	在开发过程中降低热吸收，从而降低过热的发生率并减少主动制冷的需求
☑能源节约	通过能效设计与管理提高开发项目的综合效率
☑现场可再生能源利用	促进可再生能源的开发以减少化石能源的使用和CO_2的排放
☑未来可再生能源	对现阶段没有提供可再生能源的项目为将来主动太阳能技术的运用提供条件
☑基础设施服务	提供方便的基础设施服务，充分利用原有基础并且为今后的发展留有余地
☑水资源消耗	减少非饮用水的整体用水量，家庭浴缸、淋浴、盥洗以及洗衣机与独立或者公共雨水回收系统相连，使水资源能够循环利用
社区设计	
☑包容性设计	通过鼓励建造无障碍的和可变的设计以能够满足当前和未来居住者要求
☑公众咨询	推动公众参与到社区设计中以确保他们的需求、想法和意见得到考虑，提高项目的质量和接受度
☑使用者手册	鼓励可持续的行为方式和生活方式，为每座住宅或者居住单元提供了相关信息，帮助居住者尽快适应当地生活
社区管理与运行	保证社区设施能够得到维护并且能够使社区居民有主人翁意识
场所塑造	
☑土地资源优化利用	区分不同的土地性质，节约利用和高效利用土地
☑土地再利用	鼓励使用曾开发地和褐地
建筑再利用	鼓励对旧建筑进行修复与再利用
尊重当地环境	确保尊重场地的原有特色，通过恰当的定位和设计随时随地尽可能的提高当地环境
☑空间美学	确保开发项目在美学上和建筑上都是有吸引力的
公共绿地	确保公众能够方便地使用高质量的公共绿地
☑当地人口的特征调查	确保开发项目能够吸引反映当地人口发展趋势和重点的不同层次的人群
☑可负担住宅	预防社会不公平现象，通过项目开发与社会型住宅的结合促进社区的社会融合性，可负担住宅在外观和分布上和整体项目开发完全结合在一起
安全设计	认可并且鼓励在新开发项目中可以有效减少犯罪机会和恐惧感的设计手段
街道积极空间	通过积极空间的设计鼓励步行方式，使场所充满活力
过渡空间	创造能够明确区分公共与私人空间的过渡性空间
生态与生物多样性	
☑生态调查	确定基地及其周围生物栖息环境的生态价值以保持并提高其生物多样性，保护现有的生态环境
☑生物多样性保护	保护并且提高基地的生态价值及现存的生物栖息地
本地物种	确保制定种植的乔木及灌木可以为基地生态价值的提高作出贡献
交通运输	
公共交通运输能力	鼓励使用公共交通
公交站点易达性	保证与当地中心和固定交通枢纽相联系的方便快捷的公共交通工具的实用性，居住者能够安全地步行到达交通服务站点
☑公交设施	通过提供安全的、不受天气影响的候车设施提高公共交通使用的次数
☑公共服务设施易达性	将生活必须设施设计在合理的步行距离之内，减少对小汽车的需求
自行车路网	鼓励短途使用自行车替代小汽车
☑自行车设施	通过在当地服务设施及交通枢纽的周围设置安全的自行车服务设施，鼓励短途使用自行车替代小汽车，同时降低犯罪恐惧感

* 根据 http:// www.doc88.com/p-075192821919.html 网页 “BREEAM Communities Technilal Guidance Manual” 翻译、整理。

汽车共用	降低居民对个人小汽车的依赖度
多功能停车场	确保开发项目提供的超出最高停车需求的停车面积还可以作为其他功能的灵活空间
☑减少停车面积	降低汽车停车等级鼓励使用公共交通或其他出行方式
生活化宅前道路	在保留车行道的同时保证居民在住宅周围的安全活动空间
☑交通影响评价	考虑开发项目对现有的交通基础设施和社区的影响
资源	
☑采用低环境影响的材料	在建造过程中使用的低环境影响的或者是可持续、可再生的材料比例
使用当地材料	鼓励使用当地材料
交通设施建设使用可回收材料	在道路、铺地、公共空间、停车场建造过程中提高本地再生材料的使用比例
☑有机垃圾堆肥处理	促进提高厨房和花园或者景观的有机废物堆肥处理水平
水资源管理总体规划	在基地总体规划中建立可持续的水资源利用策略
自然水体污染预防	确保项目开发没有对蓄水层或地下水造成污染，没有对水资源供应造成不利影响
商业与经济	
区域优势商业	迎合当地区域经济政策规定的优势商业类型以促进商业的发展
就地就业	确保项目开发可以为区域复兴计划作出贡献
增加就业机会	通过新的商业项目或者开发项目的长期维护管理，为当地提供额外的永久性工作机会
经济活力	新的商业类型能够提高或保持现存商业的生存能力
吸引投资	吸引外部投资以提高经济福利
建筑	
☑居住建筑评价	所有的建筑经过可持续住宅标准（生态之家）的评估
☑非居住建筑评价	所有的建筑都经过了相对应类型建筑评估体系的评价
创新	
创新性设计	采用了BREEAM评价体系中目前没有涉及的可持续策略

*带☑号项为强制性最低得分评价项目

图表来源

图 1–1　南京市规划局 .

图 1–2　Google Earth 截图 .

图 1–3　百度图片 .

图 1–4　笔者自绘 .

图 2–1　百度文库 .

图 2–2　中国城乡规划行业网 .

图 2–3　中国城乡规划行业网 .

图 2–4–a　（法）勒·柯布西耶，（瑞士）W. 博奥席耶，等，著 . 勒·柯布西耶全集（第一卷）. 北京：中国建筑工业出版社，2005.

图 2–4–b　http://arch.cafa.edu.cn/2007/u/zhouyufang/archives/2009/438.html.

图 2–5　向岚麟，吕斌 . 光明城与广亩城的哲学观对照 [J]. 人文地理，2010（4）：36.

图 2–6　百度图片 .

图 2–7　李江 . 住区发展的新趋势——以公共活动导向的城市住区规划 [D]：[硕士学位论文]. 南京：东南大学，2006：6.

图 2–8　于文波 . 城市社区规划理论与方法研究——探寻符合社会原则的社区空间 [D]：[博士学位论文]. 杭州：浙江大学，2005：25.

图 2–9　（美）克里斯托弗·亚历山大，著 . 城市并非树形 . 严小婴 . 译 . 北京：中国建筑工业出版社，1986：210.

图 2–10　Paul knox. Urban social geography. Harlow:Longman scientific & Technical,1995.

图 2–11　http://www.newurbanism.com.

图 2–12　Katz.The New Urbanism:Towardan Architecture of Community.NewYork:McGraw–HillInc.，1994.

图 2–13　同图 2–12.

图 2–14　江平尚史，沙永杰 . 日本多摩新城第 15 住区的实验 [J]. 时代建筑，2001（2）：61.

图 2–15　李锦霞 . 日本幕张滨城住区的研究与启示 [D]：[硕士学位论文]. 杭州：浙江大学，2005：18.

图 2–16　李琳琳，李江 . 新加坡组屋区规划结构的演变及对我国的启示 [J]. 国际城市规划，2008，23（2）：111.

图 2–17　同图 2–16.

图 2–18　同图 2–16.

图 2–19　同图 2–16.

图 2-20　李琳琳，李江 . 新加坡组屋区规划结构的演变及对我国的启示 [J]. 国际城市规划，23（2）：111.

表 2-1　马强 . 走向“精明增长”：从“小汽车城市”到“公共交通城市”. 北京：中国建筑工业出版社，2007：108

图 3-1　Herbert 1972.

图 3-2　笔者自绘 .

图 3-3　笔者自绘 .

图 4-1　万科内部资料 .

图 4-2　笔者自绘 .

图 4-3　笔者自绘 .

图 4-4　笔者自绘 .

图 4-5　李锦霞 . 日本幕张滨城住区的研究与启示 [D]:［硕士学位论文］. 杭州：浙江大学，2005：18.

图 4-6　Herve Martin，Guide to Modern Architecture in Paris，2001，P112 ～ 113.

图 4-7　王彦辉 . 走向新社区 . 南京：东南大学出版社，2003：211.

图 4-8　李江 . 住区发展的新趋势——以公共活动导向的城市住区规划 [D]:［硕士学位论文］. 南京：东南大学，2006：45.

图 4-9　Google Earth 截图 .

图 4-10　百度图片 .

图 4-11　百度图片 .

图 4-12　赵燕菁 . 从计划到市场 : 城市微观道路—用地模式的转变 [J]. 规划研究，2002，26（10）：27，笔者改绘 .

图 4-13　李江 . 住区发展的新趋势——以公共活动导向的城市住区规划 [D]:［硕士学位论文］. 南京：东南大学，2006：46.

图 4-14　笔者拍摄 .

图 4-15　笔者拍摄 .

图 4-16　笔者自绘 .

图 4-17　笔者自绘 .

图 4-18　笔者自绘 .

图 4-19　笔者拍摄 .

图 4-20　笔者绘制、拍摄 .

图 4-21　劳炳丽 . 规模住区开放空间整体建构策略与规划研究方法 [D]:［硕士学位论文］. 重庆：重庆大学，2009：109.

图 4-22　陈飞，孙晖 . 基于交通特性的住区道路结构模式分析 [J]. 规划师，2008（8）：64

图 4-23　笔者自绘 .

图 4–24 同图 4–21.

图 4–25 同图 4–21.

图 4–26 孙晖，陈飞 . 生活性与交通性的功能平衡——住区道路体系的经典模式与新近案例的演进分析 [J]. 国际城市规划，2008，23（2）：104.

图 4–27 同上 .

图 4–28 许建和，严钧 . 对当前住区人车交通组织模式的思考 [J]. 华中建筑，2008（10）：180.

图 4–29 马强 . 走向“精明增长”: 从“小汽车城市”到“公共交通城市”. 北京：中国建筑工业出版社，2007：214-218.

图 4–30 同上 .

图 4–31 于泳 . 街区型城市住宅区设计模式研究 [D]：[硕士学位论文]. 南京：东南大学，2006：42.

图 4–32 笔者拍摄 .

图 4–33 Herve Martin，Guide to Modern Architecture in Paris，2001，P114 ～ 115.

图 4–34 笔者拍摄 .

图 4–35 同图 4–33.

图 4–36 笔者拍摄 .

图 4–37 同图 2–12

图 4–38 王江萍，曾建萍 . 城市住区边界空间设计初探 [C]：生态文明视角下的城乡规划——2008 中国城市规划年会论文集，2008：1.

图 4–39 芦原义信，著 . 街道的美学 . 尹培桐，译，天津：百花文艺出版社，2006：44

图 4–40 袁野 . 城市住区的边界问题研究 [D]：[博士学位论文]. 北京：清华大学，2010：103

图 4–41 笔者拍摄 .

图 4–42 埃德蒙・N 培根，著 . 城市设计 . 北京：中国建筑工业出版社，2003：50–51.

图 4–43 同图 4–40.

图 4–44 笔者自绘 .

图 4–45 笔者自绘 .

表 4–1 资料来源：南京市规划局 . 南京新建地区公共设施配套标准规划指引，2006.4

图 5–1 [英] 卡莫纳，等，编著 . 城市设计的维度：公共场所——城市空间 . 冯江，等，译 . 南京：江苏科学技术出版社，2005：69.

图 5–2 笔者自绘 .

图 5–3 Google Earth 截图 .

图 5–4 （上）与南京的“二级”配套模式（下）比较（笔者根据《南京新建地区公共设施配套标准规划指引》改绘）.

图 5–5 笔者自绘 .

图 5–6　笔者拍摄 .

图 5–7　（上）和滨江一侧空间景观实景（下）.http://www.ddove.com/picview.aspx?id=12327.

图 5–7　百度图片 .

图 5–8　王彦辉 . 走向新社区 . 南京：东南大学出版社，2003：95.

表 5–1　Stenpen Maeshall. STREETS & PATTERNS. New York: Spon Press，2005，P96

表 5–2　李江 . 住区发展的新趋势——以公共活动导向的城市住区规划 [D]: [硕士学位论文]. 南京：东南大学，2006：30

表 5–3　刘方 . 市场经济体制下城市居住区公共服务设施发展及对策探析 [D]: [硕士学位论文]. 重庆：重庆大学，2004：105

图 6–1　软件分析截图 .

图 6–2　软件分析截图 .

图 6–3　软件分析截图 .

图 6–4　软件分析截图 .

图 6–5　软件分析截图 .

图 6–6　笔者自绘 .

图 6–7　百度图片 .

图 6–8　软件分析截图 .

图 6–9　软件分析截图 .

图 6–10　笔者自绘 .

图 6–11　笔者自绘 .

图 6–12　笔者拍摄 .

图 6–13　笔者拍摄 .

图 6–14　笔者拍摄 .

图 6–15　笔者拍摄 .

图 6–16　笔者拍摄 .

图 6–17　笔者拍摄 .

图 6–18　笔者拍摄 .

图 6–19　笔者拍摄 .

图 6–20　笔者拍摄 .

图 6–21　笔者拍摄 .

图 7–1　笔者自绘 .

图 7–2　笔者自绘 .

图 7-3　局部 .

图 7-4　笔者拍摄 .

图 7-5　资料来源：SR Arnstein. A Ladder of Citizen articiparion. J M stein（de），1995.

图 7-6　世界建筑，2001：167.

图 7-7　Paul Knox. Urban Social Geography. Harlow: Longman Scientific & Technical，1995.

图 7-8　同图 7-9.

图 7-9　［日］彰国社，编 . 集合住宅设计指南 . 刘东卫，等，译 . 北京：中国建筑工业出版社，2001.

表 8-1　参照上海市规划局和国土资源局编制的《上海市大型居住社区规划设计导则》（试行，2009.7）相关内容绘制 .

参考文献

[1] Peter G. Rowe. Modernity and housing. MA: The MIT press， 1993

[2] Blakely E J， Snyder M G. Fortress America: Gated Communities in the United States [M]. Washington D. C.: Brookings Institution Press， 1997

[3] Katz， Peter. The New Urbanism—Toward an Architecture of Community. New York: McGraw—HillInc，1994

[4] Hugh Barton. Sustainable Communities: The Potential for Eco–neighbourhoods. London: Earthscan publications Ltd.， 2000

[5] Aron Gooblar， Outside the walls: Urban Gated Communities and Their Regulation within the British Planning System， European Planning Studies， 2002， 10（3）

[6] Barry Goodchild. Housing and the Urban Environment. London: Blackwell science Ltd.， 1997

[7] Michael southworth， Eran Ben–Joseph. Streets and the Shaping of Towns and Cities. New York: McGraw—Hill- Inc， 1997

[8] 齐康 . 思路与反思：齐康规划建筑文选 . 北京：科学出版社，2012

[9] 王彦辉 . 走向新社区 . 南京：东南大学出版社， 2003

[10] 胡宝哲 . 营建宜居城市理论与实践 . 北京：中国建筑工业出版社， 2009

[11] 马强 . 走向"精明增长"：从"小汽车城市"到"公共交通城市". 北京：中国建筑工业出版社， 2007

[12] 简・雅各布斯，著 . 美国大城市的生与死 . 金衡山，译 . 南京：译林出版社，2006

[13] ［英］安东尼・吉登斯 . 第三条道路：社会民主主义的复兴 . 郑戈，译 . 北京：北京大学出版社，2000

[14] ［法］勒・柯布西耶，著 . 走向新建筑 . 陈志华，译 . 西安：陕西师范大学出版社，2004

[15] ［美］大卫・沃尔斯特，琳达・路易斯・布朗，著 . 设计先行——基于设计的社区规划 . 张倩，邢晓春，潘晓燕，译 . 北京：中国建筑工业出版社，2006

[16] ［美］道格拉斯・凯尔博，著 . 共享空间——关于邻里与区域规划. 吕斌，等，译. 北京：中国建筑工业出版社，2007

[17] ［加］吉尔・格兰特，著 . 良好社区规划——新城市主义的理论与实践 . 叶启茂，倪晓晖，译 . 北京：中国建筑工业出版社，2010

[18] ［匈］阿格尼丝・赫勒，著 . 日常生活. 衣俊卿，译. 重庆：重庆出版社，1990

[19] ［德］海德格尔，著 . 人，诗意的安居 . 郜元宝，译 . 南宁：广西师范大学出版社，2000

[20] ［德］哈贝马斯 . 公共领域的现代转型 . 曹卫东，等，译 . 北京：学林出版社，1999

[21] [美] R E 帕克，等，著．城市社会学．宋峻岭，等，译．北京：华夏出版社，1987

[22] [丹] 扬・盖尔，著．公共空间・公共生活．汤羽扬，等，译．北京：中国建筑工业出版社，2003

[23] [美] 莫什・萨夫迪，著．后汽车时代的城市．吴越，译．北京：人民文学出版社，2001

[24] 凯文・林奇，著．城市意象．方益萍，何晓军，译．北京：华夏出版社，2001

[25] 埃德蒙・N 培根，著．城市设计．北京：中国建筑工业出版社，2003

[26] [英] 安东尼・吉登斯．社会的构成．李康，等，译．北京：生活・读书・新知三联书店，2000

[27] 清华大学建筑学院万科住区规划研究组，万科建筑研究中心，著．万科的主张 1988—2004. 南京：东南大学出版社，2004

[28] 楚超超，夏健．住区设计．南京：东南大学出版社，2011

[29] 中国房地产研究会人居委员会，开彦，王涌彬．绿色住区模式：中美绿色建筑评估标准比较研究．北京：中国建筑工业出版社，2011

[30] 杨靖，马进．与城市互动的住区规划设计．南京：东南大学出版社，2008

[31] 田野．转型期中国城市不同阶层混合居住研究．北京：中国建筑工业出版社，2008

[32] 王玲慧．大城市边缘地区空间整合与社区发展．北京：中国建筑工业出版社，2008

[33] 周均清．快速城市化时期城市住区问题研究．武汉：华中科技大学出版社，2008

[34] 单军．建筑与城市的地区性———一种人居环境理念的地区建筑学研究．北京：中国建筑工业出版社，2010

[35] 许俊达．超越人本主义——青年马克思与人本主义哲学．北京：中国人民大学出版社，2000

[36] 曹卫东．交往理性与诗学话语．天津：天津社会科学院出版社，2001

[37] 王维．人・自然・可持续发展．北京：首都师范大学出版社，1999

[38] 帕森斯．现代社会的结构与过程（1988 年中文版）．北京：光明日报出版社，1988

[39] 宣兆凯．新编社会学概论．北京：中国人事出版社，2000

[40] 沙颂．社会学概论．北京：中国经济出版社，1999

[41] 黎熙元．现代社区概论．广州：中山大学出版社，1998

[42] 陶铁胜．社区管理概论．上海：生活・读书・新知三联书店，2000

[43] 贺来．现实生活世界．长春：吉林教育出版社，1998

[44] 文国纬．城市交通与道路系统规划．北京：清华大学出版社，2001

[45] 王旭，黄柯可．城市社会的变迁．北京：社会科学出版社，2000

[46] 杨贵庆. 城市社会心理学．上海：同济大学出版社，2000

[47] 徐千里．创作与评价的人文尺度．北京：中国建筑工业出版社，2000

[48] 王兴中，等，著. 中国城市社会空间结构研究. 北京：科学出版社，2000

[49] [法] 勒・柯布西耶，著．走向新建筑．陈志华，译．天津：天津科学出版社，1998

[50] [美] 戴维・D 史密斯，著．城市化住宅及其发展过程．卢卫，杜小平，译．天津：天津社会科学院出版社，2000

[51] 吴根友. 现代人文精神的内在架构 // 冯天瑜主编 . 人文论丛（1999 年卷）. 武汉：武汉大学出版社，1999

[52] [美] 威廉·J 米切尔，著 . 比特之城 . 范海燕，胡泳，译 . 上海：生活·读书·新知三联书店，1999

[53] [荷] 赫曼·赫茨伯格，著 . 建筑学教程：设计原理 . 台北：台湾圣文书局出版有限公司，1996

[54] [日] 芦原义信，著 . 街道的美学 . 尹培桐，译 . 天津：百花文艺出版社，2006

[55] [英] 帕瑞克·纽金斯，著 . 世界建筑艺术史 . 合肥：安徽科学技术出版社，1994

[56] [美] 刘易斯·芒福德，著 . 城市发展史 . 倪文彦，宋峻岭，译 . 北京：中国建筑工业出版社，1989

[57] 卢卫 . 解读人居——中国城市住宅发展的理论思考 . 天津：天津社会科学院出版社，2000

[58] 杨东平 . 未来生存空间（社会空间）. 上海：生活·读书·新知三联书店，1998

[59] 张鸿雁 . 侵入与接替——城市社会结构变迁新论 . 南京：东南大学出版社，2000

[60] 顾朝林，等，著 . 集聚与扩散——城市空间结构新论 . 南京：东南大学出版社，2000

[61] 叶南客，李芸 . 战略与目标——城市管理系统与操作新论 . 南京：东南大学出版社，2000

[62] 林广，张鸿雁 . 成功与代价——中外城市化比较新论 . 南京：东南大学出版社，2000

[63] 吴良镛 . 广义建筑学 . 北京：清华大学出版社，1991

[64] [美] 凯文·林奇，著 . 城市形态 . 林庆怡，等，译 . 北京：华夏出版社，2001

[65] [美] 凯文·林奇，加里·海克，著 . 总体设计 . 黄富厢，等，译 . 北京：中国建筑工业出版社，1999

[66] [挪威] 诺伯格·舒尔茨 . 存在·空间·建筑 . 尹培桐，译 . 北京：中国建筑工业出版社，1990

[67] 陈颐 . 中国城市化和城市现代化 . 南京：南京出版社，1998

[68] [美] 詹姆斯·特拉菲尔，著 . 未来城 . 赖慈芸，译 . 北京：中国社会科学出版社，2000

[69] [英] 埃比尼泽·霍华德，著 . 明日的田园城市 . 金经元，译 . 北京：商务印书馆，2000

[70] [美] 阿摩斯·拉普卜特，著 . 建成环境的意义 . 黄兰谷，等，译 . 北京：中国建筑工业出版社，1992

[71] 齐康 . 城市环境规划设计与方法 . 北京：中国建筑工业出版社，1997

[72] 丁俊清 . 中国居住文化 . 上海：同济大学出版社，1998

[73] 孙宗文 . 中国建筑与哲学 . 南京：江苏科学技术出版社，2000

[74] 胡俊 . 中国城市模式与演进 . 北京：中国建筑工业出版社，1996

[75] 吴启焰 . 大城市居住空间分异研究的理论与实践 . 北京：科学出版社，2001

[76] 夏铸九 . 公共空间 . 台北：艺术家出版社，1994

[77] 方可 . 当代北京旧城更新 . 北京：中国建筑工业出版社，2000

[78] 宋晔皓. 结合自然整体设计. 北京：中国建筑工业出版社，2000

[79] 柴彦威. 城市空间. 北京：科学出版社，2000

[80] 韩天雨，张新安 . 城市变迁 . 北京：中国经济出版社，2000

[81] 袁方，等 . 中国社会结构转型 . 北京：中国社会出版社，1999

[82] 谢伏瞻，等 . 住宅产业：发展战略与对策 . 北京：中国发展出版社，2000

[83] 刘沛林 . 古村落：和谐的人聚空间 . 上海：生活・读书・新知三联书店，1998

[84] 王受之 . 世界现代建筑史 . 北京：中国建筑工业出版社，2000

[85] 武进 . 中国城市形态：结构、特征及其演变 . 南京：江苏科学技术出版社，1990

[86] 张在元 . 东京建筑与城市设计（第一卷）：桢文彦代官山集合住宅街区 . 上海：同济大学出版社，1994

[87] 阳建强，吴明伟 . 现代城市更新 . 南京：东南大学出版社，1999

[88] 董卫，王建国 . 可持续发展的城市与建筑设计 . 南京：东南大学出版社，1999

[89] 沈克宁，马震平 . 人居相依 . 上海：上海科技教育出版社，2000

[90] [美] 阿尔伯特，J 拉特利奇，著 . 大众行为与公园设计 . 王求是，高峰，译 . 北京：中国建筑工业出版社，1990

[91] 陈顺清 . 城市增长与土地增值 . 北京：科学出版社，2000

[92] 柳孝图 . 城市物理环境与可持续发展 . 南京：东南大学出版社，1999

[93] 周静敏 . 世界集合住宅：新住宅设计 . 北京：中国建筑工业出版社，1999

[94] [日] 城市集合住宅研究会 . 世界城市住宅小区设计 . 洪再生，袁逸倩，译 . 北京：中国建筑工业出版社，1999

[95] 谢芝馨 . 工业化住宅系统工程 . 北京：中国建材工业出版社，2003

[96] [日] 石氏克彦，著 . 多层集合住宅 . 张丽丽，译 . 北京：中国建筑工业出版社，2001

[97] 项飚 . 跨越边界的社区 . 上海：生活・读书・新知三联书店，2000

[98] 贾倍思，王微琼 . 居住空间适应性设计 . 南京：东南大学出版社，1998

[99] 唐忠新 . 中国城市社区建设概论 . 天津：天津人民出版社，2000

[100] 刘致平 . 中国居住建筑简史——城市、住宅、园林 . 北京：中国建筑工业出版社，2000

[101] 宋昆 . 平遥古城与民居 . 天津：天津大学出版社，2000

[102] 林其标，等 . 住宅人居环境设计 . 广州：华南理工大学出版社，2000

[103] 周俭 . 城市住宅区规划原理 . 上海：同济大学出版社，1999

[104] 南京市规划局 . 南京新建地区公共设施配套标准规划指引，2006

[105] 上海市规划和国土资源局. 上海市大型居住社区规划设计导则，2009

[106] 劳炳丽 . 规模住区开放空间整体建构策略与规划研究方法 [D]：[硕士学位论文] . 重庆：重庆大学，2009

[107] 同 [106]

[108] 姚雪艳 . 我国城市住区互动景观营造研究 [D]：[博士学位论文] . 上海：同济大学，2007

[109] 于泳 . 街区型城市住宅区设计模式研究 [D]：[硕士学位论文] . 南京：东南大学，2006

[110] 朱怿 . 从“居住小区”到“居住街区”——城市内部住区规划设计模式探析 [D]：[硕士学位论文] . 天津：天津大学，2006

[111] 张海明 . 城市居住片区交通微循环系统研究 [D]：[硕士学位论文] . 西安：西安建筑科技大学，2011

[112] 王朝红.城市住区可持续发展的理论与评价——以天津市为例[D]：[硕士学位论文].天津：天津大学，2010

[113] 王彦辉.群——城市中的群与群的城市设计[D]：[硕士学位论文].南京：东南大学，1998

[114] 朱海波.走向融合：城市住区公共空间网络的建构[D]：[硕士学位论文].武汉：华中科技大学，2006

[115] 邹颖.中国大城市居住空间研究[D]：[博士学位论文].天津：天津大学，2000

[116] 于文波.城市社区规划理论与方法研究——探寻符合社会原则的社区空间[D].杭州：浙江大学，2005

[117] 李锦霞.日本幕张滨城住区的研究与启示[D]：[硕士学位论文].杭州：浙江大学，2005

[118] 俞永学.新加坡的住房政策及其对中国的启示[D]：[硕士学位论文].上海：上海交通大学，2008.6

[119] 李江.住区发展的新趋势——以公共活动导向的城市住区规划[D]：[硕士学位论文].南京：东南大学，2006

[120] 袁野.城市住区的边界问题研究[D]：[博士学位论文].北京：清华大学，2010

[121] 邢明泉.基于《绿色建筑评价标准》的建筑设计模式研究[D]：[硕士学位论文].杭州：浙江大学，2008

[122] 朱燕燕.夏热冬冷地区建筑遮阳系统设计及其节能评价[D]：[硕士学位论文].成都：西南交通大学，2007

[123] 杨维.保障性住房的组织模式研究[D]：[硕士学位论文].重庆：重庆大学，2010

[124] 万方.新式房地产开发模式在中国房地产市场的应用研究及分析[D]：[硕士学位论文].上海：上海复旦大学，2009

[125] 林飞龙.广州“华南板块”大型居住区建设对策研究[D]：[硕士学位论文].上海：同济大学，2008

[126] 世界建筑、建筑学报、城市规划、城市规划汇刊、建筑师、规划师、新建筑、华中建筑、国外城市规划、世界建筑导报、住区、住宅科技、住宅产业、空间（台湾）、AR、A+U、Review、新建筑（日）、SD（日）各期。

[127] 新闻媒体：三联生活周刊、东方文化周刊、扬子晚报、参考消息、现代快报、南京晨报、服务导报、CCTV-2 等。

[128] 相关网站：http://www.newurbanism.com

http://www.urbanecology.org.au

http://www.communityplanner.taipei.gov.tw

http://www.cnu.org

http://www.cin.gov.cn/

http://www.chian-up.com

http://www.abbs.com.cn

http://www.far2000.com

http://www.chinahouse.gov.cn

http://www.vanke.com

http://www.new-housing.com.cn